工业和信息化
精品系列教材

C 语言
程序设计任务化教程

微课版

U0161314

陈珂 陈静 / 主编

王芳 熊志勇 陈小英 李爱军 / 副主编

Task-Based C Language
Programming Tutorial

人民邮电出版社
北　京

图书在版编目（CIP）数据

C语言程序设计任务式教程：微课版 / 陈珂，陈静
主编. -- 北京：人民邮电出版社，2024.4
工业和信息化精品系列教材
ISBN 978-7-115-63727-7

Ⅰ. ①C… Ⅱ. ①陈… ②陈… Ⅲ. ①C语言－程序设
计－高等学校－教材 Ⅳ. ①TP312.8

中国国家版本馆CIP数据核字(2024)第033139号

内 容 提 要

本书按照"模块—任务—案例"的方式组织内容，将理论与实践有机地结合起来，力求在内容编排上循序渐进，突出重点并分散难点，以方便读者学习。本书以培养读者的职业能力为核心目标，以工作实践为主线，在任务和案例配置上紧扣实际，注重读者编程能力和设计风格的培养。

全书共分为 8 个模块，包括程序设计基础、结构化程序设计、数组与字符串、函数及其应用、指针及其应用、组合数据类型、位运算与文件和综合项目实战。模块 1～模块 7 的结构相同，每个模块被分解为 2～3 个任务，每个任务讲解若干个有代表性的案例，以突出各模块需要掌握的重点知识。模块 8 通过综合项目实战对全书知识点进行串联和巩固。在内容编排上，本书通过引入两个项目案例"学生成绩管理系统"和"职工信息管理系统"开发流程中的各个环节，培养读者设计中、大型程序的基本能力。

本书适合作为高职高专院校计算机专业及理工类非计算机专业的 C 语言程序设计课程的教材，也适合作为相关工程技术人员和计算机爱好者的学习参考用书。

◆ 主　　编　陈　珂　陈　静
　　副主编　王　芳　熊志勇　陈小英　李爱军
　　责任编辑　刘　佳
　　责任印制　王　郁　焦志炜
◆ 人民邮电出版社出版发行　　北京市丰台区成寿寺路 11 号
　　邮编　100164　　电子邮件　315@ptpress.com.cn
　　网址　https://www.ptpress.com.cn
　　北京市艺辉印刷有限公司印刷
◆ 开本：787×1092　1/16
　　印张：18.25　　　　　　　　2024 年 4 月第 1 版
　　字数：435 千字　　　　　　2024 年 4 月北京第 1 次印刷

定价：69.80 元

读者服务热线：(010)81055256　印装质量热线：(010)81055316
反盗版热线：(010)81055315
广告经营许可证：京东市监广登字 20170147 号

前 言 FOREWORD

C 语言程序设计是计算机相关专业的重要基础课，它对学生程序设计思想的建立和提升有重要作用，既可为学生学习后续的计算机课程奠定较为扎实的基础，又可以提高学生分析问题和解决问题的能力。

本书选用典型工作任务模式编写，编者与同济人工智能研究院（苏州）有限公司资深专家共同商讨，将企业真实案例拆解成知识点融入本书案例中，并将开发技巧穿插其中，更侧重知识的实用性。本书内容突出"基础、全面、深入"的特点，同时强调"实战"效果，使得学生能及时考查自己对知识的掌握情况，以帮助学生进一步巩固已学知识。具体来讲，本书具有以下特点。

1. 内容安排合理且全面。从 C 语言的认知结构出发，将教学内容分为 8 个模块。模块 1～模块 7 中每个模块被分解为 2～3 个任务，每个任务中又包含多个案例，以帮助学生更好地理解 C 语言的编程思想和实现方法。通过"学生成绩管理系统"和模块 8 的"职工信息管理系统"的项目开发流程来贯穿所有的知识点，让学生掌握 C 语言的各种特性和实现细节。

2. 理论与案例相结合。采用任务、案例式教学，结合高职高专学生的认知特点，精心设计的案例在紧扣教学目标的同时，也注重引导学生的学习主动性和方便教师的讲解，将知识融入案例之中，分散难点，突出重点。

3. 加强实践教学环节。突出"做中教，做中学"的职业教育特色。基于"技能训练"和"拓展与练习"，借助教师的引导，可培养学生自主解决问题的能力，进一步提升学生的编程技能。

4. 模块 1～模块 7 中安排了数量丰富且针对性强的自测题，并在本书最后提供了全部的参考答案，以帮助学生进一步巩固已学知识和技能。

5. 以目前流行的 C 语言开发程序即微软的 Visual C++环境作为操作平台，为学生的后续学习与提高夯实基础。书中全部案例的源程序均在该环境中调试顺利通过并正确执行。

本书由陈珂、陈静任主编，王芳、熊志勇、陈小英、李爱军任副主编，参加编写的人员还有尚鲜连、程媛、张量和同济人工智能研究院（苏州）有限公司的范鸿飞，陈珂负责规划全书的整体结构并承担统稿工作。感谢同济人工智能研究院（苏州）有限公司和苏州百捷信息科技有限公司在全书编写过程中给予的支持。

由于编者水平有限，书中难免有不足之处，欢迎各位读者提出宝贵意见和建议。

编者

2023 年 10 月

目录 CONTENTS

模块 1 程序设计基础

C 语言是一门面向过程的计算机编程语言，与 C++、C#、Java 等面向对象的计算机编程语言有所不同。C 语言的设计目标是提供一种能以简易的方式编译、处理低级存储器，广泛应用于底层开发。C 语言可读性好，易于调试、修改和移植，它既可以用来编写系统软件，又可以用来编写应用软件。

任务 1 程序结构与特征

学习目标

（一）素质目标
（1）培养获取新知识的意识。
（2）养成良好的程序编写习惯。
（二）知识目标
（1）掌握 C 语言程序的基本结构，领会 C 语言程序设计的风格。
（2）掌握在 Visual C++环境中调试程序的方法。
（三）能力目标
（1）具有在 Visual C++环境中编写、调试及运行 C 语言程序的能力。
（2）具有运用 C 语言程序处理简单问题的能力。

微课 1

1.1.1 案例讲解

 案 例 1-1 菜单显示

菜单显示

1. 问题描述

模拟校园管理信息系统的菜单，利用 printf 函数按一定格式输出文字，在屏幕上显示图 1-1 所示的菜单显示界面。

（1）启动 Visual C++。选择"开始"→"程序"→Microsoft Visual Studio 6.0→Microsoft Visual C++6.0，启动 Microsoft Visual C++6.0 编译系统。

（2）新建工程。选择"文件"→"新建"，在出现的"新建"对话框的"工程"选项卡中选择 Win32 Console Application 选项，在右侧"位置"栏中选择

图 1-1 菜单显示界面

D 盘 Chapter1 文件夹，在"工程名称"栏中输入"EX1_1"，这时界面如图 1-2 所示。单击

"确定"按钮后，在出现的应用框架选择向导对话框和新建工程信息对话框中分别单击"完成"和"确定"按钮，完成新工程的建立，建立新工程后的窗口如图 1-3 所示。

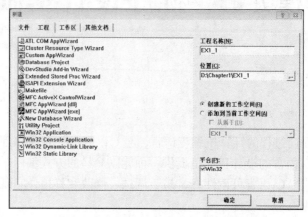

图 1-2 "新建"对话框的"工程"选项卡

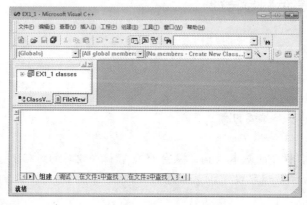

图 1-3 建立新工程后的窗口

（3）编写源程序。选择"文件"→"新建"，在出现的"新建"对话框的"文件"选项卡中选择 C++ Source File 选项，在右侧"文件名"栏中输入"EX1_1.CPP"，如图 1-4 所示。C 语言程序的源程序文件扩展名为".C"，C++语言程序的源程序文件扩展名是".CPP"。.C 文件使用 C 编译器，.CPP 文件使用 C++的编译器，二者是有区别的。

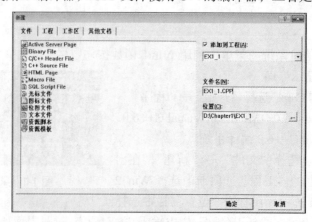

图 1-4 "新建"对话框的"文件"选项卡

单击"确定"按钮后，在出现的窗口（称为编辑窗口）右侧输入如下代码，如图 1-5 所示。

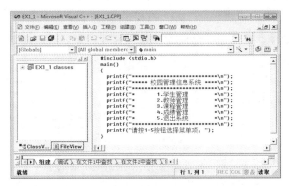

图 1-5 编写源程序

```c
/* EX1_1.CPP */
#include <stdio.h>
main( )
{
  printf("*************************\n");
  printf("***** 校园管理信息系统 ****\n");
  printf("*************************\n");
  printf("*        1.学生管理        *\n");
  printf("*        2.教师管理        *\n");
  printf("*        3.课程管理        *\n");
  printf("*        4.成绩管理        *\n");
  printf("*        5.退出系统        *\n");
  printf("*************************\n");
  printf("请按 1-5 按钮选择菜单项: ");
}
```

（4）保存程序。选择"文件"→"保存"或单击保存按钮 ■ 进行保存。为了防止意外丢失程序代码，应养成及时保存的好习惯。

（5）编译程序。选择"组建"→"编译 EX1_1.CPP"或单击编译按钮 ⏺ 进行编译。系统会自动将程序保存，然后进行编译。注意：警告级错误不会导致编译停止，可以连接，也可以运行程序，而错误是必须要改正的。一般每改正一个错误后就要再进行编译。若还有错，再改正一个错误，以此类推，直至排除全部错误。具体操作为双击显示错误或警告的第一行，则光标自动跳到代码的错误行。修改程序中的相应错误后，重新进行编译，若还有错误或警告则继续修改和编译，直到没有错误为止。本案例没有发现任何错误和警告，所以错误数和警告数都为 0，如图 1-6 所示。

（6）完成连接。选择"组建"→"组建 EX1_1.exe"或单击连接按钮 ▦，与编译时一样，如果系统在连接的过程中发现错误，将在图 1-6 所示的窗口中列出所有错误信息。此时应在修改错误后重新编译和连接，直到编译和连接都没有错误为止。

（7）运行。选择"组建"→"执行 EX1_1.exe"或单击运行按钮 ！，或者按 Ctrl+F5 组合键可以直接运行程序，图 1-7 所示为运行结果。

要运行程序，还有另一个方法，即调试运行，在"组建"菜单的"开始调试"（Start Debug）子菜单中。这种方法适用于分步调试程序，便于观察程序内部运行状况，排除错误逻辑。调试工具条如图 1-8 所示。

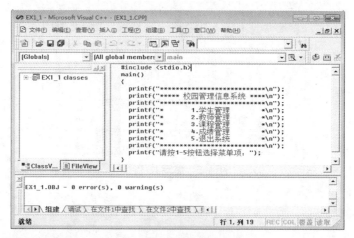

图 1-6　编译后的情况

图 1-7　案例 1-1 运行结果

图 1-8　调试工具条

（8）调试。调试程序的方法以单步运行程序为主，也可以采用设置断点的方法依次运行到断点处。无论是单步还是设置断点，都是为了观察变量的内部状态，结合窗口的输出，判断程序是否按照预定的逻辑正确运行。

调试案例 1：计算圆的面积。

源程序如下。

```
/* DG1.CPP */
#include<stdio.h>
#define PI 3.14159
main()
{ float  r, area;
    printf("本程序计算圆的面积，请输入圆的半径\n");
scanf("%f",&r);
area=(float)PI* r * r;
printf("半径为%.3f的圆面积为：%.3f\n", r, area);
}
```

开始单步调试，按 F10 键运行到图 1-9 所示的界面。

当运行到输入界面时，可输入数据，如图 1-10 所示。

同时可以在变量面板和观察面板看到相应的数据，如图 1-11 所示。

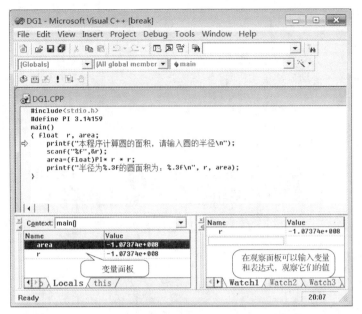

图 1-9 调试窗口 1

本程序计算圆的面积，请输入圆的半径

图 1-10 输入数据

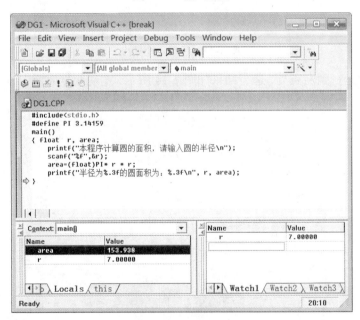

图 1-11 调试窗口 2

单击停止调试按钮或按 Shift+F5 组合键，结束本次调试。

调试案例 2： 计算累加和，程序有错。

源程序如下。

```
#include<stdio.h>
void main( )
{
    int i,sum;
    for(i=1;i<=100;i++)
        sum=sum+i;
    printf("sum=%d\n",sum);
}
```

排除语法错误，运行结果如图 1-12 所示，发现该结果显然不对。

图 1-12　运行结果

设置一个断点，如图 1-13 所示。

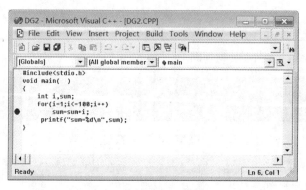

图 1-13　设置一个断点

使用 F5 键运行到断点处，运行结果如图 1-14 所示，发现变量面板中 sum 变量有问题，为初值赋值问题。

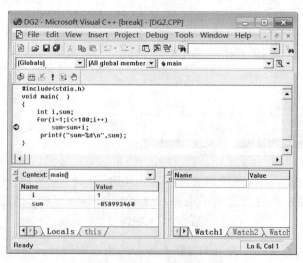

图 1-14　运行到断点处

修改程序，将 sum 赋初值为 0，就可以正常运行。

如果程序较长，可以设置多个断点。程序调试有以下几种方法。这些方法可以结合使用，要多上机练习。

单步调试：最简单的一种调试方法，使用 F10 键一步一步地运行。可在变量面板观察和分析变量的变化。

断点调试：使用 F9 键设置（或取消）断点，再使用 F5 键运行到断点处。可在变量面板观察和分析变量的变化。

运行到光标处：先定好光标的位置，再使用 Ctrl+F10 快捷键运行到光标处。

2. 归纳分析

（1）一个 C 程序至少包含一个主函数（main 函数），主函数的一般框架如下。

```
main( )
{ 定义变量部分
  功能语句部分
}
```

（2）在屏幕上显示内容使用 printf 函数，printf 函数显示字符串的格式如下。

```
printf(字串符);
```

在函数后面加分号构成输出语句，语句是程序运行的基本单位。程序中 "\n" 是换行符。

（3）C 语言系统提供了丰富的标准库函数，而且为了方便使用，对这些函数进行了分类并存放在对应的头文件中。程序 EX1_1.CPP 的第 1 行#include <stdio.h>是一条预处理命令，作用是将头文件 stdio.h 包含入本程序（如果程序中需要输入/输出数据，就必须包含头文件 stdio.h）。而数学函数则存放在 math.h 文件中。在附录 D 中列出了系统常用的 C 库函数。

（4）C 语言程序必须经过编辑、编译、连接后才能运行。C 语言的上机环境很多，如 Microsoft Visual C++、Microsoft Visual Studio、DEVC++等。本书选用 Visual C++，主要是为了方便读者使用鼠标编辑，也便于过渡到 C++的学习。

案 例 1-2 销售额的计算

微课 2

销售额的计算

1. 问题描述

某玩具店为了促销某商品，在周日举办了一场多买多优惠的活动，买 1 件 58.5 元、买 2 件 108.5 元、买 3 件 150 元。编写程序，输入周日买 1 件的人数、买 2 件的人数、买 3 件的人数，并计算当天的总销售额和平均单价。

2. 编程分析

```
main( )
{
    定义整型变量 n1、n2、n3 和 n
    定义双精度实型变量 sum、ave

    分别输入买 1 件、2 件、3 件的人数存入 n1、n2、n3 中
    计算总的卖出件数存入 n 中
    计算总销售额存入 sum 中
```

计算平均单价存入 ave 中
显示总销售额和平均单价
}

3. 编写源程序

```
/* EX1_2.CPP */
#include <stdio.h>
main( )
{
 int n1,n2,n3, n;
 double sum,ave;
 printf("请输入 3 种人数 n1,n2,n3:");
 scanf("%d,%d,%d",&n1,&n2,&n3);
 n=1*n1+2*n2+3*n3;
 sum=58.5*n1+108.5*n2+150*n3;
 ave=sum/n;
 printf("总销售额:%lf, 平均单价:%lf\n",sum,ave);
}
```

特别提示　源程序编写好后要保存，如以"EX1_2.CPP"保存。

4. 运行结果

编译、连接后运行程序，提示输入时输
入"3,4,5"并按 Enter 键，运行结果如图 1-15
所示。

```
请输入3种人数n1,n2,n3:3,4,5
总销售额:1359.500000, 平均单价:52.288462
Press any key to continue_
```

图 1-15　案例 1-2 运行结果

5. 归纳分析

（1）程序中的 printf 函数输出一条信息"请输入 3 种人数 n1,n2,n3:"，用于提示用户需
要输入 3 个数据，以及按怎样的格式进行输入（用逗号分隔 3 个数），和 scanf 函数配合使
用以实现用户和计算机之间的信息交互。

（2）从键盘输入数据使用 scanf 函数，该函数的一般形式如下。

```
scanf (<格式控制字符串>,<地址列表>)
```

<格式控制字符串>是用双引号括起来的字符串，也称"转换控制字符串"，它包括两
部分信息：一部分是普通字符，这些字符将按原样输出；另一部分是格式说明，以"%"
开始，后跟一个或几个规定字符，用来确定输出格式（如%d、%f 等），它的作用是将要输
出的数据转换为指定的格式。

<地址列表>是由若干个地址组成的列表，可以是变量的地址，也可以是字符串的首
地址。

程序中，字符串"&n1,&n2,&n3"中的"&"是"地址运算符"，&n1 指 n1 在内存中
的地址。上面 scanf 函数的作用是按照 n1、n2、n3 在内存的地址将 n1、n2、n3 的值存进
去。变量 n1、n2、n3 的地址是在编译连接阶段分配的。

"%d"表示按基本整型输入数据。

1.1.2 基础理论

1. C 程序的基本结构

通过以上几个案例，可以得到如下结论。

（1）C 程序由函数构成

C 语言用函数来实现特定的功能，一个 C 程序至少包含一个 main 函数，也可以包含一个 main 函数和若干个其他函数。因此，函数是 C 程序的基本单位，程序中的全部工作是由各个函数分别完成的。编写 C 程序就是编写一个个函数。

C 语言的这种特点使得程序的模块化容易实现。

（2）函数由如下两部分组成

① 函数的首部，即函数的第一行。其中可包括函数属性、函数类型、函数名、函数参数（形参）名、参数类型。

EX1_1.CPP 中 main 函数的首部为：

```
main ( )
```

在此例中，只定义了函数名，没有给出函数的类型、参数等内容，这是允许的，但一个函数名后面必须跟一对圆括号。

② 函数体，即函数首部下面花括号内的部分。如果一个函数内有多个花括号，则最外层的一对花括号中的内容为函数体。

函数体一般包括以下两部分。

声明部分：在这部分中定义所用到的变量，如 EX1_2.CPP 中的 "int n1,n2,n3, n;"。在后面课程中还会看到，在声明部分中要对所调用的函数进行声明。

执行部分：由若干条语句组成。

当然，在某些情况下也可以没有声明部分，甚至可以既无声明部分也无执行部分。

（3）C 程序从 main 函数开始执行

C 程序总是从 main 函数开始执行的，而不论 main 函数在整个程序中的位置如何（main 函数可以放在程序最前，也可以放在程序最后，或在一些函数之前、在另一些函数之后）。

（4）程序书写格式自由

C 程序书写格式自由，一行内可以写几条语句，一条语句可以分写在多行上。

（5）分号是语句的结束符

C 程序中，每条语句和数据定义的最后必须有一个分号，分号是 C 语句的必要组成部分。例如：

```
c=a+b;
```

（6）程序中可以使用注释

可以用/*……*/对 C 程序中的任何部分进行注释。一个好的、有使用价值的源程序应当加上必要的注释，以增加程序的可读性。

微课 3

printf 函数

2. printf 函数

（1）printf 函数的一般格式

```
printf(<格式控制字符串>,<参数列表>)
```

例如：

```
printf("i=%d,ch=%c\n",i,c)
```

括号内包括以下两部分。

① <格式控制字符串>是用双引号括起来的字符串，也称"转换控制字符串"，它包括两部分信息：一部分是普通字符，这些字符将按原样输出，如"i=,c="；另一部分是格式说明，以"%"开始（如%d、%f 等），它的作用是将要输出的数据转换为指定的格式。

② <参数列表>是需要输出的一些数据，可以是表达式，如上面 printf 函数中的"i, c"部分，其个数必须与格式控制字符串所说明的输出参数个数一样，各参数之间用逗号分开，且顺序——对应，否则将会出现意想不到的错误。

下面是另一个例子。

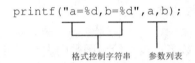

上面双引号中除了"%d"以外的字符即非格式说明的普通字符，它们按原样输出。如果 a、b 的值分别为 10、20，则输出为：

```
a=10, b=20
```

其中 a=,b=是 printf 函数中"格式控制字符串"的普通字符按原样输出。10 和 20 是 *a* 和 *b* 的值（注意 10 和 20 无前导空格和尾随空格）。

（2）格式说明

格式说明的一般形式如下。

```
%[标志字符][输出最小宽度][.精度][长度]类型格式字符
```

其中方括号中的项为可选项。各项的意义如下。

① 类型格式字符。类型格式字符用以表示输出数据的类型，注意不同类型的数据要用相应的类型格式字符输出，如表 1-1 所示。

表 1-1　类型格式字符

类型格式字符	说明	类型格式字符	说明
d	十进制有符号整数	x、X	无符号以十六进制表示的整数
u	十进制无符号整数	o	无符号以八进制表示的整数
f	浮点数	e	指数形式的浮点数
c	单个字符	g	浮点数，选用 f 或 e 格式中输出宽度较小的一种格式
s	字符串	p	指针的值

② 标志字符。标志字符有–、+、#、空格 4 种，如表 1-2 所示。

表 1-2 标志字符

标志字符	说明	标志字符	说明
−	结果左对齐，右边填空格	空格	输出值为正时冠以空格，为负时冠以负号
+	输出符号	#	对于 c、s、d、u 类，无影响； 对于 o 类，在输出时加前缀 0； 对于 x、X 类，在输出时加前缀 0x、0X； 对于 e、g、f 类，当结果有小数时才给出小数点

③ 输出最小宽度。用十进制整数来表示输出的最少位数。若实际位数多于定义的宽度，则按实际位数输出；若实际位数少于定义的宽度，则补以空格或 0。

④ 精度。精度格式符以 "." 开头，后跟十进制整数。本项的意义是：如果输出的是数值，则表示小数的位数；如果输出的是字符串，则表示输出字符的个数；若实际位数大于所定义的精度位数，则截去超过的部分。

⑤ 长度。长度格式符有 h、l 两种，h 表示按短整型数输出，l 表示按长整型数输出。

3. scanf 函数

（1）格式说明

scanf 函数和 printf 函数中的格式说明相似，以 "%" 开始，以一个类型格式字符结束，中间可以插入附加的字符。表 1-3 所示为 scanf 函数的类型格式字符。

微课 4

scanf 函数

表 1-3 scanf 函数的类型格式字符

类型格式字符	说明
d、i	用来输入有符号的十进制整数
u	用来输入无符号的十进制整数
o	用来输入无符号的八进制整数
x、X	用来输入无符号的十六进制整数（大小写作用相同）
c	用来输入单个字符
s	用来输入字符串，将字符串送到一个字符数组中，在输入时以非空白字符开始到第一个空白字符结束
f	用来输入实数，可以用小数形式或指数形式输入
e、E、g、G	与 f 作用相同，e 与 f、g 可以互相替换（大小写作用相同）

表 1-4 所示为 scanf 函数的附加格式说明字符（修饰符）。

表 1-4　scanf 函数的附加格式说明字符

附加格式说明字符	说明
字母 l	用于输入长整型数据（%ld、%lo、%lx）和 double 型数据（·%lf 或%le）
字母 h	用于输入短整型数据（%hd、%ho、%hx）
正整数 m	域宽，指定输入数据所占宽度（列数）
字符*	表示本输入项在读入后不赋给相应的变量

（2）注意事项

① 可以用正整数指定输入数据所占列数，系统自动截取所需数据，例如：

```
scanf ("%3d%3d",&a,&b);
```

输入：123456✓

系统自动将 123 赋给 a、456 赋给 b。

此方法也可用于字符型数据：

```
scanf ("%3c",&ch);
```

如果从键盘连续输入 3 个字符 abc，由于 ch 只能容纳一个字符，系统就把第一个字符 a 赋给 ch。

② 如果在"格式控制字符串"中除了格式说明以外还有其他字符，则在输入数据时，应输入与这些字符相同的字符，例如：

```
scanf ("%d,%d", &a,&b);
```

输入时应用如下形式：

```
1,2✓
```

注意 1 后面是逗号，它与 scanf 函数中"格式控制字符串"的逗号对应。输入时不用逗号而用空格或其他字符是不对的，例如：

```
1:2✓
```

系统读入数字 1 存入变量&a，后面由于输入符号为:，与要求输入的逗号不一致，变量&b 不能获得有效的数值。如果是：

```
scanf("%d,%d,%d", &a, &b, &c);
```

正确输入形式为：

```
11,12,13✓
```

如果是：

```
scanf("%d:%d:%d", &a, &b, &c);
```

正确输入形式为：

```
11:12:13✓
```

如果是：

```
scanf("a =%d, b=%d, c=%d", &a, &b, &c);
```

正确输入形式为：

```
a =11, b=12, c=13✓
```

③ 在用"%c"格式输入字符时，空格字符和"转义字符"都作为有效字符输入：

```
scanf ("%c%c%c",&ch1,& ch2,& ch3);
```

如输入

x y z√

字符 x 存入 ch1，字符空格存入 ch2，字符 y 存入 ch3。因为%c 只要求读入一个字符，后面不需要用空格作为两个字符的间隔，因此 x 和 y 之间的空格将被作为下一个字符存入 ch2。

④ 在输入数据时，遇以下情况则结束。

- 遇空格，或按 Enter 键或 Tab 键。
- 按指定的宽度结束，如 "%3d"，只取 3 列。
- 遇非法输入。

输入/输出是程序中最基本的操作，而 C 语言的格式化输入/输出函数的规定又比较烦琐，用不对就得不到预期的结果，所以此处进行了较为详细的介绍。但读者在学习时不必花许多精力在每一个细节上，只要重点掌握最常用的一些规则即可，其他部分可以通过编写和调试程序来逐步掌握。

4. getchar 函数

此函数的作用是从终端（或系统隐含指定的输入设备）获取字符。getchar 函数没有参数，其一般形式如下。

```
getchar( )
```

函数的值就是从输入设备得到的字符，例如：

```
a=getchar( );
```

该语句的作用是将从键盘输入的字符存放在变量 a 中。

5. putchar 函数

putchar 函数的作用是向终端输出字符，例如：

```
putchar(c);
```

其中，c 为字符变量或常量。

1.1.3 技能训练

【实验 1-1】 运行下面的程序，分析运行结果。

```
/* EX1_3.CPP */
#include<stdio.h>
main( )
{
    int i;
    long j;
    float f;
    i = 123;
    j = 123456;
    printf("%d,%5d,%05d \n", i,i,i);
    printf("%ld,%8ld,%08ld \n",j,j,j);
    f =123.4;
    printf("%f\n", f);
    printf("%10f\n", f);
    printf("%10.2f\n", f);
    printf("%.2f\n", f);
    printf("%-10.2f\n", f);

}
```

指 导

（1）启动 Visual C++集成环境。

（2）输入上述程序，并以"EX1_3.CPP"为文件名保存在磁盘上，然后编译、运行该程序。

（3）观看程序运行结果，如图 1-16 所示。

（4）分析程序运行结果。

图 1-16　实验 1-1 运行结果

先看第一个输出结果：变量 i 的初值为 123，经过格式说明，分别输出了 3 种不同的格式。d 格式符用来按十进制格式输出整数，用法如表 1-5 所示。

表 1-5　d 格式符的用法

形式	输出格式
%d	按整型数据的实际长度输出
%md	m 位整数（数据位数不足 m 时补空格，大于 m 时按实际长度输出）
%-d、%-md	左对齐的 m 位整数（数据位数不足 m 时补空格，大于 m 时按实际长度输出）
%0md	m 位整数（数据位数不足 m 时补 0，大于 m 时按实际长度输出）
%ld、%mld、%0mld	长整型数据

注意，表中的 m（位数控制）、0（位数不足补 0）和-（左对齐）对于其他格式符也适用。

再看第二个输出结果：变量 j 的初值为 123456，分别实现了按实际输出、按 8 位输出不足补空格、按 8 位输出不足补 0。

第三个输出结果是一个单精度实型数，f 格式符用来按小数形式输出实数（包括单、双精度），具体用法如表 1-6 所示。

表 1-6　f 格式符的用法

形式	输出格式
%f	按实数格式输出，整数部分按实际位数输出，保留 6 位小数
%m.nf	总位数 m（含小数点），其中 n 位小数
%-m.nf	左对齐，总位数 m（含小数点），其中 n 位小数

float 数据只有前 7 位数字是有效数字，千万不要以为凡是输出的数字都是准确的。

双精度数同样可用%f输出，它的有效位数一般为 16 位，含小数 6 位。

【实验 1-2】编写程序，输入 3 个字母（"A"和"a"除外），输出这些字母前面的字母。

指 导

1．编程分析

计算某个字母 ch 前面的字母 ch1，根据字符在 ASCII 表中的排列顺序，可以得到 ch1=ch-1。

14

2. 编写程序

```
/* EX1_4.CPP */
#include<stdio.h>
main( )
{
    char  ch;
    printf("第一个字母:");
    ch=getchar( );                      /*接收输入第一个字母后的回车符*/
    ch=ch-1;
    putchar(ch);
    printf("\n第二个字母:");
    getchar( );                         /*接收输入第二个字母后的回车符*/
    ch=getchar( );
    ch=ch-1;
    putchar(ch);
    printf("\n第三个字母:");
    getchar( );
    ch=getchar( );
    ch=ch-1;
    putchar(ch);
    putchar('\n');
}
```

程序运行时，要求连续输入 3 个字符后按 Enter 键。不要输入一个字符按一次 Enter 键。因为回车符也是字符，其 ASCII 值为 10。制表符的 ASCII 值为 9。

可以将程序：

```
ch=getchar();
ch= ch -1;
```

改写成：

```
ch=getchar() -1;
```

这样程序看起来更简洁，可读性更强。

整个程序可以改为：

```
#include<stdio.h>
main()
{
putchar(getchar()-1);
putchar(getchar()-1);
putchar(getchar()-1);
}
```

3. 运行程序及分析

在 Visual C++集成环境中输入上述程序，将文件存成 EX1_4.CPP。写出程序的运行结果，并根据实验 1-2 的结果分析对该程序的每个输出结果进行分析。

【实验 1-3】示例程序 EX1_5.CPP 是一个交互程序，设圆半径为 1.5，圆柱高为 3，求圆周长、圆面积、圆球表面积、圆球体积、圆柱体积。用 scanf 函数输入数据，输出计算结果，输出时要求有文字说明，保留小数点后 2 位，请编写程序。

指 导

1. 编程分析

输入（键盘）。

提示并输入下列数据。

圆半径　　　圆柱高

1.5　　　　　3

（1）输出（屏幕）。

输出以下内容。

圆周长为：　　　　　l=××××.××

圆面积为：　　　　　s=××××.××

圆球表面积为：　　　sq=××××.××

圆球体积为：　　　　sv=××××.××

圆柱体积为：　　　　vz=××××.××

（2）处理要求。

① 定义变量。

② 计算各个数据。

圆周长=2×圆周率×圆半径；

圆面积=圆周率×圆半径×圆半径；

圆球表面积=4×圆周率×圆半径×圆半径；

圆球体积=4.0/3.0×圆周率×圆半径×圆半径×圆半径；

圆柱体积=圆周率×圆半径×圆半径×圆柱高。

③ 在屏幕上输出。

2. 伪代码

```
main( )
{
定义各个输入变量和输出变量
提示和输入圆半径、圆柱高
计算各个数据：
圆周长=2*圆周率*圆半径
圆面积=圆周率*圆半径*圆半径
圆球表面积=4*圆周率*圆半径*圆半径
圆球体积=4.0/3.0*圆周率*圆半径*圆半径*圆半径
圆柱体积=圆周率*圆半径*圆半径*圆柱高
输出圆周长、圆面积、圆球表面积、圆球体积、圆柱体积
}
```

3. 编写程序

```
/* EX1_5.CPP */
#include<stdio.h>
main( )
{
```

```
    /*声明变量*/
    const float PI = 3.14159;                    /*圆周率*/
    float r;                                     /*圆半径*/
    float h;                                     /*圆柱高*/
float l,s,sq,vq,vz;         /*圆周长、圆面积、圆球表面积、圆球体积、圆柱体积*/
                                                 /*输入数据*/
    printf("请输入圆半径, 圆柱高:\n ");
    scanf("%f,%f",&r,&h);
                                                 /*计算*/
    l=2*PI*r;
    s=r*r*PI;
    sq=4*PI*r*r;
    vq=4.0/3.0*PI*r*r*r;
    vz=PI*r*r*h;
                                                 /*显示计算出的数据*/
printf("圆周长为:       l =%6.2f\n",l);
    printf("圆面积为:        s =%6.2f\n",s);
    printf("圆球表面积为:    sq =%6.2f\n",sq);
    printf("圆球体积为:      sq =%6.2f\n",vq);
    printf("圆柱体积为:      sq =%6.2f\n" ,vz);
}
```

图 1-17 所示为示例程序 EX1_5.CPP 的运行结果。

4. 归纳分析

#include<stdio.h>是将该标准输入输出头文件包含到源代码中。stdio.h 头文件含有 scanf 函数和 printf 函数的预编译代码。要从键盘输入数据，并将数据输出到屏幕，就必须将这些函数包含到源代码中。

图 1-17　实验 1-3 运行结果

```
main( )
{
    /*声明变量*/
    const float PI = 3.14159;                         /*圆周率*/
    float r;                                          /*圆半径*/
    float h;                                          /*圆柱高*/
    float l,s, sq, vq, vz;   /*圆周长、圆面积、圆球表面积、圆球体积、圆柱体积*/
```
上述语句声明常量和变量。
```
/*输入数据*/
printf("请输入圆半径, 圆柱高:\n ");
```
这条输出语句在屏幕上显示了双引号中的消息，提示用户输入圆半径、圆柱高。
```
scanf("%f,%f ",&r,&h);
```
该语句将输入的浮点型数值赋给变量 r 和 h。
```
/*计算*/
    l =2*PI*r;
```

17

```
    s = r*r*PI;
    sq =4*PI*r*r;
    vq=4.0/3.0*PI*r*r*r;
    vz =PI*r*r*h;
/*显示计算出的数据*/
    printf("圆周长为:        l =%6.2f\n",l);
    printf("圆面积为:        s =%6.2f\n",s);
    printf("圆球表面积为:     sq =%6.2f\n",sq);
    printf("圆球体积为:       sq =%6.2f\n",vq);
    printf("圆柱体积为:       sq =%6.2f\n" ,vz);
```

　　第一条输出语句在屏幕上显示圆周长，然后通过\n 换行，第二条输出语句在屏幕上显示圆面积并换行，以此类推。此处，%6.2f 通知计算机将各输出结果格式设置为定长浮点型数值字段，并用结果替换%6.2f。

```
}
```

　　右花括号标志着函数的结束。

1.1.4　拓展与练习

【练习 1-1】用 getchar 函数接收一个输入的大写字母，并将它转换为对应的小写字母。

　　要求编写出程序，并给出运行结果。

【练习 1-2】根据表 1-7 中的数据，实现账单输出。

　　编写程序，计算和输出月底余额。

　　输入（键盘）。

　　提示并输入每位客户的数据（括号中为中文注释，无须输入）。

微课 5　　微课 6

练习 1-1　　练习 1-2

表 1-7　客户数据表

LastName（姓氏）	PreviousBalance（上次余额）/元	Payments（付款）/元	Charges（收费）/元
Allen	5000.00	0.00	200.00
Davis	2150.00	150.0	00.00
Fisher	3400.00	400.00	100.00
Navarez	625.00	125.00	74.00
Stiers	820.00	0.00	0.00
Wyatt	1070.00	200.00	45.00

　　输出（屏幕）。

　　为每位客户输出如下账单信息。

顾客:×××

月底余额:￥9999.99

　　要求参考实验 1-3 的形式，写出伪代码，然后实现编程，最后运行程序。

1.1.5　常见错误

　　下面列举出初学者易犯的错误，以提醒读者注意。

1. 书写标识符时，忽略了大、小写字母的区别

```
main( )
{
    int A=5;
    printf("%d",a);
}
```

编译程序认为 a 和 A 是两个不同的变量名，因而显示出错信息。C 语言中大写字母和小写字母是不同的字符。习惯上，符号常量名用大写字母表示，变量名用小写字母表示，以增加可读性。

2. 忘记加分号

分号是 C 语句中不可缺少的一部分，语句末尾必须有分号。如 "a=1b=2"，编译程序在 "a=1" 后面没发现分号，就把下一行 "b=2" 也作为上一行语句的一部分，就会出现语法错误。改错时，有时若在被指出有错的一行中未发现错误，就需要看一下上一行是否漏掉了分号。

```
{ z=x+y;t=z/100;printf("%f",t);}
```

对于复合语句来说，最后一条语句中最后的分号不能忽略不写。

3. 多加分号

对于一条复合语句，例如：

```
{ z=x+y;t=z/100;printf("%f",t);};
```

花括号后不应再加分号。

4. 输入变量时忘记加地址运算符 "&"

```
int a,b;
scanf("%d%d",a,b);
```

这是不合法的。scanf 函数的作用是按照 a、b 在内存中的地址将 a、b 的值存进去。"&a" 指 a 在内存中的地址。

5. 输入数据的方式与要求不符

① scanf("%d%d",&a,&b);

输入时，不能用逗号作为两个数据间的分隔符，如下面的输入不合法：

```
3,4
```

输入数据时，在两个数据之间以一个或多个空格间隔，也可用回车符、制表符分隔开。

② scanf("%d,%d",&a,&b);

C 语言规定：如果在 "格式控制字符串" 中除了格式说明以外还有其他字符，则在输入数据时应按照 "格式控制" 字符串中的格式进行数据输入。下面输入是合法的：

```
3, 4
```

此时，不用逗号而用空格或其他字符是不对的，例如：

```
3 4  3: 4
```

又如：

```
scanf("a =%d, b =%d",&a,&b);
```

输入应如以下形式：

```
a =3, b =4
```

6. 输入字符的格式与要求不一致

在用"%c"格式输入字符时，"空格字符"和"转义字符"都被视为有效字符输入。

```
scanf("%c%c%c",&c1,&c2,&c3);
```

如输入"a b c"，"a"存入c1，字符" "存入c2，字符"b"存入c3，因为%c只要求读入一个字符，后面不需要用空格作为两个字符的间隔。

7. 输入/输出的数据类型与所用格式控制字符串不一致

例如，a已定义为整型，b已定义为实型：

```
a=3;b=4.5;printf("%f%d\n",a,b);
```

编译时不会给出出错信息，但运行结果将与原意不符。这种"隐形"错误尤其需要注意。

8. 输入数据时，企图规定精度

例如：

```
scanf("%7.2f",&a);
```

这样做是不合法的，输入数据时不能规定精度。

 任务2 基本数据类型

 学习目标

（一）素质目标
（1）培养获取新知识的意识。
（2）养成良好的程序编写习惯。
（二）知识目标
（1）了解基本数据类型，掌握变量的定义及初始化方法。
（2）掌握运算符与表达式的概念，领会C语言的自动类型转换、强制类型转换和赋值的概念。
（三）能力目标
（1）能正确运用C语言的运算符及表达式编写简单程序。
（2）具有运用C语言程序处理简单问题的能力。

1.2.1 案例讲解

案 例 1-3 变量定义和表达式运算

1. 问题描述

某图书的代号为A，单价为28.50元，第一次印刷1600册；另一种图书代号为B，单价为31.80元，第一次印刷2100册。编写程序计算出这两种图书第一次印刷的销售总价，以及两本书的销售差价。

2. 编程分析

```
main( )
{
定义字符型变量 ch1、ch2
```

```
定义双精度实型变量 t1、t2、t3
定义整型变量 n1、n2
输入图书代号和印刷册数
计算 A 图书的销售总价放在 t1 中
计算 B 图书的销售总价放在 t2 中
计算两种图书销售差价放在 t3 中
显示图书总价和差价
}
```

3. 编写源程序

```c
/* EX1_6.CPP */
#include <stdio.h>
main( )
{
char ch1,ch2;
double t1,t2,t3;
int n1,n2;
printf("请输入图书代号和印刷册数: ");                    /* 输入提示 */
scanf("%c, %d, %c, %d",&ch1,&n1,&ch2,&n2); /* 数据间用逗号分隔*/
t1=28.50*n1;
t2=31.80*n2;
t3=t2-t1;
printf("图书代号 is %c, 图书总价 is %lf\n", ch1, t1);
printf("图书代号 is %c, 图书总价 is %lf\n", ch2, t2);
printf("两种图书销售差价 %lf\n", t3);
}
```

特别提示

源程序编写好后要保存。例如，以"EX1_6.CPP"保存。

4. 运行结果

编译、连接后运行程序，运行结果如图 1-18 所示。

5. 归纳分析

（1）基本数据类型，如整型、长整型、浮点型、双精度型和字符型分别用类型名

```
请输入图书代号和印刷册数: A,1600,B,2000
图书代号 is A, 图书总价 is 45600.000000
图书代号 is B, 图书总价 is 63600.000000
两种图书销售差价 18000.000000
Press any key to continue_
```

图 1-18 案例 1-3 运行结果

int、long、float、double 和 char 来定义。它们在程序中都是有固定含义的关键字，不能另作他用，包括不能作为变量名。

（2）程序中的 ch1、t1、n1 等均为变量。C 语言中的变量必须有确定的类型，变量中只能存放该类型的值，并且只能完成该类型允许的运算，如整型变量就是只能存放和处理整型数据的变量。

C 语言规定变量名只能由字母、数字和下划线组成，并且第一个字符不能是数字。下

面这些是合法的变量名：a、i、sum2、Zhang_San。而下面这些是不合法的变量名：T.H.Jack、￥23、#02、X+Y。在 C 语言中，程序员自定义的变量名、函数名、文件名等统称标识符，上面列出的变量命名规则也就是标识符的命名规则。

还有一点需要注意，C 语言是区分大、小写字母的，也就是说大写字母和小写字母被认为是不同的字母。

另外，变量必须先定义再使用，在定义变量时必须确定变量名和类型，变量定义语句的格式如下。

<类型名>　　<变量名>[,<变量名>];

（3）程序中变量 n1 和 n2 为整型，t1、t2、t3 为双精度实型，ch1 和 ch2 为字符型，其原因是 n1、n2 是图书册数，是整型数据；t1、t2、t3 为销售的总价，是实型数据；而 ch1 和 ch2 是图书代号，是字符型数据。定义变量时，一定要注意其中的数据类型，如已经定义为整型的变量 n1 中就只能存放整型数据。

（4）程序中出现的"="叫作赋值运算符。语句 t1=28.50*n1;的作用是计算出 28.50*n1 的值后，将值赋给变量 t1。

赋值语句的基本格式是<变量名>=<数据>，这里的数据可以是常量、变量或由变量和常量组合而成的计算式。

（5）C 语言的字符常量是用单引号括起来的字符，如'A'、'x'、'D'、'?'、'$'等。注意，'a' 和'A'是不同的字符常量。字符数据在内存中以 ASCII 值存储。

案例 1-4　数据类型转换

1. 问题描述

设 x 为 3.6、y 为 4.2，编写程序，将 x 值 3.6 转换为整数后赋给 a，将 x+y 的值转换为整数后赋给 b，再将 a 除以 b 得到的余数赋给 c，最后把 x+y 的值重新赋给 x。

2. 编程分析

```
main( )
{
    定义 a、b、c 为整型变量
    定义 x、y 为实型变量
    给 x、y 赋值
    将 x 值 3.6 转为整数并赋给 a
    将 x+y 的值转为整数并赋给 b
    将 a 除以 b 得到的余数赋给 c
    将 x+y 的值赋给实型变量 x
    输出结果
}
```

3. 编写源程序

```
/* EX1_7.CPP */
#include <stdio.h>
main( )
{
```

```
int a,b,c;                    /*定义 a、b、c 为整型变量*/
float x,y;                    /*定义 x、y 为实型变量*/
x=3.6;
y=4.2;                        /*给 x、y 赋值*/
a=(int)x;                     /*将 x 值 3.6 转为整数并赋给 a*/
b=(int)(x+y);                 /*将 x+y 的值转为整数并赋给 b */
c=a%b;                        /*将 a 除以 b 得到的余数赋给 c*/
x=x+y;                        /*将 x+y 的值赋给实型变量 x*/
printf("a=%d,b=%d,c=%d,x=%f\n",a,b,c,x);
}
```

特别提示

源程序编写好后要保存。例如，以"EX1_7.CPP"保存。

4．运行结果

编译、连接后运行程序，运行结果如图 1-19 所示。

```
a=3,b=7,c=3,x=7.800000
Press any key to continue
```

图 1-19　案例 1-4 运行结果

5．归纳分析

（1）在 C 语言中，可以利用强制类型转换，将变量、表达式的类型转换为所需类型。强制类型转换的一般形式如下。

(类型名)表达式

例如，(int)a 表示将变量 a 转换成 int 型；(int)(3.2+5)表示将表达式(3.2+5)的值转换成 int 型，即将 8.2 转换成 8；(float)(7%3)表示将表达式(7%3)的值转换成 float 型。

（2）强制类型转换时，表达式要用括号括起来，以防止出现错误。

例如，设 x=3.2、y=2.5，则表达式(int)(x+ y)表示将 x+ y 的值 5.7 取整，即值为 5；而对于表达式(int)x+y，则表示先对 x 取整后，再加实型变量 y 的值，表达式的值为实型，其值为 5.5。

（3）强制类型转换是将所需变量或表达式的值转换为所需类型，但并不改变原来变量和表达式的类型属性，也就是说原来变量或表达式的类型未发生任何变化。

（4）强制类型转换运算符要用圆括号括起来，而在定义变量时直接书写类型名，在使用时易发生混淆，应特别注意。

1.2.2　基础理论

1．数据类型

数据类型确定了如何将数据存储到内存，还确定了数据的存储格式。最基本（或最常用）的数据类型包括整型（int）、长整型（long）、浮点型（float）、双精度型（double）和字符型（char）。

（1）整型和长整型：整型即整数，如 5、16 和 8724 等。八进制整数：以数字 0 开头的整数。例如，0127 表示八进制数 127，其值为 1×64+2×8+7×1，等于十进制的 87。十六进制整数：以 0x 或 0X 开头的整数。例如，0x127 表示十六进制数 127，其值为 1×256+2×16+7×1，等于十进制的 295。-0x2a 等于十进制数-42。在整型常量后跟有字母 l 或 L 时，表示该整型常量是长整型常量。例如：49876L,0X2F9BCL,3L。

指定整型数据类型将声明整型变量。整型变量存储的实际范围值因编译器而异，通常情况下，数据范围为-32768～+32767。

如果需要更大或更小的整数，则应指定长整型数据类型。长整型数存储的数据远远超过-32768～+32767 的范围，可通过指定为 long 来声明长整数。

（2）实型：浮点型和双精度型又称为实型。实型常量的表示形式有十进制形式和指数形式两种。

十进制形式：它由数字和小数点组成，如 12.34、0.002 等。使用十进制形式时需要注意小数点不能省略。

指数形式：它由小数和指数两部分组成，之间用字母 E 或 e 分隔。指数部分采用规范化的指数形式。例如，125.37 表示为 1.2537e2，0.035 表示成 3.5e-2。注意 e 前面必须有数字，e 后面的指数一定是整数。所以，E2 和 1.2E0.5 都不是合法的实型常量。

实数（或浮点数）含有小数点。浮点数值的例子有 2.651、74.8 和 653.49 等。可通过指定为 float 数据类型来声明浮点数变量。

如果需要更大或更小的浮点数，则应指定双精度数据类型。双精度变量可存储非常小和非常大的值。可通过指定为 double 来声明双精度变量。

（3）字符型：字符可以是任何单个字母、数字、标点符号或特殊符号。例如，'a'、'x '、'$'等都是字符常量。除了以上形式的字符常量外，C 语言还允许使用一种特殊形式的字符常量，就是以 "\" 开头的字符序列。例如，前面已经遇到过的 printf 函数中的'\n'，它代表 "换行"。这是一种控制字符，在屏幕上是不会显示的。在程序中，也无法用一般形式的字符表示，只能采用特殊形式来表示。

这种以 "\" 开头的特殊字符称为转义字符，常用转义字符及其含义如表 1-8 所示。

表 1-8　常用转义字符及其含义

转义字符	含义	ASCII 值
\n	换行符，将当前位置移到下一行开头	10
\t	水平制表符（跳到下一个制表符位置）	9
\b	退格符，将当前位置移到前一列	8
\r	回车符，将当前位置移到下一行开头	13
\f	换页符，将当前位置移到下页开头	12
\\	反斜线字符 "\"	92
\'	单引号字符	39
\"	双引号字符	34
\ddd	1～3 位八进制数所代表的字符	
\xhh	1～2 位十六进制数所代表的字符	

如果需要的字符不止一个，就要定义一个字符串。字符串是两个或多个字符的组合。字符串常量是双引号括起来的零个、一个或多个字符序列，如"C Program"。编译程序自动地在每一个字符串末尾添加串结束符'\0'，因此，所需要的存储空间比字符串的字符个数多一个字节，上述字符串在内存中以如下形式存放：

C		P	r	o	g	r	a	m	\0

不要将字符常量与单字符的字符串常量混淆。例如，'a'是字符常量，"a"是字符串常量，二者不同。可通过指定为 char 数据类型来声明字符数据。

2. 运算符和表达式

C 语言的运算符很丰富，由这些运算符可以组成相应的表达式。

（1）算术运算符和算术表达式。C 语言中的算术运算符有+（加法运算符）、-（减法运算符）、*（乘法运算符）、/（除法运算符）、%（模运算符或称求余运算符，%两侧均应为整型数据，如 7%4 的值为 3）。对于/运算符，若除数和被除数均为整数，则结果只取整数部分，舍弃小数部分，如 7/4=1；而若除数或被除数中有一个为实数，则结果就是 double 型，如 7/4.0=1.75。算术表达式就是用算术运算符和括号将运算对象（也称操作数）连接起来的、符合 C 语言语法规则的式子，如表达式 7%2+5-2 就是合法的算术表达式。

（2）关系运算符和关系表达式。C 语言提供了 6 种关系运算符：>（大于）、>=（大于等于）、<（小于）、<=（小于等于）、= =（等于）、!=（不等于）。由关系运算符将两个表达式（可以是任意类型的表达式）连接起来的式子，称为关系表达式。例如，a+b>6 是合法的关系表达式。关系表达式的值是逻辑值"真"或"假"，在 C 语言中，没有逻辑值这种类型，而是用 1 代表逻辑值"真"，用 0 代表逻辑值"假"。所以若关系表达式中的关系成立，则表达式的值为 1；若不成立，则表达式的值为 0。

（3）逻辑运算符和逻辑表达式。C 语言提供了 3 种逻辑运算符：&&（逻辑"与"）、||（逻辑"或"）、!（逻辑"非"）。其中，"&&"和"||"是双目运算符，它要求有两个运算对象，如 a&&b；"!"是单目运算符，它只需要一个运算对象，如!a。

逻辑运算的运算法则通常以真值表的形式表示，如表 1-9 所示。

表 1-9　逻辑运算的真值表

运算对象		运算结果		
a	b	a&&b	a||b	!a
真	真	真	真	假
真	假	假	真	假
假	真	假	真	真
假	假	假	假	真

逻辑表达式的运算对象和结果值都是逻辑值。和关系运算一样，C 语言在给出逻辑运算结果时，用 1 表示"真"、0 表示"假"。但在判断一个数值是否为"真"时，认为 0 表示"假"，非 0 表示"真"，即认为非零的数值为"真"。

（4）赋值运算符和赋值表达式。最基本的赋值运算符是=，由赋值运算符组成的表达式称为赋值表达式，其形式如下。

```
<变量>=<表达式>
```

含义是先求出<表达式>的值，然后将此值送入<变量>对应的存储单元，而整个赋值表达式的值就是<变量>的值。

在赋值运算符=之前加上某些特定运算符，可构成复合运算符，复合运算符包括+=、−=、*=、/=、%=等。例如，a+=8 等价于 a=a+8。

赋值运算符按照"自右而左"的结合顺序，连续多个=运算符的运算次序是先右后左，因此，"i =(j=2)"中"j=2"外面的括号可以不要，即"i =(j=2)"和"i=j=2"等价，都是先求"j=2"的值（得 2），然后再赋给 i。下面是赋值表达式的例子：

```
a=b=c=10
```

赋值表达式的值为 10，a、b、c 的值均为 10。

赋值表达式也可以包含复合运算符。例如：

```
a+=a-=a*a
```

以上也是一个赋值表达式。如果 a 的初值为 4，此赋值表达式的求解步骤如下。

① 进行"a-=a*a"的运算，相当于 a=a-a*a=4-16=-12。

② 进行"a+=-12"的运算，相当于 a=a+(-12)=-12-12=-24。

（5）自增、自减运算符。++i 和 i++的作用都相当于 i=i+1，但两者在执行次序上是有差别的。++i 是先执行 i=i+1 后，再使用 i 的值；而 i++是先使用 i 的值后，再执行 i=i+1。例如，设 i 的初值为 3，则执行下面的赋值语句：

```
j=++i;/*i 的值先加 1 后变成 4，再赋给 j，j 的值为 4*/
j=i++;/*先将 i 的值 3 赋给 j，j 的值为 3，然后 i 加 1 后变为 4*/
```

−−运算符的使用方法和++的类似，这里不重复讲解。

在使用这两个运算符时，还要注意它们只能用于变量，而不能用于常量或表达式。

（6）其他运算符和表达式。C 语言中有条件运算符"?:"，用其构成的条件表达式的一般形式如下。

```
<表达式 1> ? <表达式 2> : <表达式 3>
```

例如，表达式 max=(a>b)?a:b 就是将 a、b 两个数中的较大值存入 max。这里，该表达式整体为一个赋值表达式，赋值运算符右边为条件表达式。

C 语言还提供了一种被称为逗号运算符的特殊运算符","，用它将两个表达式连接起来得到的表达式称为逗号表达式。逗号表达式的一般形式如下。

```
<表达式 1>,<表达式 2>
```

其含义是先求<表达式 1>的值，再求<表达式 2>的值，整个表达式的值就是<表达式 2>的值。

例如逗号表达式 a=3+8,a+4，先求 a=3+8，得 11，然后求 a+4，得 15，故整个逗号表达式的值为 15。但变量 a 的值仍保持为 11，没有发生变化。

（7）运算符的优先级和结合性。下面给出 C 语言中所有运算符的优先级，由于 C 语言中运算符众多，读者应该先记住各类运算符的运算次序：括号→单目运算符→算术运算符→关系运算符→逻辑运算符→三目运算符→赋值运算符→逗号运算符。

然后再记住如下规则。

算术运算符中：*、/、%的优先级比+、-高，++、--是单目运算符。

关系运算符中：>、>=、<、<=的优先级比==、!=高。

逻辑运算符中：&&的优先级比||高，!是单目运算符。

如果某个运算对象两侧的运算符的优先级相同，如 a*b/c，则按规定的"结合性"（自右向左）处理。

3. 数据类型转换

（1）自动转换。整型和实型可以混合运算，字符型数据可以与整数通用，因此，整型、实型、字符型数据间可以混合运算。例如，1+a+1.5 是合法的。不同类型的数据要先转换成同一类型，然后进行运算。转换的规则如图 1-20 所示。

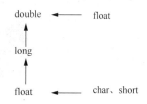

图 1-20 表达式中类型自动转换规则

如果赋值运算符两侧的类型不一致，在赋值时要进行类型转换，转换规则是将赋值运算符右侧数据的类型转换为左侧变量的类型。当赋值表达式左边变量的数据类型级别高于右边表达式的级别时，按图 1-20 中的规则转换。以上的转换是自动进行的，称为自动转换。

（2）强制类型转换。一种类型的数据还可以被强制转换成另一种类型的数据，其一般形式如下。

(<类型名>)<表达式>

这个整体称为强制类型表达式，如(int)(f1+f2)。

强制类型表达式的类型是<类型名>所代表的类型，因此，假如 i 是整型，则(float) i 这个强制类型表达式的类型是 float 型，但 i 仍为原先的整型。

1.2.3 技能训练

【实验 1-4】运行下面的程序，分析运行结果。

```c
#include<stdio.h>
main( )
{
    int i=5,j=5;
    int x,y,z,a,b,c;
    char c1,c2;
    i++;
    printf("i=%d,j=%d\n",++i,j++);
    x=10;
    x+=x-=x-x;
    printf("x=%d\n",x);
    y=z=x;
    printf("++x||++y&&++z=%d\n",++x||++y&&++z);
    c=246;
    a=c/100%9;
    b=(-1)&(-1);
    printf("a=%d,b=%d\n",a,b);
    c1='A'+'5'-'3';
```

```
c2='A'+'6'-3;
printf("c1=%c,c2=%c\n",c1,c2);
}
```

 指 导

（1）启动 Visual C++集成环境。

（2）输入上述程序，并以 "EX1_8.CPP" 为文件名保存在磁盘上，然后编译、运行该程序。

（3）观看程序运行结果，如图 1-21 所示。

```
i=7,j=5
x=20
++x||++y&&++z=1
a=2,b=-1
c1=C,c2=t
Press any key to continue
```

图 1-21　实验 1-4 运行结果

（4）分析程序运行结果。先看第一个输出结果：变量 i 的初值为 5，执行赋值语句 i++; 后，其值为 6，在输出语句中又执行表达式++i，即先加 1 再取 i 的值，所以 i 的最后结果为 7；变量 j 只在输出语句中执行了表达式 j++，即先取 j 的值，再使 j 加 1，所以输出的 j 值为 5。

再看第二个输出结果：变量 x 的起始值为 10，在执行表达式 x+=x-=x-x 时，从右到左进行计算，即先计算 x-x，其值为 0，然后计算 x-=0，结果为 x=10；最后计算 x+=x，得到 x=20。

第三个输出结果是逻辑表达式的值，不是 0 就是 1。经过++运算后，x、y、z 的值均为 21，经逻辑 "与" 运算后，即 21&&21，结果为 1，再经过逻辑 "或" 运算，即 21||1，结果为 1。

第四个输出结果：计算 a 的值时，先用 246 整除 100，结果为 2，再用 2 与 9 取余，即取 2 除以 9 的余数，结果仍为 2；b 的计算是一个按位 "与" 运算，-1 在内存中是按二进制补码方式存储的，即 "全 1"（1111111111111111），两个 "全 1" 经按位 "与" 运算后仍为 "全 1"，所以结果仍为-1。

最后一个输出结果：由于大写字母 A 的 ASCII 值为 65，数字字符 5 和 3 的 ASCII 值分别为 53 和 51，因此 c1 的值为 65+53-51=67，它代表大写字母 C；c2 的值为 65+54-3=116，它代表小写字母 t。

【实验 1-5】编写程序，输入三角形 3 条边 a、b、c 的边长（假设 3 条边满足构成三角形的条件），计算并输出该三角形的面积 area。

指 导

1．编程分析

计算三角形面积的公式如下。

```
p=(a+b+c)/2, area=sqrt(p*(p-a)*(p-b)*(p-c))
```

2．编写源程序

```
#include<math.h>
#include<stdio.h>
```

```
main( )
{
    float a,b,c,p,area;
    scanf("%f%f%f",& a,& b,& c);
    p =( a + b+ c)/2;
    area =sqrt(p *( p - a)*( p - b)*( p - c));
    printf("Threeedgesare:%.2f,%.2f,%.2f\n", a, b, c);
    printf("Theareais:%.2f\n", area);
}
```

注意　　程序中需要用到数学函数 sqrt，故必须包含头文件 math.h，程序中的变量 p 和 area 必须定义成 float 或 double 型，程序中的数据输出格式可以自由选择。

3. 结果分析

在 Visual C++集成环境中输入上述程序，将文件存成 EX1_9.CPP。写出程序的运行结果，并对该程序的每个输出结果进行分析。

【实验 1-6】示例程序 EX1_10.CPP 是一个交互程序，它接收从键盘输入的数据，计算实际薪酬，并在屏幕上输出，程序代码如下所示。交互式程序包含一个对话框，用户和计算机通过这个对话框进行交互，从而生成输出。例如，薪酬程序会提示用户输入每小时薪酬及工作小时数。

指 导

1. 编程分析

（1）输入（键盘）。

提示并输入下列数据。

每小时薪酬　　　　工作小时数

25.10　　　　　　　38.5

（2）输出（屏幕）。

输出以下薪酬信息。

李威的总薪酬　mm/dd/yy

总薪酬是　￥×××.××

（3）处理要求。

① 定义程序变量。

② 计算总薪酬：每小时薪酬×工作小时数。

③ 在屏幕上输出。

2. 伪代码

```
main( )
{
    提示和输入每小时薪酬
    提示和输入工作小时数
    计算总薪酬：每小时薪酬×工作小时数
```

```
输出标题行
输出总薪酬
}
```

3. 编写源程序

```
/*************************************************************
Program: EX1_10.CPP
Date:mm/dd/yy
*************************************************************/
#include<stdio.h>
main( )
{
    /*声明变量*/
    float payrate;                  /*每小时薪酬*/
    float hours;                    /*工作小时数*/
    float pay;                      /*总薪酬*/
    /*输入数据*/
    printf("输入每小时薪酬:￥");
    scanf("%f",&payrate);
    printf("输入工作小时数:");
    scanf("%f",&hours);
    /*计算总薪酬*/
    pay=payrate*hours;
    /*输出标题行和总薪酬*/
    printf("\n\n 李威的总薪酬 mm/dd/yy\n\n");
    printf("总薪酬是￥%6.2f\n",pay);

}
```

图 1-22 所示为示例程序 EX1_10.CPP 的运行结果。

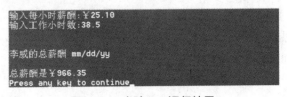

图 1-22 实验 1-6 运行结果

4. 归纳分析

程序的前 4 行是注释，计算机并不对它们进行处理。注释放于源代码中，用来记录程序的用途，并阐明程序各个部分的作用。

```
main( )
{
    /*声明变量*/
    float  payrate;                 /*每小时薪酬*/
    float  hours;                   /*工作小时数*/
    float  pay;                     /*总薪酬*/
```

上述语句声明程序变量。

```
/*输入数据*/
printf("输入每小时薪酬:￥");
```

这条输出语句在屏幕上显示双引号中的消息，提示用户输入每小时薪酬。

```
scanf("%f",&payrate);
```

该语句读取字符串，将字符串转换为浮点数，并将结果保存在地址&payrate中。换言之，浮点数被赋给变量payrate。

```
printf("输入工作小时数:");
scanf("%f",&hours);
```

上面两条语句提示输入并读取工作小时数，将输入字符串转换为浮点数，并将结果赋给hours。

```
/*计算总薪酬*/
pay=payrate*hours;
```

将每小时薪酬与工作小时数相乘，并将乘积赋给pay。

```
/*输出标题行和总薪酬*/
printf("\n\n李威的总薪酬 mm/dd/yy\n\n");
printf("总薪酬是￥%6.2f\n",pay);
```

第一条输出语句在屏幕上显示标题行，然后通过\n\n实现两倍行距。第二条输出语句在屏幕上显示总薪酬。此处，%6.2f通知计算机将总薪酬格式设置为定长浮点型数值字段，并用结果替换%6.2f。

```
}
```

右花括号标志着函数的结束。

1.2.4 拓展与练习

【练习1-3】要将"China"译成密码，密码规则是用原来的字母后面第4个字母代替原来的字母。例如，"A"后面的第4个字母是"E"，则用"E"代替"A"，依次类推。请编写一段程序，用赋初值的方法来实现此功能，并给出运行结果。

【练习1-4】根据表1-10所示的产品库存清单编写程序，计算和输出项目利润。

输入（键盘）。

提示并输入每个项目的数据。

表1-10 产品库存清单

Item Number（项目编号）	Description（说明）	On Hand Quantity（现存量）	Unit Cost（单位成本）/元	Selling Price（销售价）/元
1000	Hammer	24	4.26	9.49
2000	Saws	14	7.50	14.99
3000	Drill	10	7.83	15.95
4000	Screw driver	36	2.27	4.98
5000	Pliers	12	2.65	5.49

输出（屏幕）。

为每个项目输出如下库存清单信息。

项目编号：××××

现存量：××

单位成本：×.××

项目利润：¥×××.××

处理要求如下。

（1）计算总成本：现存量×单位成本。

（2）计算总收入：现存量×销售价。

（3）计算项目利润：总收入-总成本。

要求参考实验 1-6 的形式，写出伪代码，然后实现编程，最后运行程序。

1.2.5 常见错误

下面列举出初学者易犯的错误，以提醒读者注意。

1. 误把"="作为比较大小的关系运算符"=="

C 语言中，"="是赋值运算符，"=="才是关系运算符"等于"。如果写成：

```
if (a=b) printf("a equal to b ");
```

C 编译程序会将(a=b)作为赋值表达式处理，将 b 的值赋给 a，然后判断 a 的值是否为 0，若非 0，则为"真"；若为 0，则为"假"。如果 a 的值为 3，b 的值为 4，a≠b，按原意不应输出"a equal to b"。而现在先将 b 的值赋给 a，a 也为 4，赋值表达式的值为 4。if 语句中的表达式值为"真"（非 0），因此输出"a equal to b"。

这种错误在编译时是检查不出来的，但运行结果往往是错的。而且，由于习惯的影响，程序设计者自己往往也不易发觉。

2. 混淆字符和字符串的表示形式

例如：

```
char sex;
sex ="M";
```

sex 是字符变量，只能存放一个字符。而字符常量的形式是用单引号括起来的，应改为：

```
sex ='M';
```

"M"是用双引号括起来的字符串，它包括两个字符 M 和\0，无法存放到字符变量 sex 中。

3. 输入/输出的数据的类型与所用格式说明符不一致

例如，若 a 已定义为整型，b 已定义为实型：

```
a=3;b=4.5;
printf("%f%d\n",a,b);
```

编译时不给出出错信息，但运行结果将与原意不符，输出为：

```
0.00000016402
```

它们并不是按照赋值的规则进行转换的（如把 4.5 转换成 4），而是将数据在存储单元中的形式按格式符的要求组织输出（如 b 占 4 字节，只把最后 2 字节中的数据按%d 作为整数输出）。

4. 忘记定义变量

例如：

```
void main( )
{
x=3;
y=6;
printf("%d\n",x+y);
}
```

C 语言要求对程序中用到的每一个变量定义类型，上面程序中没有对 x、y 进行定义。应在函数体的开头加上下面的语句：

```
int x,y;
```

5. 未注意 int 型数据的数值范围

一般微型计算机上使用的 C 语言编译版本，为一个 int 型数据分配 2 字节。因此，一个 int 型数据的数值范围为 $-2^{15} \sim 2^{15}-1$，即-32768～32767。常见这样的程序段：

```
int num;
num=89101;
printf("%d",num);
```

得到的却是 23565，原因是 89101 大于 32767。2 字节容纳不下 89101，则将高位截去。

6. 输入数据的格式与要求不符

用 scanf 函数输入数据时，应注意如何正确输入数据。例如，有以下 scanf 函数：

```
scanf("%d%d",&a,&b);
```

如果按下面的方法输入数据：

```
3,4
```

这是错的。数据间应该用空格来分隔。读者可以用：

```
printf("%d%d",a,b);
```

来验证一下。应该用以下方法输入：

```
3  4
```

如果 scanf 函数为：

```
scanf("%d,%d",&a,&b);
```

scanf 函数的格式字符串中除了格式说明符外，其他字符必须按原样输入。因此，应按以下方法输入：

```
3,4
```

为了给用户提示输入格式信息，可以在程序中加一条输出语句：

```
printf("input a,b");
scanf("input a&b:%d,%d",&a,&b);
```

模块小结

本模块主要介绍了 C 语言程序的基本结构和特征，在开发环境中编写、调试及运行 C 语言程序的方法，还介绍了 C 语言的基本数据类型。

通过案例的学习，可掌握程序的开发步骤，完成编译、连接、运行，并进行单步调试和断点调试。C 程序由函数构成，C 语言中用函数来实现特定的功能。一个 C 程序至少包含一个 main 函数，也可以包含一个 main 函数和若干个其他函数。

C 语言的基本数据类型包括整型（int）、长整型（long）、浮点型（float）、双精度型（double）和字符型（char）。

C 语言的运算符主要有算术运算符、关系运算符、逻辑运算符、赋值运算符、自增自减运算符和其他运算符。各类运算符的运算次序为：括号→单目运算符→算术运算符→关系运算符→逻辑运算符→三目运算符→赋值运算符→逗号运算符。

数据类型转换有自动类型转换和强制类型转换。强制类型转换形式是：(<类型名>)<表达式>。

自测题

一、选择题

1. 表示关系 x<=y<=z 的 C 语言表达式为（   ）。
   - A. (x<=y)&&(y<=z)
   - B. (x<=y)AND(y<=z)
   - C. (x<=y<=z)
   - D. (x<=y)&(y<=z)

2. 以下选项中属于 C 语言的基本数据类型的是（   ）。
   - A. 复数型
   - B. 逻辑型
   - C. 双精度型
   - D. 集合型

3. 以下程序的输出结果是（   ）。

```
#include<stdio.h>
main( )
{
  int a=12,b=12;
  printf("%d%d\n",--a,++b);
}
```

   - A. 10 10
   - B. 12 12
   - C. 11 10
   - D. 11 13

4. 能正确表示 a 和 b 同时为正或同时为负的逻辑表达式是（   ）。
   - A. (a>=0||b>=0)&&(a<0||b<0)
   - B. (a>=0&&b>=0)&&(a<0&&b<0)
   - C. (a+b>0)&&(a+b<=0)
   - D. a*b>0

5. 设有 int x=11;，则表达式 (x++ * 1/3) 的值是（   ）。
   - A. 3
   - B. 4
   - C. 11
   - D. 12

6. 在下列选项中，不正确的赋值表达式是（   ）。
   - A. a=b+c=1
   - B. n1=(n2=(n3=0))
   - C. k=i==j
   - D. ++t

7. 设 x、y、z 和 k 都是 int 型变量，则执行表达式 x =(y =4,z =16,k=32)后，x 的值为（   ）。
   - A. 4
   - B. 16
   - C. 32
   - D. 52

8. 有以下定义和语句，其输出结果是（   ）。

```
char c1='b',c2='e';
printf("%d,%c\n",c2-c1,c2-'a'+'A');
```

   - A. 2,M
   - B. 3,E
   - C. 2,E
   - D. 输出项与对应的格式控制字符串不一致，输出结果不确定

9. 若已定义 x 和 y 为 double 类型，则表达式 x=1,y=x+3/2 的值是（　　　）。

   A. 1   B. 2   C. 2.0   D. 2.5

10. 以下选项中合法的实型常数是（　　　）。

   A. 5E2.0   B. E-3   C. .2E0   D. 1.3E

11. 以下选项中合法的用户标志符是（　　　）。

   A. long   B. _2Test   C. 3Dmax   D. A.dat

12. 已知 i、j、k 为 int 型变量，若从键盘输入 1,2,3<Enter>，使 i 的值为 1、j 的值为 2、k 的值为 3，以下选项中正确的输入语句是（　　　）。

   A. scanf("%2d%2d%2d",&i,&j,&k);

   B. scanf("%d %d %d",&i,&j,&k");

   C. scanf("%d,%d,%d",&i,&j,&k);

   D. scanf("i=%d,j=%d,k=%d",& i,& j,&k);

13. 已有定义 int x=3,y=4,z=5;，则表达式 !(x+y)+z-1&&y+z/2 的值是（　　　）。

   A. 6   B. 0   C. 2   D. 1

14. 若有以下定义：

```
char a; int b;
float c; double d;
```

则表达式 a* b + d - c 的值的类型为（　　　）。

   A. float   B. int   C. char   D. double

15. 设有如下定义 int a=1,b=2,c=3,d=4,m=2,n=2;，则执行表达式 (m=a>b)&&(n=c>d) 后，n 的值为（　　　）。

   A. 1   B. 2   C. 3   D. 0

16. 下列程序的输出结果是（　　　）。

```
#include<stdio.h>
main()
 {double d=3.2;int x,y;
  x=1.2;y=(x+3.8)/5.0;
  printf("%d\n", d *y);}
```

   A. 3   B. 3.2   C. 0   D. 3.07

17. 语句 printf("%d", (a=2)&&(b= -2);的输出结果是（　　　）。

   A. 无输出   B. 结果不确定   C. -1   D. 1

18. 当 c 的值不为 0 时，下列选项中能正确将 c 的值赋给变量 a、b 的是（　　　）。

   A. c=b=a;   B. (a=c) ‖ (b=c);

   C. (a=c) &&(b=c);   D. a=c=b;

19. 下列程序运行后的输出结果是（小数点后只写一位）（　　　）。

```
#include<stdio.h>
main()
{ double d; float f; long L; int i;
 i =f= L =d=20/3;
 printf ("%d%ld%f%f \ n",i,L,f,d);
}
```

   A. 6 6 6.0 6.0   B. 6 6 6.7 6.7   C. 6 6 6.0 6.7   D. 6 6 6.7 6.0

二、填空题

1. 若有定义语句 `int a=5;`，则表达式 a++的值是_____。

2. 设有以下变量定义，并已赋确定的值 "`char w;int x;float y;double z;`"，则表达式 w*x+z-y 的值的数据类型为_____。

3. 定义 `int n=8,a=15;a*=( n %=3);`，执行后，变量 n =_____，a =_____。

4. 若有定义语句 `int a =0;`，则表达式 a+=(a=8)的值为_____。

5. 若有定义语句 `int a=9, b=2; float x=6.6 , y=1.1, z; z = a/2+b*x/y+1/2;`，则表达式 `printf("%5.2f\n", z );`的输出结果为_____。

6. 使用 C 语言标准库函数，一般要用_____预处理命令将其头文件包含进来。

7. 若有定义语句 `int a=10; a=(3*5, a+4);`，则 a 的值为_____。

8. "%-ms"表示如果字符串长度小于 m，则在 m 列范围内，字符串向_____靠齐。

9. C 语言的输入/输出操作是由_____和_____函数来实现的。

10. 若有语句 `double x=17;int y;`，当执行 y =(int)(x /5)%2;之后，y 的值是_____。

三、程序填空题

1. 以下程序将输入的两个整数按从小到大的顺序输出，请填空。

```
#include<stdio.h>
main( )
{
    int a,b,temp;
    printf("请输入两个整数: ");
    _____;
    temp =a>b?a:b;
    _____;
    b= temp;
    _____;
}
```

2. 写出下列 printf 语句的输出结果。

```
printf("%10.4f\n",123.456789);
printf("%-10.4f\n",123.456789);
printf("%8d\n",1234);
printf("%-8d\n",1234);
printf("%20.5s\n","abcdefg");
```

3. 写出下列程序的输出结果。

（1）程序 1：

```
#include<stdio.h>
main( )
{
    printf("%d %c %c\n",'A','A',65);
    printf("%d %d\n",'0','\0');
    printf("%c %c %c\n",'0','0'+1,'0'+9);
}
```

（2）程序 2：

```
#include<stdio.h>
main( )
```

```
{
    char x,y;
    x ='a'; y ='b';
    printf("pq\brs\ttw\r");
    printf("%c\\%c\n", x, y);
    printf("%o\n",'\123');
}
```

四、编程题

1. 设 x 为 3.6、y 为 4.2，编写程序将 x 值 3.6 转换为整数后赋给 a，将 x+y 的值转换为整数后赋给 b，再将 a 除以 b 得到的余数赋给 c，最后把 x+y 的值重新赋给 x。

2. 设 a 为 19、b 为 22、c 为 650，编写求 a*b*c 的程序。

3. 设 b 为 35.425、c 为 52.924，编写将 b*c 的值转换为整数后赋给 a1，再将 c 除以 b 得的余数赋给 a2 的程序。

4. 编写程序，输入一个长方形两条相邻边的边长，输出长方形的面积。

模块 ② 结构化程序设计

前面的模块 1 介绍了 C 语言的基本语法知识，然而仅仅依靠这些语法知识还不能编写出完整的程序。在程序中，通常需要加入业务逻辑，并根据业务逻辑关系对程序的流程进行控制。本模块将针对程序设计的灵魂——算法以及 C 语言中最基本的三种程序流程进行讲解。

任务 1 程序设计的基本结构和顺序结构程序设计

 学习目标

（一）素质目标
（1）培养获取新知识的意识。
（2）养成良好的程序编写习惯。
（二）知识目标
（1）了解程序设计的 3 种基本结构。
（2）掌握流程图的绘制方法。
（三）能力目标
（1）能正确运用 C 语言的顺序结构编写简单程序。
（2）具有能阅读简单程序的能力。

2.1.1 案例讲解

案 例 2-1 计算课程总评成绩

1. 问题描述

已知某学生课程 A 的平时成绩、实验成绩和期末考试成绩，求该学生课程 A 的总评成绩。其中，平时成绩、实验成绩和期末考试成绩分别占 20%、30%和 50%。

2. 编程分析

（1）定义整型变量 score1、score2 和 score3，分别存放课程 A 的平时成绩、实验成绩和期末考试成绩；定义实型变量 total，存放总评成绩。
（2）输入 score1、score2 和 score3 的值。
（3）根据比例计算总评成绩 total= score1*0.2+ score2*0.3+ score3 *0.5。
（4）输出总评成绩 total。

3. 编写源程序

```cpp
/* EX2_1.CPP */
#include <stdio.h>
void main( )
{
int score1,score2,score3;
    float total;
    printf("请输入成绩:");
    scanf("%d%d%d",&score1,&score2,&score3);
    total=score1*0.2 + score2*0.3 + score3*0.5;
    printf("总评成绩是%.1f\n",total);
}
```

4. 运行结果

运行结果如图 2-1 所示。

5. 归纳分析

案例 2-1 程序的执行过程是按照源程序中语句的书写顺序逐条执行的,这样的程序结构称为顺序结构。模块 1 中的程序均属于顺序结构。

图 2-1　案例 2-1 运行结果

在顺序结构中,自上而下执行执行语句,程序中的每一条语句都要执行一次,并且只执行一次,以这样固定的处理方式只能解决一些简单的任务。但在实际应用中,往往会出现一些特别的要求,比如根据某个条件来决定下面该进行什么操作,或根据某个要求不断地重复执行若干动作,这就需要控制程序的执行顺序。

2.1.2　基础理论

1. 3 种基本结构

程序中,语句的执行顺序是由程序设计语言中的控制结构规定的。控制结构有顺序结构、选择结构及循环结构 3 种基本结构。

顺序结构是最简单、最基本的流程控制结构,只要按照解决问题的顺序写出相应的语句就行,它的执行顺序是自上而下,依次执行。

选择结构又称为分支结构,当程序运行时,计算机按一定的条件选择下一步要执行的操作。例如,输入三角形 3 条边的边长计算面积时,要判断 3 条边是否能构成三角形,若能,则计算面积;否则,告诉用户输入错误。

循环结构又称为重复结构,它是程序中需要按某一条件反复执行一定的操作而采用的控制结构。

3 种结构之间可以是平行关系,也可以相互嵌套,结构之间通过复合可以形成复杂的结构。已经证明,由以上 3 种基本结构顺序组成的程序结构,基本可以解决任何复杂的问题。由 3 种基本结构构成的程序称为结构化程序。

2. 程序流程图

在对一个复杂问题求解时,程序的结构比较复杂,所以在程序设计阶段为了表示程序的操作顺序,往往会先画出程序流程图,这样有助于最终

微课 7

程序流程图

写出完整、正确的程序。下面介绍流程图的有关概念。

流程图是用规定的图形、连线和文字说明表示问题求解步骤（算法）的一组图形，具有直观、形象、易于理解等优点。流程图使用的图形符号如表 2-1 所示。流程图中的每一个框表示一段程序（包括一条或多条语句）的功能，各框内必须写明要做的操作，说明要简单明确，不能含糊不清。如在框内只写"计算"，但却不写出计算什么，就不容易让人明白。一般来说，用得最多的是矩形框和菱形框。矩形框表示处理，不进行比较和判断，只有一个入口和一个出口；菱形框表示判断，有一个入口和两个出口（即比较后形成两个分支），在两个出口处必须注明哪一个分支是对应满足条件的、哪一个分支是对应不满足条件的。

表 2-1   流程图使用的图形符号

图形符号	名称	代表的操作
平行四边形	输入/输出框	数据的输入与输出
矩形	处理框	各种形式的数据处理
菱形	判断框	判断、选择，根据条件满足与否选择不同的路径
圆角矩形	起止框	流程的起点与终点
带竖线矩形	特定过程	一个定义过的过程，如函数
箭头	流程线	连接各个图框，表示执行顺序
虚线	注释框	对操作的说明
圆	连接点	表示与流程图其他部分相连接

前面介绍的 3 种基本结构的流程图可分别用图 2-2～图 2-4 表示。其中，循环结构有两种形式：当型，如图 2-4（a）所示；直到型，如图 2-4（b）所示。

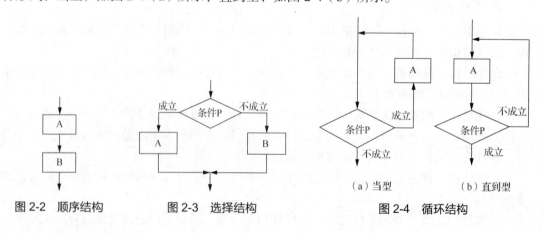

图 2-2   顺序结构   图 2-3   选择结构   图 2-4   循环结构

3. C 语句

在模块 1 中，我们已经了解了 C 语言程序的基本构成。其中，C 语句是程序的主要部分。C 语句一般可分为表达式语句、控制语句、复合语句和空语句。

（1）表达式语句。表达式语句由一个表达式加上分号构成，一般格式如下。

表达式；

最常用的表达式语句是赋值表达式语句，例如：

```
total=score1*0.2+ score2*0.3+ score3*0.5;
```

在 C 语言中，任何一个合法的 C 语言表达式后面加上一个分号就成了一条语句，例如：m=a+b 是表达式，不是语句；i++;是语句，作用是使 i 加 1；x+y;也是语句，作用是完成 x+y 的操作，它是合法的，但并不把结果赋给变量，所以没有实际意义。

案例 2-1 中出现的以下语句：

```
printf("请输入成绩:");
scanf("%d%d%d",&score1,&score2,&score3);
```

称为函数调用语句，由一次函数调用加上一个分号构成。函数调用语句也属于表达式语句。

（2）控制语句。控制语句用于控制程序执行流程。C 语言中有以下 9 种控制语句。

① if-else：条件语句。

② switch：多分支选择语句。

③ for：循环语句。

④ while：循环语句。

⑤ do-while：循环语句。

⑥ continue：结束本次循环语句。

⑦ break：中止执行多分支选择或循环语句。

⑧ goto：转向语句。

⑨ return：函数返回语句。

其中，语句①和②用于实现程序的选择结构，语句③～⑤用于实现程序的循环结构。

（3）复合语句。复合语句是用一对花括号括起来的一组语句，又称语句块。一般格式如下。

```
{
  语句 1
  语句 2
  …
  语句 n
}
```

在以后的案例程序中将会经常使用到复合语句。

（4）空语句。空语句是仅有一个分号的语句，格式如下。

```
;
```

空语句被执行时，实际上什么也不做。但在后面的案例程序中，我们将会看到它的特殊用途。

2.1.3 技能训练

【实验 2-1】编写程序，求一个三位正整数的各位数字之和。例如，756 的各位数字之和为 7+5+6=18。

指导

1. 问题分析

首先要正确分离出三位正整数的个位数、十位数和百位数：百位数可用对 100 整除的方法求得，如 756/100=7；十位数用对 100 求余的结果再对 10 整除求得，如 756%100/10=5；

个位数用对 10 求余求得，如 756%10=6。

2．求解步骤

（1）定义变量 num，存放三位正整数；定义变量 n1、n2 和 n3，分别存放个位数、十位数和百位数；定义变量 sum，存放和。

（2）分离正整数 num。

（3）求和。

（4）输出结果。

3．编写源程序

```
/*EX2_2.CPP*/
#include <stdio.h>
main( )
{
    int num,n1,n2,n3,sum;
    printf("请输入一个三位正整数:");
    scanf("%d",&num);
    n1=num%10;              /*分离个位数*/
    n2=num%100/10;         /*分离十位数*/
    n3=num/100;            /*分离百位数*/
    sum=n1+n2+n3;
    printf("%d+%d+%d=%d\n",n1,n2,n3,sum);
}
```

4．运行结果

运行结果如图 2-5 所示。

图 2-5　实验 2-1 运行结果

【实验 2-2】用流程图表示求解下述问题的程序流程。

1．问题描述

根据人体的身高和体重因素，可以按以下体重指数对人的肥胖程度进行划分：体重指数 t=体重 w/(身高 h)^2，w 的单位为 kg，h 的单位为 m。

当 t<18 时，为偏瘦；

当 18≤t<25 时，为正常；

当 25≤t≤27 时，为偏胖；

当 t>27 时，为肥胖。

2．问题分析

该问题需要采用选择结构来实现。其具体步骤如下。

（1）输入体重 w 和身高 h。

（2）计算体重指数 t。

（3）根据体重指数 t 判断体型。

3．流程图

流程图如图 2-6 所示。

【实验 2-3】用流程图表示输入 10 个整数，输出其中最大数的求解步骤。

1．问题分析

该问题采用循环结构实现反复输入数据和比较数据，数据的比较则用选择结构完成。其具体步骤如下。

（1）定义变量 a，存放输入的数据；定义变量 max，存放最大数。

（2）输入第一个数 a，并将它设为最大值（默认为最大），即 max=a;。

（3）依次读入数据，与 max 比较，若比 max 大，则用当前数代替 max 中的值，如此循环 9 次。

（4）输出最大数。

2．流程图

流程图如图 2-7 所示。

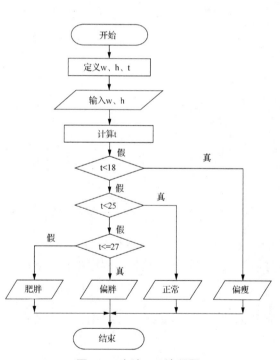

图 2-6　实验 2-2 流程图

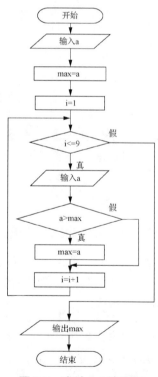

图 2-7　实验 2-3 流程图

2.1.4　拓展与练习

【练习 2-1】编写程序求解一元二次方程 $ax^2 +bx+c=0$ 的根（假定方程有实根）。

编程要求如下。

微课 8

练习 2-1

43

（1）画出流程图。

（2）从键盘输入系数 *a*、*b*、*c*，输入前要有提示"请输入系数"。

（3）以"x1=×××"和"x2=×××"的格式输出方程的根。

【练习 2-2】用流程图表示求解一个数能否同时被 3 和 5 整除的步骤。

【练习 2-3】从键盘输入 20 个学生的成绩，统计合格和不合格学生的人数。成绩大于等于 60 为合格，否则为不合格。用流程图表示求解步骤。

微课 9　　微课 10

练习 2-2　　练习 2-3

2.1.5　编程规范与常见错误

1. 编程规范

（1）表达式比较复杂时，可以在运算符的两边各加一个空格，使源程序更加清晰。例如：

```
total = score1*0.2 + score2*0.3 + score3*0.5;
age >= 20 && sex == 'M';
```

（2）输入数据前要有提示信息。例如：

```
int num;
printf("请输入一个三位正整数:");
scanf("%d",&num);
```

避免这样的书写习惯：

```
int num;
scanf("%d",&num);
```

（3）输出结果要有文字说明。例如：

```
total =score1*0.2 + score2*0.3 + score3*0.5;
printf("总评成绩是%.1f\n",total);
```

不要只输出一个值，例如：

```
printf("%.1f\n", total);
```

2. 常见错误

（1）表达式漏括号。例如，计算 $x=-\dfrac{b}{2a}$，若写成 x = -b / 2 * a，源程序能通过编译，但运行结果不是想要的。正确的写法是 x = -b / (2*a)，或 x = -b /2 /a。

（2）语句漏分号。这是初学者上机时经常出现的问题。例如，程序中有以下语句：

```
sum=num1+num2
ave=sum/2.0;
```

编译时会出现出错提示：syntax error : missing ';' before identifier ' ave '。这表示由于前一语句漏分号引起语法错误。

2.1.6　贯通案例——之一：实现系统主菜单的显示

1. 问题描述

学生成绩管理系统可以分为 8 个主要的模块，分别为加载文件模块、增加学生成绩模块、显示学生成绩模块、删除学生成绩模块、修改学生成绩模块、查询学生成绩模块、学生成绩排序模块和保存文件模块。

2. 系统模块结构图

系统模块结构如图 2-8 所示。

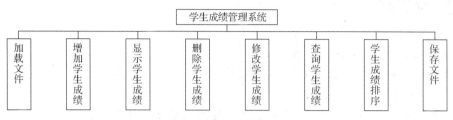

图 2-8　系统模块结构

3. 编写源程序

编写程序实现系统主菜单的显示。

```
/*EX2_3.CPP */
#include <stdio.h>
main( )
{
    printf("#==================================================  #\n");
    printf("#              学生成绩管理系统                      #\n");
printf("#-------------------------------------------------#\n");
    printf("#==================================================  #\n");
    printf("#              1.加载文件                    #\n");
    printf("#              2.增加学生成绩                 #\n");
    printf("#              3.显示学生成绩                 #\n");
    printf("#              4.删除学生成绩                 #\n");
    printf("#              5.修改学生成绩                 #\n");
    printf("#              6.查询学生成绩                 #\n");
    printf("#              7.学生成绩排序                 #\n");
    printf("#              8.保存文件                    #\n");
    printf("#              0.退出系统                    #\n");
    printf("#==================================================  #\n");
}
```

4. 运行结果

程序的运行结果如图 2-9 所示。

图 2-9　系统主菜单

任务 2　选择结构程序设计

学习目标

（一）素质目标
（1）培养良好的程序编写习惯。
（2）养成良好的添加程序注释的习惯。
（二）知识目标
（1）掌握关系运算符、逻辑运算符，熟练掌握 if-else 语句的用法。
（2）领会 switch 与 break 语句的作用。
（三）能力目标
（1）能正确运用 C 语言的选择结构编写简单程序。
（2）具有能阅读简单程序的能力。

2.2.1　案例讲解

 案　例　2-2　出租车计费

1. 问题描述

某市出租车 3 公里的起步价为 10 元，3 公里以上按 1.8 元/公里计费。现编程输入行车里程数，输出应付车费。

2. 编程分析

（1）用实型变量 km 存放行车里程数，用实型变量 fee 存放车费。
（2）输入行车里程数。
（3）根据行车里程数做出判断，进行不同的处理。
（4）输出车费。

3. 编写源程序

```
/* EX2_4.CPP */
#include <stdio.h>
main( )
{
    float km, fee;
    printf("输入行车里程数：");
    scanf("%f",&km);
    if (km <=3.0)
        fee=10.0;
    else
        fee=10.0+(km-3.0)*1.8;
    printf("%.2f公里,请付￥%.2f\n",km,fee);
}
```

4. 运行结果

运行结果如图 2-10 所示。

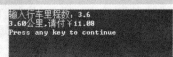

图 2-10　案例 2-2 运行结果

5. 归纳分析

案例 2-2 需要根据行车里程数做出选择，进行不同的计算。处理此类（两个分支）问题时常使用条件语句。条件语句用来判断给定的条件是否满足，根据判断的结果（真或假）决定执行某个分支的操作。

（1）条件语句的一般形式：

```
if （<表达式>）
    <语句 1>
 else
    <语句 2>
```

（2）执行过程：计算<表达式>的值，若结果为"真"（非 0），则执行<语句 1>；否则，执行<语句 2>。if-else 构成了一个两路分支结构。流程图如图 2-11 所示。

（3）注意 if 后面的<表达式>必须用圆括号括起来；if 和 else 同属于一个条件语句，else 不能作为语句单独使用，必须与 if 配对使用。

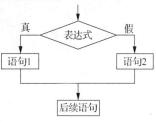

图 2-11 流程图

 案 例 2-3 计算三角形的面积

1. 问题描述

输入三角形 3 条边的边长，判断这 3 条边能否构成三角形，若能则计算并输出三角形的面积；否则输出出错信息。

2. 编程分析

（1）用变量 a、b 和 c 表示三角形的 3 条边的边长，用变量 area 表示三角形的面积。

（2）构成三角形的条件是任意两边之和大于第三边。

（3）如满足构成三角形的条件，计算并输出三角形的面积；否则输出出错信息。计算三角形的面积使用海伦公式：

$$area = \sqrt{s(s-a)(s-b)(s-c)}$$

其中，a、b、c 为 3 条边的边长，$s = \dfrac{a+b+c}{2}$。

3. 编写源程序

```
/* EX2_5.CPP */
#include <stdio.h>
#include <math.h>
main( )
{
    float a,b,c;
    float area,s;      /*s 为中间变量，存放三角形的半周长*/
    printf("Please input a b c: ");
    scanf("%f%f%f",&a,&b,&c);
    if (a+b>c && a+c>b && b+c>a)
                        /*判断输入的 a、b、c 能否构成三角形*/
```

47

```
{
    s=(b+a+c)/2.0;
    area=sqrt(s*(s-a)*(s-b)*(s-c));
    printf("area is %f\n",area);
}
else
    printf("input errer\n");
}
```

4．运行结果

图 2-12 和图 2-13 所示分别是可构成三角形和不可构成三角形的情况。

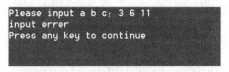

图 2-12　案例 2-3 可构成三角形的运行结果　　图 2-13　案例 2-3 不可构成三角形的运行结果

5．归纳分析

当输入的 3 条边的边长符合构成三角形的条件时，进行计算并输出三角形的面积时需要 3 条语句完成，此时必须用一对花括号把它们括起来，即使用复合语句的形式。

 案　例　2-4　数制转换

1．问题描述

输入一个无符号整数，然后按用户输入的进制代号，分别以十进制（代号 d）数、八进制（代号 o）数和十六进制（代号 x）数的形式输出。

2．编程分析

（1）设变量 ua 存储无符号整数、变量 code 存储进制代号。

（2）根据输入的进制代号输出相应的数据。流程图如图 2-14 所示。

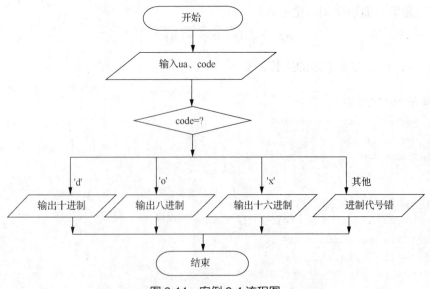

图 2-14　案例 2-4 流程图

3. 编写源程序

```
/* EX2_6.CPP */
#include <stdio.h>
main( )
{
    int ua;
    char code;
    printf("请输入无符号整数和进制代号: ");
    scanf("%d%c",&ua,&code);
    switch (code)
    {
        case 'd': printf("十进制数:%d \n",ua);
            break;
        case 'o': printf("八进制数:%o \n",ua);
            break;
        case 'x': printf("十六进制数:%x \n",ua);
            break;
        default: printf("进制代号错误!");
    }
}
```

4. 运行结果

分别输入不同的进制代号，运行结果如图 2-15 和图 2-16 所示。

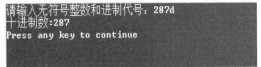

图 2-15 案例 2-4 运行结果 1   图 2-16 案例 2-4 运行结果 2

5. 归纳分析

案例 2-4 是一个多路分支问题，程序中使用了 C 语言提供的实现多路选择的语句——switch 语句。

（1）switch 语句根据一个供进行判断的表达式的结果来执行多个分支中的一个，其一般形式如下。

微课 12

switch 语句

```
switch (<表达式>)
{
    case <常量表达式 1>: <语句序列 1>
    case <常量表达式 2>: <语句序列 2>
    ...
    case <常量表达式 n>: <语句序列 n>
    default: <语句序列 n+1>
}
```

其中，每个 "case <常量表达式>:" 称为 case 子句，代表一个 case 分支的入口。因此，每个 case 后面<常量表达式>的值必须互不相等。

（2）switch 语句的执行过程。先计算<表达式>的值，然后依次与每个 case 子句后面的<常量表达式>的值进行比较，如果匹配成功，则执行该 case 子句后面的<语句序列>。在执行过程中，若遇到 break 语句，就跳出 switch 语句，否则就继续执行后面的<语句序列>，直到遇到 break 语句或执行到 switch 语句的结束；若表达式的值不能与任何一个<常量表达式>匹配，则执行 default 子句所对应的语句。default 子句是可选项，如果没有该子句，则表示在所有匹配都失败时，switch 语句什么也不执行。

案 例 2-5　字符类型判断

1．问题描述

从键盘输入一个字符，判断其是英文字母、数字字符还是其他字符。

2．编程分析

（1）将输入的字符存放在变量 ch 中。

（2）如果是英文字母，输出"是英文字母"，转（4）；否则转（3）。

（3）如果是数字字符，输出"是数字字符"，否则输出"是其他字符"。

（4）结束运行。

其中，英文字母可以用表达式"ch>='A' && ch<=' Z ' || ch>=' a ' && ch<=' z' "来判断，而数字字符的判断用表达式"ch>=' 0' && ch<=' 9' "。

流程图如图 2-17 所示。

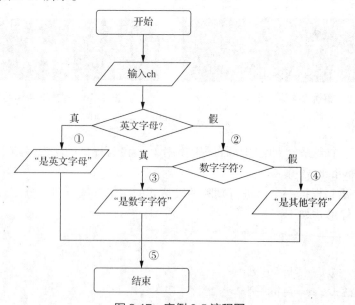

图 2-17　案例 2-5 流程图

3．编写源程序

```
/*EX2_7.CPP*/
#include <stdio.h>
main( )
{
    char ch;
```

```
printf("请输入一个字符: ");
scanf("%c",&ch);
if (ch>='A' && ch<='Z' || ch>='a' && ch<='z' )
   printf("%c 是英文字母.\n",ch);
else
   if (ch>='0' && ch<='9')
       printf("%c 是数字字符.\n",ch);
   else
       printf("%c 是其他字符.\n",ch);
}
```

4. 运行结果

两种情况的运行结果如图 2-18 和图 2-19 所示。

图 2-18　案例 2-5 运行结果 1　　　图 2-19　案例 2-5 运行结果 2

5. 归纳分析

微课 13

本案例中，对给定问题要分 3 种情况进行判断。这就需要使用嵌套形式的 if-else 语句来实现。if-else 语句的嵌套就是在一个 if-else 语句中又包含另一个 if-else 语句。

（1）if-else 语句的一般嵌套形式。

if-else 语句的
嵌套形式补充
练习题

上面的一般形式中，是在 if 和 else 中各内嵌一个 if-else 语句。

（2）嵌套形式不具有固定的语句格式。本案例中使用的是在外层 if-else 语句的 else 中内嵌一个 if-else 语句的形式。自上而下看流程图 2-17 可知，当 ch 是英文字母时，执行路径为 ①⑤；当 ch 是数字字符时，执行路径为 ②③⑤，当 ch 是其他字符时，执行路径为 ②④⑤。

2.2.2　基础理论

微课 14

1. if-else 语句的默认形式

如果 if-else 语句中 else 后面的<语句 2>是空语句，则 if-else 语句可简化如下。

```
if（<表达式>）
   <语句 1>
```

if-else 语句的
默认形式补充
练习题

C 语言程序设计任务式教程（微课版）

其执行过程是计算<表达式>的值，如果<表达式>的值为"真"（非0），执行<语句1>；否则什么也不做，转去执行 if-else 语句的后续语句。流程图如图 2-20 所示。

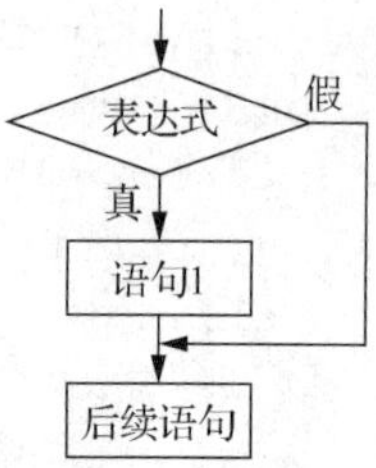

用默认形式的 if-else 语句重写案例 2-2。

图 2-20　流程图

```
#include <stdio.h>
main( )
{
    float km,fee;
    printf("输入行车里程数: ");
    scanf("%f",& km);
    fee =10.0;
    if (km >=3.0)
        fee =10.0 + (km -3.0) * 1.8;
    printf("%.2f 公里,请付￥%.2f\n", km, fee);
}
```

程序中，在 if-else 语句前加了一条语句 fee =10.0;，当输入的行车里程数小于 3 公里时，不再需要计算车费，所以可以采用默认的 if-else 语句。

2. if 和 else 的配对规则

使用 if-else 语句的嵌套形式时，如果 if 的数目和 else 的数目相同，它们的配对关系比较清楚。但由于存在 if-else 语句的默认形式，会出现 if 与 else 的数目不一样的情况，初学者往往会用错它们的配对关系。因此，必须正确理解 C 语言中 if 与 else 的配对规则。C 语言规定：else 与前面最接近它而又没有和其他 else 配对的 if 配对。

下面的程序试图判断 x 是大于 0 的偶数还是小于等于零。现分析一下程序在 x 分别取值为 8、-5 和 5 时的输出结果。

```
#include <stdio.h>
main( )
{
    int x;
    printf("Enter x:");
    scanf("%d",&x);
    if (x>0)
        if (x%2==0)
            printf("x >0 and x is even.\n");
    else
        printf("x <=0.\n");
}
```

程序运行情况 1：
```
Enter x:8
x >0 and x is even.
```

程序运行情况 2：
```
Enter x:-5
```

程序运行情况 3：
```
Enter x:5
x <=0.
```

从程序运行的 3 种情况来看，情况 2、3 的结果显然是错误的。为什么呢？

从书写格式上看，编程者是试图使 else 与第一个 if 组成 if-else 结构，即当 x 小于等于零时，执行 else 后面的 printf("x<=0.\n");语句。但是，根据 if-else 的配对原则，编译系统实际上是把 else 与第二个 if 作为配对关系处理，程序运行情况 3 的结果就说明了这种配对关系。所以，书写格式并不能代替程序逻辑。为实现编者的意图，必须加"{ }"来强制确定

52

配对关系，即将第二个 if-else 语句用 "{ }" 括起来，即：

```
if(x>0)
{
    if(x%2==0)
        printf("x>0 and  x is even.\n");
}
else
    printf("x<=0.\n");
```

3. 正确使用 switch 语句

在案例 2-4 中，我们已经使用了 switch 语句，但还应注意以下问题。

（1）switch 后面表达式的类型，一般为整型、字符型或枚举类型（枚举类型将在后文中介绍）。

（2）当 switch 后面的表达式的值与某一个 case 后面的常量表达式的值匹配时，就执行此 case 后面的语句序列；若所有的 case 后面的常量表达式的值都不与表达式的值匹配，就执行 default 后面的语句。

（3）每个 case 子句中常量表达式的值必须互不相等，case 和常量表达式之间要有空格，case 后面的常量表达式之后有 ":"，且所有 case 包含在 "{ }" 里。

（4）一种情况处理完后，一般应使程序的执行流程跳出 switch 语句，则由 break 语句完成。如果没有 break 语句，将会继续执行后面的语句，直到 switch 语句结尾。重写案例 2-4，观察 case 子句中没有 break 语句时程序的运行结果。

```
#include <stdio.h>
main( )
{
    int ua;
    char code;
    printf("请输入无符号整数和进制代号: ");
    scanf("%d%c",&ua,&code);
    switch (code)
    {
        case  'd': printf("十进制数:%d \n",ua);
        case  'o': printf("八进制数:%o \n",ua);
        case  'x': printf("十六进制数:%x \n",ua);
        default: printf("进制代号错误!");
    }
}
```

运行结果如图 2-21 所示。由此可见，case 子句只是起标号的作用，确定匹配的入口，然后从此处开始一直执行下去，对后面的 case 子句的值不再进行比较。所以，当仅需处理一个分支的情况时，则在 case 子句后面的语句序列中必须包含一个 break 语句。

图 2-21　没有 break 语句的运行结果

（5）当多种常量表达式代表同一种情况时，出现在前面的 case 子句可以无处理语句，即多个 case 子句共用一组处理语句。

例如在案例 2-4 中，如果用户希望输入进制代号时对字母无大小写要求，则可对案例 2-4 的源程序做如下修改。运行结果如图 2-22 所示。

```c
#include <stdio.h>
main( )
{
    int ua;
    char code;
    printf("请输入无符号整数和进制代号：");
    scanf("%d%c",&ua,&code);
    switch (code)
    {
        case ' D':
        case ' d': printf("十进制数:%d \n",ua);
            break;
        case 'O':
        case 'o': printf("八进制数:%o \n",ua);
            break;
        case 'X':
        case 'x': printf("十六进制数:%x \n",ua);
            break;
        default: printf("进制代号错误!");
    }
}
```

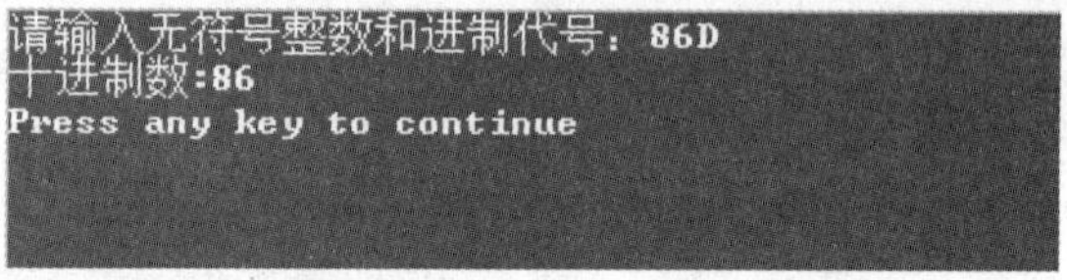

```
请输入无符号整数和进制代号：86D
十进制数:86
Press any key to continue
```

图 2-22　对字母无大小写要求的运行结果

2.2.3　技能训练

【实验 2-4】输入一个整数 n，判断 n 是否是一个能被 23 整除的三位奇数。

💡 指 导

1．问题分析

要对 n 做出正确的判断，关键在于利用 C 语言的关系运算符和逻辑运算符，设计出正确、合理的表达式。根据题意，n 应满足如下条件。

（1）取值范围：−999～−100 和 100～999。

（2）n 能被 23 整除：用 n%23==0 判断。

（3）n 是奇数：用 n%2!=0 判断。

把这些条件组合起来，可用一个复杂的逻辑表达式来表示：

```
(-999<=n&&n<=-100||100<=n&&n<=999) && n%23==0 && n%2!=0
```

2. 编写源程序

```
/*EX2_8.CPP*/
#include <stdio.h>
main( )
{
   int n;
   printf("Enter n:");
   scanf("%d",&n);
   if ((-999<=n&&n<=-100||100<=n && n<=999) && n%23==0 && n%2!=0)
      printf("%d is right.\n",n);
   else
      printf("%d is wrong.\n",n);
}
```

3. 运行及分析

上机运行程序并分析结果。

4. 问题思考

在上例中，如果将条件表达式设计为：

```
(-999<=n&&n<=-100||100<=n && n<=999 && n%23==0 && n%2==1)
```

能不能对三位负数做出正确的判断？为什么？

👥【实验 2-5】下列程序 EX2_9.CPP 的功能是计算并输出下面分段函数值。但上机运行程序发现运行结果错误，如图 2-23 所示。

$$y=\begin{cases} 1/(x+2), & -5 \leq x < 0 \text{ 且 } x \neq -2 \\ 1/(x+5), & 0 \leq x < 5 \\ 1/(x+12), & 5 \leq x < 10 \\ 0, & \text{其他} \end{cases}$$

```
/*EX2_9.CPP*/
#include <stdio.h>
main( )
{
   double x,y;
   printf("input x=");
   scanf("%f",& x);
   if ((-5.0<=x<0.0)&&(x!=-2))
      y=1.0/(x+2);
   else if (5.0<x)
      y=1.0/(x+5);
   else if(x<10.0)
      y=1.0/(x+12);
   else y=0.0;
   printf("x=%e\ny=%e\n", x,y);
}
```

请分析程序执行流程，通过调试修改程序中的错误。具体要求如下。

（1）不允许改变计算精度。

（2）不允许改变原程序的结构，只能在语句和表达式内部进行修改。

（3）设计 x 的值，测试程序的正确性。

```
input x=12
x=-9.255960e+061
y=-1.080385e-062
Press any key to continue
```

图 2-23　程序 EX2_9.CPP 运行结果出错

💡 **指　导**

程序 EX2_9.CPP 使用的是一种阶梯形的嵌套结构，不断在 else 子句中嵌套 if-else 语句。这种结构可以进行多个条件（互相排斥的条件）的判断，用来实现多路分支问题的处理：依次对各个条件进行判断，一旦某个条件满足，就执行该条件下的有关语句，其他部分将被跳过；若各个条件均不满足，就执行最后一个 if-else 语句中 else 后面的语句；如果没有最后的 else 子句，则什么也不执行。

微课 15

if-else 语句的
多分支形式补充
练习题

👥 **【实验 2-6】** 某商场在节日期间举办促销活动，顾客可按购物款的多少分别得到以下不同的优惠：

购物不足 250 元的，没有折扣，赠送小礼品；

购物满 250 元，不足 500 元的，折扣点为 5%；

购物满 500 元，不足 1000 元的，折扣点为 7%；

购物满 1000 元，不足 2000 元的，折扣点为 10%；

购物满 2000 元及 2000 元以上的，折扣点为 15%。

试用 switch 语句编写程序，计算顾客的实际付款数。

微课 16

购物优惠折扣
计算

💡 **指　导**

1. 问题分析

由于 switch 后面的表达式不具有对某个区间内的值进行判断的作用，它的取值必须对应于每个 case 子句的单值，所以设计表达式是关键。对于本题，假设购物款为 payment，由于折扣点是以 250 的倍数变化的，所以可以把表达式设计为 payment/ 250。

payment<250 元时，对应折扣点 payment /250 为 0；

250≤payment<500 元时，对应折扣点 payment /250 取值 case 1；

500≤payment<1000 元时，对应折扣点 payment /250 分别取值 case 2、case 3；

1000≤payment<2000 元时，对应折扣点 payment /250 分别取值 case 4、case 5、case 6、case 7。

这样就实现了把 payment 在一个区间内的取值定位在若干个点上。

2. 编写源程序

```c
/*EX2_10.CPP*/
#include <stdio.h>
main( )
{
    float payment,discount,amount;
                        /* discount 表示折扣点，amount 表示实际付款数*/
    int temp;                   /*中间变量*/
    printf("请输入你的购物款:");
    scanf("%f",&payment);
```

```
temp= (int)payment/250;        /*计算折扣点*/
switch (temp)
{
    case 0: discount=0; printf("你可获得一件小礼品。\n");
            break;
    case 1: discount=5.0; break;
    case 2:
    case 3: discount=7.0;break;
    case 4:
    case 5:
    case 6:
    case 7:  discount=10.0;break;
    default: discount=15.0;break;
}
amount=payment*(1-discount/100);
printf("请付款￥%.2f\n",amount);
}
```

3．运行程序

上机运行程序并验证程序的正确性。

4．完善程序

（1）如果输入的购物款不合法（如负数），程序应输出出错信息。

（2）输出结果包含以下信息：购物款、获得的折扣点和实际付款数。

2.2.4 拓展与练习

【练习 2-4】编写程序，输入两个学生的成绩，按从高到低的次序输出。
编程要求如下。

（1）输入的两个成绩分别放入变量 score1 和变量 score2 中。

（2）将高分存入变量 score1 中，将低分存入变量 score2 中。

（3）依次输出变量 score1 和 score2 的值。

微课 17

练习 2-4

【练习 2-5】根据任务 1 中实验 2-2 的题目要求、解题步骤和流程图，编写程序。要求设计 4 组不同的体重和身高的测试数据，程序运行后能输出正确的结果。

【练习 2-6】输入一个学生的百分制成绩，然后按此输出等级：90～100 为"优秀"，70～89 为"良好"，60～69 为"及格"，小于 60 为"不及格"。

微课 18　　微课 19

练习 2-5　　练习 2-6

编程要求如下。

（1）用 switch 语句编写程序。

（2）要判断百分制成绩的合理性，对于不合理的成绩应输出出错信息。

（3）输出结果中应包括百分制成绩和对应的等级。

【练习 2-7】编写程序求解一元二次方程 $ax^2+bx+c=0$ 的根。
编程要求如下。

（1）画出流程图。

（2）从键盘输入系数 a、b、c，输入前要有提示"请输入系数"。

微课 20

练习 2-7

（3）如果方程没有实根，输出信息"此方程无实数根"；如果有重根，以"x1=x2=××"的格式输出方程的根；如果有两个不同的根，以"x1=××"和"x2=××"的格式输出方程的根。

【练习 2-8】根据表 2-2 所示的工资、薪金所得适用税率表计算月交税金和月实际收入。

表 2-2　工资、薪金所得适用税率表

级数	应纳税所得额	适用税率	速算扣除数/元
1	小于 3000 元部分	3%	0
2	3000～12000 元部分	10%	210
3	12000～25000 元部分	20%	1410
4	25000～35000 元部分	25%	2660
5	35000～55000 元部分	30%	4410
6	55000～80000 元部分	35%	7160
7	大于 80000 元部分	45%	15160

计算方法：月应纳税额=月应纳税所得额×适用税率-速算扣除数。

其中，月应纳税所得额=月工资收入-个税起征数；个税起征数为 5000 元。

编程要求：输入月工资收入，计算并输出月应纳税额和月实际收入。

2.2.5　编程规范与常见错误

1. 编程规范

（1）if 和 switch 关键词与之后的表达式之间应加一个空格。

（2）在 if-else 语句中，if 与 else 不应在同一行，并上下对齐；后面的语句应采用缩进形式，如是复合语句，则一对花括号应上下对齐。缩进格式能增加程序的可读性。例如：

```
if (a+b>c && a+c>b && b+c>a)
    {
        s=(b+a+c)/2.0;
        area=sqrt(s*(s-a)*(s-b)*(s-c));
        printf("area is %f\n",area);
    }
else
        printf ("input errer\n");
```

2. 常见错误

（1）在关键词 if 后面的表达式中把赋值运算符"="误作比较运算符"=="使用。

例如，下面的程序段中，输入的 b 无论为何值，均输出 OK。因为这里的表达式是一个赋值表达式 b=a，并不是判断 b 是否等于 a。由于 b 的值为-1（非 0），代表逻辑真，所以语句 printf("NO");是不可能被执行到的。

```
int a=-1,b;
scanf ("%d",&b);
if (b=a)
        printf("OK");
else
        printf("NO");
```

总之，关键词 if 后面的表达式只要是合法的 C 语言表达式，当它的值非 0 时，即为真，否则为假。

（2）复合语句忘了用花括号括起来。

例如，在案例 2-3 的源程序中，如漏了花括号，如下所示：

```
if (a+b>c&&a+c>b&&b+c>a)
    s=(b+a+c)/2.0;
    area=sqrt(s*(s-a)*(s-b)*(s-c));
    printf("area is %f\n",area);
else
    printf("input error\n");
```

程序在编译时显示出错信息 illegal else without matching if。因为编译系统将 if-else 语句理解为默认形式，这时 else 就没有与之配对的 if 了。

2.2.6 贯通案例——之二：用 switch 语句实现菜单的选择

1. 问题描述

根据 2.1.6 小节中的菜单，对菜单进行编号，用 switch 语句实现菜单的选择。

（1）当用户输入 2 时，模拟实现增加学生成绩的功能。

（2）当用户输入 1~8 中除 2 以外的其他数字时，显示"本模块正在建设中……"。

（3）当用户输入 1~8 以外的数字时，显示适当的错误提示。

2. 编写源程序

```
/*EX2_11.CPP*/
#include <stdio.h>
main( )
{
   char ch;
   long num;
   int score;

   printf("#============================================#\n");
   printf("#                学生成绩管理系统            #\n");
   printf("#--------------------------------------------#\n");
   printf("#============================================#\n");
   printf("#              1.加载文件                    #\n");
   printf("#              2.增加学生成绩                 #\n");
   printf("#              3.显示学生成绩                 #\n");
   printf("#              4.删除学生成绩                 #\n");
   printf("#              5.修改学生成绩                 #\n");
   printf("#              6.查询学生成绩                 #\n");
   printf("#              7.学生成绩排序                 #\n");
   printf("#              8.保存文件                    #\n");
   printf("#              0.退出系统                    #\n");
   printf("#============================================#\n");
   printf("请按 0-8 选择菜单项：");
   scanf("%c",&ch);
```

59

```
    switch (ch)
{
    case '1': printf("进入加载文件模块.本模块正在建设中……\n");
        break;
    case '2': printf("进入增加学生成绩模块.\n");
        printf("请输入学号和成绩:");
        scanf("%ld%d",&num,&score);
        break;
    case '3': printf("进入显示学生成绩模块.本模块正在建设中……\n");
        break;
    case '4': printf("进入删除学生成绩模块.本模块正在建设中……\n");
        break;
    case '5': printf("进入修改学生成绩模块.本模块正在建设中……\n");
        break;
    case '6': printf("进入查询学生成绩模块.本模块正在建设中……\n");
        break;
    case '7': printf("进入学生成绩排序模块.本模块正在建设中……\n");
        break;
    case '8': printf("进入保存文件模块.本模块正在建设中……\n");
        break;
    case '0': printf("退出系统.\n"); exit(0);
    default: printf("输入错误!"); break;
    }
}
```

3. 运行结果

运行上面的程序，运行结果如图 2-24 和图 2-25 所示。

图 2-24　贯通案例——之二运行结果 1　　　图 2-25　贯通案例——之二运行结果 2

 循环结构程序设计

学习目标

（一）素质目标

（1）培养良好的程序编写习惯。

（2）养成良好的添加程序注释的习惯。

（二）知识目标

（1）领会程序设计中构成循环的方法，掌握 for、while 和 do-while 语句的用法。

（2）了解 break 和 continue 语句在循环语句中的作用。

（三）能力目标

（1）能正确运用 C 语言的循环语句编写简单程序。

（2）具有能阅读简单程序的能力。

2.3.1 案例讲解

 案 例 2-6 累加问题

微课 21

累加问题

1. 问题描述

编程计算 100 以内的奇数之和，即求 1+3+5+…+97+99。

2. 编程分析

（1）将变量 sum 的初值置 0，存放累加和；用变量 i 存放需累加的当前项，将其初值置 1。

（2）当 i<100 时，反复执行下述步骤。

- 将当前项 i 加到 sum 中。
- 更新当前项 i 的值，每次更新加 2，即 i=i+2（或者 i+=2）。

（3）输出最后的 sum。

（4）结束。

流程图如图 2-26 所示。

3. 编写源程序

```
/*EX2_12.CPP*/
#include <stdio.h>
main( )
{
    int i,sum;
    sum=0;              /*累加器清 0 */
    for(i=1; i<100; i+=2 )
        sum+=i;
    printf("1+3+5+…+97+99=%d\n",sum);
    getchar( );
}
```

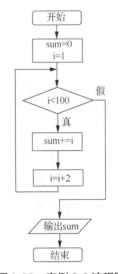

图 2-26 案例 2-6 流程图

4. 运行结果

运行结果如图 2-27 所示。

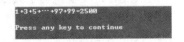

图 2-27 案例 2-6 运行结果

5. 归纳分析

案例 2-6 使用 C 语言提供的循环语句——for 语句。

（1）for 语句的语法形式如下。

```
for（<表达式 1>;<表达式 2>;<表达式 3>）
{
    <语句>;
    <语句>;
}
```

其中，for 是关键字。注意，3 个表达式必须用英文的分号";"隔开。

（2）for 语句的执行流程。

① 计算<表达式 1>。

② 求<表达式 2>的值，若其值非零，执行<语句>，然后转③执行，若<表达式 2>的值为零，则结束 for 语句。

③ 求解<表达式 3>，转②执行。

流程图如图 2-28 所示。

（3）在程序 EX2_12.CPP 中，for 语句的执行过程是先赋值 i=1，然后判断"i<100"是否成立，如果为真，执行循环体"sum+=i;"，转而执行<表达式 3>，即"i+=2"，再判断"i<100"是否成立，如此反复，直到"i>=100"为止。在此，变量 i 既是当前项，又起到了控制循环次数的作用，所以 i 也称为循环控制变量，它的值由<表达式 3>来改变；sum 起累加器的作用，共累加了 50 次。表 2-3给出了 i 和 sum 的值在循环中的变化。

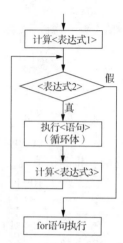

图 2-28　for 语句流程图

表 2-3　循环中 i 和 sum 的值的变化

i 的值	1	3	5	7	9	11	……	97	99
sum 的值	1	4	9	16	25	36	……	2403	2500

 案　例　2-7　求平均分问题

微课 22

求平均分问题

1．问题描述

输入若干个学生的 C 语言课程考试成绩，计算这门课程的平均分，输入负数时结束。

2．编程分析

在程序中，需要设置以下变量：score 用于存放当前输入成绩；sum 用于存放已输入成绩之和；count 用于统计人数；ave 用于存放平均分，其值为总成绩除以人数。

（1）输入当前成绩 score。

（2）当 score 满足大于等于零的条件时，反复执行下列 3 步：

① 将人数加 1（count++;，或者 count+= 1;、++ count; ）。

② 将成绩 score 累加到 sum 中（sum += score; ）。

③ 输入下一个成绩 score（scanf("%d",&score); ）。

（3）计算平均分（ave = (float)sum/count; ）。

（4）输出平均分。

（5）结束。

流程图如图 2-29 所示。

3. 编写源程序

```
/*EX2_13.CPP*/
#include <stdio.h >
int main( )
{
    int score, sum=0, count=0;
    float ave;                  /*存放平均分*/
    printf("请输入学生的 C 语言考试成绩,直到输入负数为止:\n");
    scanf("%d",&score);
    while(score>=0)
    {
        count++;
        sum+=score;
        scanf("%d",&score);
    }
    ave =(float)sum/count;
    printf("\n 平均分:%.2f\n", ave);
}
```

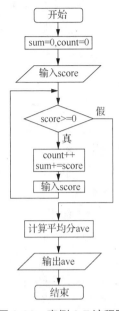

图 2-29　案例 2-7 流程图

4. 运行结果

运行结果如图 2-30 所示。

5. 归纳分析

本案例使用了 C 语言的另一个循环控制语句——
while 语句。

请输入学生的C语言考试成绩,直到输入负数为止:
76 88 56 90 64 82 49 77 61 75 -1

平均分:71.80
Press any key to continue

图 2-30　案例 2-7 运行结果

（1）while 语句的语法形式如下。

```
while（<表达式>）
{
    <语句>;
}
```

其中，while 为关键字。

（2）while 语句的执行过程。首先计算<表达式>的值，当<表达式>
的值为真（非零）时，执行<循环体>；不断重复上述过程，直到<表达
式>的值为假（零）为止。其中，<表达式>称为循环条件。流程图如
图 2-31 所示。

（3）程序 EX2_13.CPP 是这样运行的：先输入成绩 score，然后判断
"score>=0" 是否成立，如果为真，执行循环体 "count++; sum+=score;
scanf("%d",&score);"，再根据新成绩判断 "score>=0" 是否成立，如此
反复，直到 "score>=0" 不成立为止。

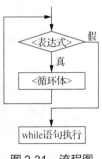

图 2-31　流程图

在本程序中，控制循环变量是 score，在进入循环前要有确定的值，在循环体中要有改
变 score 值的语句；循环体由 3 条语句组成，一定要用花括号括起来，组成复合语句。

案 例 2-8　统计字符串中的大写英文字母数目

统计字符串中的
大写英文字母
数目

1. 问题描述

从键盘输入一串字符（输入换行符时结束），统计其中大写英文字母的个数。

2. 编程分析

（1）设置变量 ch，存放输入的字符；设置计数器变量 num，存放大写英文字母的个数。

（2）输入字符。若字符是大写英文字母，计数器 num 加 1。

重复上述操作，直到输入换行符为止。

（3）输出大写英文字母的个数。

流程图如图 2-32 所示。

3. 编写源程序

```cpp
/*EX2_14.CPP*/
#include <stdio.h>
int main( )
{
    char ch;
    int num=0;
    printf("输入字符串:");
    do
    {
        ch=getchar( );
        if(ch>='A' && ch<='Z')
            num++;
    }while(ch!='\n');
    printf("字符串中有%d 个大写字母。\n",num);
}
```

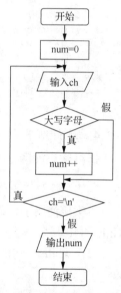

图 2-32　案例 2-8 流程图

4. 运行结果

运行结果如图 2-33 所示。

5. 归纳分析

本案例使用的是 do-while 语句，用于构成直到型循环结构。

图 2-33　案例 2-8 运行结果

（1）do-while 语句的语法形式如下。

```
do
{
    <语句>;
}while（<表达式>）;
```

其中，do 和 while 是关键字。需要特别注意的是，while 后面的分号不能少。

（2）do-while 语句执行过程。先执行<循环体>，再判别<表达式>，若<表达式>的值非零，则重复执行<循环体>，直到<表达式>的值为零为止。

（3）do-while 语句是"先执行，后判断"。因此，无论<表达式>是否成立，循环体至少被执行一次。

流程图如图 2-34 所示。案例 2-8 由于至少要执行一次，因此我们选择用 do-while 语句实现。

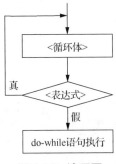

图 2-34　流程图

案 例 2-9　输出乘法"九九表"

1．问题描述

编写程序，输出以下形式的乘法"九九表"。

1*1=1	1*2=2	1*3=3	1*4=4	1*5=5	1*6=6	1*7=7	1*8=8	1*9=9
2*1=2	2*2=4	2*3=6	2*4=8	2*5=10	2*6=12	2*7=14	2*8=16	2*9=18
……								
9*1=9	9*2=18	9*3=27	9*4=36	9*5=45	9*6=54	9*7=63	9*8=72	9*9=81

2．编程分析

（1）乘法表第 1 行的变化规律：被乘数为 1 不变，乘数从 1 递增到 9，每次增量为 1，因此，第一行的输出可用如下的循环语句实现。

```
for(j=1; j<=9; j ++)
    printf("%d*%d=%4d",1,j,1*j);
```

（2）乘法表第 2 行的变化规律：与第 1 行唯一不同的是被乘数为 2，而处理过程完全一样，因此只需将被乘数改为 2，再执行一次上面的循环语句即可。乘法表第 3～9 行与第 2 行同理。

（3）在上述循环语句外面再加上一个循环（即构成双重循环），就可输出所要求的乘法"九九表"。

流程图如图 2-35 所示。

3．编写源程序

```
/*EX2_15.CPP*/
#include <stdio.h>
int main( )
{
    int i, j;
    for(i=1; i<=9; i++)
                        /*外循环控制变量i,以控制被乘数的变化*/
    {
        for(j=1; j<=9; j++)
```

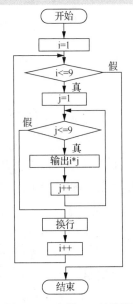

图 2-35　案例 2-9 流程图

```
                    /*内循环控制变量 j，以控制乘数的变化*/
    printf("%d*%d=%-4d",i,j,i*j);
    printf("\n");           /*换行*/
    }
}
```

4. 运行结果

运行结果如图 2-36 所示。

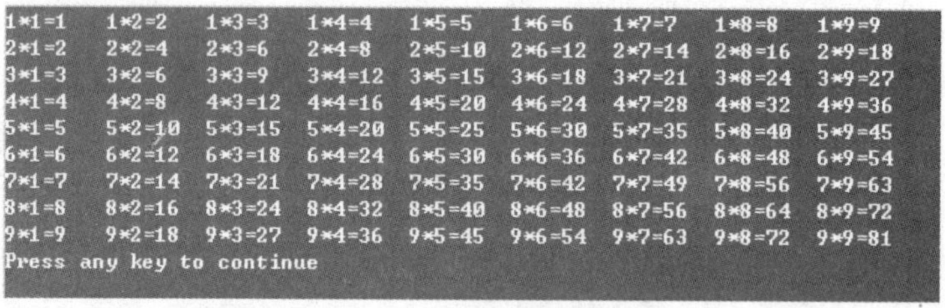

图 2-36　案例 2-9 运行结果

5. 归纳分析

案例 2-9 在一个循环内又包含另一个完整的循环结构，这称为循环的嵌套。内嵌的循环还可以嵌套循环，这就形成了多重循环。3 种循环语句之间都可以相互嵌套，如在 for 循环中包含另一个 for 循环，在 for 循环中包含一个 while 循环或者 do-while 循环等。

程序 EX2_15.CPP 中双重循环的执行过程是先执行外循环，当外循环控制变量 i 取初值 1 后，执行内循环（j 从 1 变化到 9），在内循环执行期间，i 的值始终不变；内循环结束后，回到外循环，i 的值增为 2，然后再执行内循环。此过程不断重复，直到外循环控制变量 i 的值超过终值，整个双重循环就执行完毕。

请读者考虑一下，如果把内循环语句改为：

```
for(j=1; j<=i; j++)
    printf("%d*%d=%-4d", i, j, i*j);
```

将会输出什么形式的乘法"九九表"？

案　例　2-10　判断整数是否为素数

1. 问题描述

素数是大于等于 2 并且只能被 1 和它本身整除的整数。也即素数 m 只有 1 和 m 本身是它的因子，没有别的因子。数学方法已经证明只要 2 到 m 的正平方根取整的各数都不是 m 的因子，则可确定 m 是素数。

2. 编程分析

（1）设变量 i 初值为 2，设变量 k 初值为 m 的正平方根取整。

（2）当 i<=k 时：

① 若 m 能被 i 整除，则立即终止循环，判断 m 不是素数；

② i 加 1。

（3）若正常退出循环，则 m 是素数，否则 m 不是素数。

（4）结束。

程序流程图如图 2-37 所示。

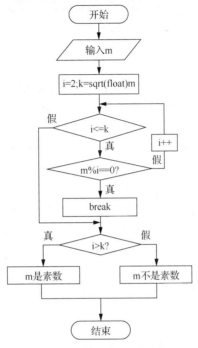

图 2-37　案例 2-10 流程图

3. 编写源程序

```
/*EX2_16.CPP*/
#include <stdio.h>
#include <math.h>
main( )
{
    int i,m,k;
    printf("请输入 1 个正整数:");
    scanf("%d",&m);
    k=sqrt((float)m);
    for(i=2; i<=k; i++)
    {
        if (m%i==0)
            break;
    }
    if(i>k)        /*m 不能被 2～k 整除，所以 m 是素数*/
        printf("%d 是素数.\n",m);
    else printf("%d 不是素数.\n",m);
}
```

4. 运行结果

运行结果如图 2-38 所示。

```
请输入1个正整数:47
47 是素数.
Press any key to continue
```

图 2-38　案例 2-10 运行结果

5. 归纳分析

在程序中，当 m 能被某个整数 i 整除时，就不需要继续执行循环，调用 break 语句立即终止循环，使程序执行流程跳出循环体。所以，break 语句对于减少循环次数、加快程序运行速度有着重要的作用。

break 语句的一般形式如下。

```
break;
```

其作用是终止当前循环或终止 switch 语句。需要注意的是，在多重嵌套循环中，break 语句只能终止正在执行的当前循环，并不对嵌套当前循环的其他循环起作用。

整数 m 的平方根可以通过调用库函数 sqrt（英文 square root 的缩写）得到，需要使用包含文件：#include <math.h>。

案例 2-11　组合问题

1. 问题描述

找出 n 个自然数$(1,2,\ldots,n)$中 r（$r<n$）个数的组合。

2. 编程分析

下面以 n=5、r=3 为例，求出 5 个数中 3 个数的所有组合。

设 i、j、k 为组合中的 3 个数，它们可能的取值均为 1～5，i、j、k 应满足如下条件。

（1）一个组合中的 3 个数字不能相同，即 i≠j≠k。

（2）任何两组数所包含的数不能相同，如(1,2,3)和(3,2,1)只能取其中一组，为此约定前一个数应小于后一个数，则有 i<j<k。

3. 编写源程序

```
/*EX2_17.CPP*/
#include <stdio.h>
main( )
{
   int i, j, k,n;
   n=5;
   for(i=1; i<=n; i++)
       for(j =1;j <=n; j ++)
         for(k=1;k<=n;k++)
            if(i!= j &&i!=k&&j!=k&& i<j&& j<k)
               printf("%3d%3d%3d\n",i, j, k);
}
```

4. 运行结果

运行结果如图 2-39 所示。

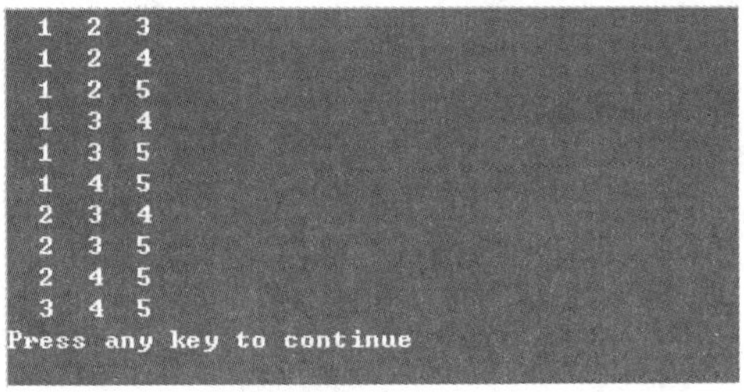

图 2-39 案例 2-11 运行结果

5. 归纳分析

在循环结构的程序设计中，对此类问题的求解通常使用穷举法。穷举法是一种重复性算法，其基本思想是对问题的所有可能状态——测试，直到找到解或完成访问全部可能状态。

尽管穷举法可以充分利用计算机高速处理的优点，对所有可能情况做出快速选择，但我们仍应选择一个合理的穷举范围。穷举范围过大，会降低程序运行的效率；穷举范围过小，可能会遗漏解。在案例 2-11 中，我们穷举了 i、j、k 所有可能的值，实际上，根据约定 i<j<k，可将 i、j 和 k 的穷举范围分别缩小为 1～3、2～4 和 3～5。所以可以改写程序 EX2_17.CPP 如下。

```c
#include <stdio.h>
main( )
{
int i,j,k,n;
    n=5;
    for(i=1; i<=n-2; i++)
        for(j=i+1; j<=n-1; j++)
            for(k=j+1; k<=n; k++)
                printf("%3d%3d%3d\n",i,j,k);
}
```

上述程序中，没有对 i、j 和 k 进行(i!=j &&i!=k&&j!=k&& i<j&&j<k)的判断，因为对 i、j 和 k 穷举范围的设置已经满足题目的要求。此外，穷举的次数也由原程序的 125 次降至本程序的 10 次。

案 例 2-12 求斐波那契数列的前 n 项

1. 问题描述

斐波那契数列具有下面的性质。

$$f(n)=\begin{cases} f(1)=1 & (n=1) \\ f(2)=1 & (n=2) \\ f(n)=f(n-2)+f(n-1) & (n\geqslant3) \end{cases}$$

2. 编程分析

从上式中可以看出，除数列的前两项以外，所求数列的当前项是它前两项之和，也就是说，新项的值可以由前两项的值递推出。

（1）用变量 f1、f2 存放数列的前两项（f1、f2 的初值为 1），用变量 f 存放当前项。

（2）循环变量 i 的初值取 3（从第 3 项开始）。

（3）输出数列第一项、第二项。

（4）当 i<=n 时，反复执行以下操作。

① 求当前项 f= f1+ f2。

② 更新前两项 f1= f2、f2=f。

③ 输出当前项。

④ 项数加 1。

（5）结束。

流程图如图 2-40 所示。

3. 编写源程序

```
/*EX2_18.CPP*/
#include <stdio.h>
int main( )
{
    int f, f1=1, f2=1;
    int i,n;
    f1= f2=1;                        /*迭代初值 */
    printf("请输入裴波那契数列的项数：");
    scanf("%d",&n);
    printf("%-8ld%-8ld",f1,f2);
    for(i=3;i<=n;i++)
    {
        if(i%5==1)                   /*为输出整齐，一行满 5 个数换行*/
        printf("\n");
        f= f1+ f2;                   /*迭代关系式*/
        f1= f2;  f2= f;              /*更新*/
        printf("%-8ld",f);
    }
    printf("\n");
}
```

图 2-40 案例 2-12 流程图

4. 运行结果

运行结果如图 2-41 所示。

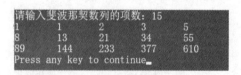

```
请输入斐波那契数列的项数: 15
1        1        2        3        5
8        13       21       34       55
89       144      233      377      610
Press any key to continue
```

图 2-41 案例 2-12 运行结果

5. 归纳分析

在循环结构的程序设计中，另一个常用的循环算法是迭代法。迭代是不断用变量的新值取代旧值，或由旧值递推出变量的新值的过程。

一般说来，迭代有 3 个要素：迭代初值、迭代关系式和迭代终止条件。

斐波那契数列的求解过程就是一个迭代过程。其中，数列前两项为迭代初值，迭代关系为当前项是它前两项之和。

案 例 2-13 选择性输出圆的面积

1. 问题描述

计算并输出面积值在 50～250 的圆的面积（半径 radius=1,2,3,…）。

2. 编程分析

根据题意，程序应按下面的流程执行。

（1）将半径 radius 的初值置为 1。

（2）计算圆面积 area。

（3）若 area<50，转（6）。

（4）若 area>250，转（7）。

（5）输出圆面积 area。

（6）半径 radius 加 1，转（2）。

（7）结束。

3. 编写源程序

```
/*EX2_19.CPP*/
#include <stdio.h>
main( )
{
    const float PI=3.14159;
    int radius;
    float area;
    for(radius=1;; radius++)
    {
        area=PI*radius*radius;
        if(area<50.0)  continue;
        if(area>250.0)   break;
        printf("半径=%d,面积 = %f\n",radius,area);
    }
}
```

4. 运行结果

运行结果如图 2-42 所示。

```
半径=4,面积=50.265442
半径=5,面积=78.539749
半径=6,面积=113.097244
半径=7,面积=153.937912
半径=8,面积=201.061768
Press any key to continue
```

图 2-42　案例 2-13 运行结果

5. 归纳分析

由于事先无法确定半径 radius 为多少时圆的面积大于 250，因此在程序中，采用 for 语句的无限循环形式，利用 if-else 语句和 break 语句的配合，即当 area>250 时，执行 break 语句，从而终止循环。当 area<50 时，使用了 continue 语句跳过循环体中的两条后续语句，就不再输出圆的面积。

continue 语句的一般形式如下。

```
continue;
```

其作用是结束本次循环，即跳过循环语句中尚未执行的语句，接着进行循环条件的判定。continue 语句只用在 for、while、do-while 等循环体中，常与 if-else 语句一起使用，用来加速循环。

2.3.2 基础理论

1. 关于 for 语句中的 3 个表达式

一般情况下，for 语句中的<表达式 1>和<表达式 3>通常是赋值表达式，用来实现循环控制变量的初始化和循环控制变量的值的增（减），<表达式 2>通常是关系或逻辑表达式，用来表示循环继续的条件，只要其值非零，就执行循环体。

由于 for 语句的 3 个表达式可以是 C 语言中任何有效的表达式，而 C 语言中表达式的形式十分丰富，所以 3 个表达式的使用方式是灵活多样的。下面以案例 2-6 为例说明。

（1）<表达式 1><表达式 2><表达式 3>均可为空。

<表达式 1>为空：　　　<表达式 3>为空：　　　　　　<表达式 1><表达式 2>
　　　　　　　　　　　　　　　　　　　　　　　　　　<表达式 3>均为空：

```
i=1;
for(;i<=100;i+=2)
  sum+=i;
```

```
for(i=1;i<=100;)
   {sum+=i;  i+=2;}
```

```
i=1;
for(;;){sum+=i;i+=2;
if(i>100)  break;}
```

实际上是将由<表达式 1>完成的初始化提到循环之外完成，或将<表达式 3>放入循环体中执行。

（2）<表达式 1>和<表达式 3>可以是逗号表达式。

```
for(i=1,sum=0;i<=100;sum+=i,i+=2)   /*注意<表达式 3>中两个表达式的次序*/
   ;                                /*循环体为空语句*/
```

在这里是将初始化操作和循环体中的语句放入相应的表达式中。

有时，为了在程序运行中产生一定时间的延迟，常用空循环来实现，例如：

```
for(t=1;t<=time;t++);
```

上面的循环就是将循环控制变量 t 从 1 增加到设定的数 time，然后退出循环，执行了 time 次空循环，占用了一定时间，起到了延时的作用。

（3）<表达式 2>为空的无限循环形式。当<表达式 2>为空时，表示循环条件总是为真，所以下面的写法：

```
for(<表达式 1>; ; <表达式 3> )
{ … }
```

或

```
for( ; ; )
{ … }
```

是一个无限循环。注意，圆括号内的分号不可省略。

有时，当循环的条件预先不能确定时，可以采用无限循环方式，但循环体内必须设置 break 语句等保证跳出循环，如案例 2-6。对于 while 语句，则有 while(1){…}这样的无限循环形式，通过 break 语句退出循环。

虽然 3 个表达式的使用方式可以是多种多样的，但设计时还应根据可读性做合理的安排。

2. 正确使用循环语句

（1）for 和 while 循环结构的特点是"先判断，后执行"，如果表达式值一开始就为"假"，则循环体一次也不执行。例如，在案例 2-6 中，将循环条件写成"i>=100;"。

（2）设置好循环控制变量的初值，以保证循环体能够正确地开始执行，如案例 2-6 中的语句"i=1;"和案例 2-7 的第一条"scanf("%d",&score);"语句。

（3）循环体中如果包含多条语句，就一定要加"{}"，以复合语句的形式出现，如案例 2-7 和案例 2-8 中的循环体就由复合语句组成。

（4）循环体中一定要有控制语句真假情况的语句，如案例 2-6 中的语句"i+=2"和案例 2-7 中循环体中的"scanf("%d",&score);"，否则循环将无休止进行下去，即形成"死循环"。

3. 循环语句的选择

对于同一个问题的处理，3 种循环语句均可使用。到底选择哪种语句，通常依据循环的条件要求。一般说来，如果循环的次数是确定的，则使用 for 语句；如果循环条件主要是循环结束判断，则使用 while 语句或 do-while 语句。for 语句和 while 语句是先判断循环条件，后执行循环体，如果循环条件一开始就不成立，循环体就一次也不执行；而 do-while 语句是先执行循环体，后判断循环条件，所以循环体至少执行一次。

当然，选择可以是任意的。因为 3 种循环语句几乎总是可以替换的。图 2-43 所示为循环语句相互转换示意，但应以程序的可读性为前提。

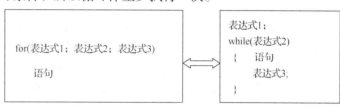

2.3.3 技能训练

【实验 2-7】求正整数 n 的阶乘 n!，其中 n 由键盘输入。

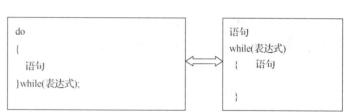

图 2-43 循环语句相互转换示意

指导

1. 问题分析

已知 n!=1*2*3*...*n，设置变量 fact 为累乘器（被乘数），i 为乘数，n 为循环控制变量。程序按以下流程进行。

（1）设置 fact 的初值为 1、i 的初值为 1。

（2）当 i<=n 时，反复执行以下操作。

① fact=fact*i。

② i= i+1。

（3）输出结果。

2. 编写源程序

```
/*EX2_20.CPP*/
#include <stdio.h>
main( )
{
    int i,n;
    long fact=1;
```

```
printf("请输入一个正整数n: ");
scanf("%d",&n);
for (i=1;i<=n;i++)
    fact=fact*i;
printf("%d!=%ld\n",n,fact);
}
```

3. 运行及分析

上机运行程序并分析结果。

4. 思考

为什么变量 fact 要定义为 long 型？

【实验 2-8】编写程序，利用 $\frac{\pi}{4}=1-\frac{1}{3}+\frac{1}{5}-\frac{1}{7}+\cdots$ 公式求 π 的近似值，直到最后一项的绝对值小于 10^{-6} 为止。

微课 24

求 π 的近似值

指 导

1. 问题分析

（1）该问题可以看成一个累加的过程。但由于级数的每一项的符号是交替变化的，所以每次要累加的数据一次是正数、一次是负数，为此可设置一个符号变量 sign，用 sign=-sign 来改变每次要累加的数据的符号。

（2）由于重复累加的次数事先无法确定，而是根据"某一项的绝对值是否小于 10^{-6}"来决定是否继续循环，所以采用 while 循环比较合适。

（3）流程图如图 2-44 所示。其中，变量 pi 为累加项；term 为当前项；sign 为符号变量；求绝对值可以使用库函数 fabs。

2. 编写源程序

根据流程图编写源程序。

3. 运行结果

上机运行程序，查看运行结果。

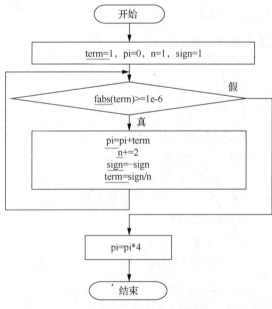

图 2-44 实验 2-8 流程图

【实验 2-9】列出一道一位数乘法题（数值通过随机函数产生），由用户回答，程序判断用户的回答是否正确并给出相关信息，答错的次数不超过 3 次。

指 导

1. 问题分析

（1）因为用户至少要回答一次，所以使用 do-while 语句比较合适。

（2）程序中要自动产生一位数，通过调用随机函数 srand 和 rand，需要使用包含命令：#include <stdlib.h>。

（3）循环执行的条件是回答错误，并且次数不超过 3 次。

2．编写源程序

```
/*EX2_21.CPP*/
#include <stdio.h>
#include <stdlib.h>
#include <time.h>

main( )
{
   int n1,n2,result,answer,times=1;
   srand((unsigned)time( NULL ));   /*初始化随机函数*/
   n1=rand( )%10;                    /*产生一个 0～9 的随机数 */
   n2=rand( )%10;                    /*再产生一个 0～9 的随机数 */
   result=n1*n2;
   do
   {
      printf("%d*%d=?",n1,n2);
      scanf("%d",&answer);
      if(answer==result)
         printf("Answer is Right!\n");
      else
         printf("Answer is Wrong!\n");
   }while(answer!=result && times++!=3);
}
```

3．运行及分析

上机运行程序并分析结果。

4．思考

如何使用 while 语句实现该程序？

【实验 2-10】编写程序输出下列图案。

```
         *
        ***
       *****
      *******
     *********
    **********
```

指 导

1．问题分析

这是一个需要用循环嵌套来解决的问题。

（1）该图案共有 6 行，输出时需要一行一行进行，设正在处理的行为第 i 行，则 i 的
值为 1～6。

（2）每行的字符与所在的行有关，设 j 表示第 i 行第 j 个字符，则 j 的值为 1～2*i-1。

（3）设定每行字符的起始位置：设第 1 行起始位置为第 20 列，则第 1 行 "*" 之前有

19 个空格，第 i 行 "*" 之前有 20-i 个空格。

2. 编写源程序

```
/*EX2_22.CPP*/
#include <stdio.h>
main( )
{
    int i,j;
    for(i=1; i<=6; i++)
    {
        for(j=1; j<=20-i; j++)          /*控制输出空格个数*/
            printf(" ");
        for(j=1; j<=2*i-1; j++)         /*控制输出*号*/
            printf("*");
        printf("\n");                   /*换行*/
}
getchar( );
}
```

3. 运行及分析

上机运行程序并分析结果。

4. 思考

如果要输出如下图案，该如何修改程序？

```
                    ***********
                     *********
                      *******
                       *****
                        ***
                         *
```

【实验 2-11】输出所有的"水仙花数"。"水仙花数"是指一个三位数，其各位数字立方和等于该数本身，如 $153=1^3+3^3+5^3$。

微课 25

输出所有的
"水仙花数"

指 导

1. 问题分析

（1）三位数的生成：设变量 n 为三位数，使用 for 语句，即 `for(n=100;n<1000; n++){…}`。

（2）在循环体中，对于每一个 n，分离出其百位数 i、十位数 j 和个位数 k，那么当条件 "n==i*i*i+j*j*j+k*k*k" 满足时，n 即为所求的三位数。

2. 编写源程序

根据上述分析，编写源程序。

3. 运行及分析

上机运行程序并分析结果。

2.3.4 拓展与练习

【练习 2-9】根据任务 1 中实验 2-3 的题目要求、解题步骤和流程图，使用 for 语句编写程序。要求上机运行程序，输出正确的结果。

微课 26

练习 2-9

进一步思考：如果不将输入的第一个数设为默认最大值，该如何修改程序？

扩充上面的程序：能够同时求出最大值和最小值。

【练习 2-10】编写程序，实现输入一个正整数，计算并输出各位数字之和，如 67351，则各位数字之和为 6+7+3+5+1=22。要求上机运行程序，输出正确的结果。

微课 27 微课 28

练习 2-10 练习 2-11

【练习 2-11】编写程序，输出个位数为 6 且能被 23 整除的四位数，并统计共有多少个这样的四位数。要求上机运行程序，输出正确的结果。

进一步思考：如果只输出满足上述条件的前 10 个数，该如何修改程序？

【练习 2-12】编写程序，随机列出 10 道一位数乘法题，由用户回答，程序统计出用户的得分（答对一题得 10 分）。

扩充功能：根据用户的得分，打出等级。100～80，优；70～60，中；50～0，差。

【练习 2-13】编写程序，求二次方程 $ax^2+bx+c=0$ 的根，用循环方法实现能重复输入系数 a、b、c 求方程的根，直到输入的系数均为 0 为止。

【练习 2-14】有一个分数序列 $\frac{2}{1},\frac{3}{2},\frac{5}{3},\frac{8}{5},\frac{13}{8},\frac{21}{13},\dots$，编写程序求出该数列的前 20 项之和。

2.3.5 编程规范与常见错误

1. 编程规范

（1）利用缩进格式显示程序的逻辑结构，缩进量一致并以制表符为单位，一般可定义制表符为 4 字节。

（2）循环嵌套层次不要超过 5 层。

（3）循环语句的判断条件与执行代码不要写在同一行，例如不要写成如下形式。

```
for(i=1;i<100;i+=2 )  sum+=i;
```

（4）程序中，每个语句块（复合语句）的开头"{"及结尾"}"必须对齐，嵌套的语句块每进一层，缩进一个制表符位。例如：

```
{
    count++;
    sum+=score;
    scanf("%d",&score);
}
```

（5）do-while 语句的循环体即使只有一条语句，也要用花括号括起来。例如：

```
do
{
    sum+=a++;
}while(a<10);
```

2. 常见错误

（1）循环语句中加了不该加的分号。例如，在案例 2-6 中，写成如下形式。

```
for(i=1;i<100;i+=2 );
    sum+=i;
```

此时循环体为空语句，不能实现累加。

（2）循环体为复合语句时，忘记加花括号。例如，在案例 2-7 中，写成如下形式。

```
while(score>0)
    count++;
    sum+=score;
    scanf("%d",&score);
```

如果 score 的初值大于零，则重复执行语句 "count++;"，进入无限循环。

（3）循环体中缺少改变循环控制语句真假情况的语句。例如，在案例 2-7 中，写成如下形式，也将进入无限循环。

```
while(score>0)
{
    count++;
    sum+=score;
}
```

（4）do-while 语句的表达式后面漏了分号。例如，在案例 2-8 中，在 "while (a!='\n')" 后漏了分号（如下所示），则会出现编译错误 "syntax error : missing ';' before identifier 'printf'"。

```
do
    {
        a=getchar( );
        if(a>='A'&& a<='Z')
            a++;
    }while(a!='\n')
    printf("字符串中有%d 个大写字母。\n",a);
```

2.3.6 贯通案例——之三：实现菜单的循环操作

1. 问题描述

（1）在 2.2.6 小节的基础上，实现菜单的循环操作。

（2）当用户输入 3 时，模拟实现显示学生成绩的功能。

2. 编写源程序

```
/*EX2_23.CPP*/
#include <stdio.h>
#include <stdlib.h>
main( )
{
    char ch;
    long num;
    int score;
    while(1)
    {
    printf("#================================================  #\n");
    printf("#                学生成绩管理系统                  #\n");
```

```
printf("#---------------------------------------------------#\n");
   printf("#===================================================        #\n");
   printf("#                      1.加载文件                            #\n");
   printf("#                      2.增加学生成绩                         #\n");
   printf("#                      3.显示学生成绩                         #\n");
   printf("#                      4.删除学生成绩                         #\n");
   printf("#                      5.修改学生成绩                         #\n");
   printf("#                      6.查询学生成绩                         #\n");
   printf("#                      7.学生成绩排序                         #\n");
   printf("#                      8.保存文件                            #\n");
   printf("#                      0.退出系统                            #\n");
   printf("#===================================================        #\n");
   printf("请按 0-8 选择菜单项:");
   scanf(" %c",& ch);   /*在%c前面加一个空格，将存于缓冲区中的回车符读入*/
   switch (ch)
      {
          case '1': printf("进入加载文件模块.本模块正在建设中……\n");
              break;
          case '2': printf("进入增加学生成绩模块.\n");
              printf("请输入学号和成绩:");
              scanf("%ld%d",&num,&score);
              break;
          case '3': printf("进入显示学生成绩模块.\n");
              printf("  学号          成绩\n");
              printf("%10ld %6d\n",num,score);
              break;
          case '4': printf("进入删除学生成绩模块.本模块正在建设中……\n");
              break;
          case '5': printf("进入修改学生成绩模块.本模块正在建设中……\n");
              break;
          case '6': printf("进入查询学生成绩模块.本模块正在建设中……\n");
              break;
          case '7': printf("进入学生成绩排序模块.本模块正在建设中……\n");
              break;
          case '8': printf("进入保存文件模块.本模块正在建设中……\n");
              break;
          case '0': printf("退出系统.\n"); exit(0);
          default: printf("输入错误!");
      }
   }
}
```

3. 运行结果

运行结果如图 2-45 所示。

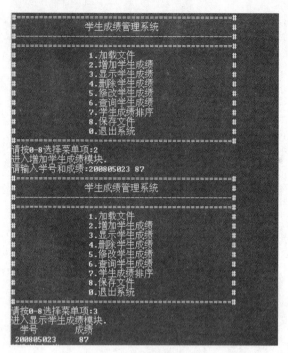

图 2-45　显示学生成绩

模块小结

本模块主要介绍了程序的基本结构，首先介绍了顺序结构程序设计，接着介绍了选择结构程序设计，最后介绍了循环结构程序设计。

语句的执行顺序是由程序设计语言中的控制结构规定的。控制结构有顺序结构、选择结构及循环结构这 3 种基本结构。

按照源程序中语句的书写顺序逐条执行语句的程序结构称为顺序结构。

选择结构程序设计中，处理两个分支问题时常使用 if-else 语句，处理多分支问题时可以采用嵌套形式的 if-else 语句或者 switch 语句。

循环结构程序设计中，主要使用 for、while 和 do-while 语句。如果循环的次数是确定的，则使用 for 语句；如果循环条件主要是循环结束判断，则使用 while 语句或 do-while 语句。for 语句和 while 语句是先判断循环条件，后执行循环体；而 do-while 语句是先执行循环体，后判断循环条件。

自测题

一、选择题

1.　下列叙述中错误的是（　　　）。

　　A.　C 语句必须以分号结束

　　B.　复合语句在语法上被看作一条语句

　　C.　空语句出现在任何位置都不会影响程序运行

　　D.　在赋值表达式末尾加分号就构成赋值语句

2. 设 int x=10，y=0，z;，下面可正确执行 z=++x;的语句的是（　　）。

    A. if(x<=y) z=++x;　　　　　　　　B. if(y=x) z=++x;

    C. if(y) z=++x;　　　　　　　　　　D. if(!x) z=+x;

3. 设 int k=2;，则下面的 while 循环共执行（　　）。

```
while(k!=0)
{ printf("%d",k);
  k--;
}
```

    A. 无限多次　　　　B. 0 次　　　　　C. 1 次　　　　　D. 2 次

4. 执行下列语句的结果为（　　）。

```
for(i=0;i<5;i++)
{ if(i==2) continue;
  printf("%d",i);
}
```

    A. 01　　　　　　B. 0134　　　　　C. 01234　　　　D. 无输出

5. C 语言中，用于结构化程序设计的 3 种基本结构是（　　）。

    A. 顺序结构、选择结构、循环结构　　B. 顺序结构、分支结构、重复结构

    C. 环形结构、分支结构、循环结构　　D. 顺序结构、选择结构、重复结构

6. 有以下程序，运行后输出的结果是（　　）。

```
#include <stdio.h>
main( )
{ int i=1,j=1,k=2;
  if((j++||k++)&&i++)
    printf("%d,%d,%d\n",i,j,k);
}
```

    A. 1,1,2　　　　B. 2,2,1　　　　C. 2,2,2　　　　D. 2,2,3

7. 有以下程序，运行后输出的结果是（　　）。

```
#include <stdio.h>
main( )
{ int a=5,b=4,c=3,d=2;
  if(a> b> c)  printf("%d\n", d);
  else if((c-1>=d)==1)  printf("%d\n", d+1);
  else printf("%d\n", d+2);
}
```

    A. 2　　　　　　　　　　　　　　　B. 3

    C. 4　　　　　　　　　　　　　　　D. 编译时有错，无结果

8. 以下程序的输出结果是（　　）。

```
#include <stdio.h>
main( )
{ int m=5;
  if (m++>5) printf("%d\n",m);
  else printf("%d\n",m--);
}
```

    A. 7　　　　　　B. 6　　　　　　C. 5　　　　　　D. 4

C 语言程序设计任务式教程（微课版）

9. 以下程序的输出结果是（　　）。

```
#include <stdio.h>
main( )
{ float x=2.0,y;
  if(x<0.0) y=0.0;
  else if(x<10.0) y=1.0/x;
  else y=1.0;
  printf("%f\n",y);
}
```

　　A. 0.000000　　　　B. 0.250000　　　　C. 0.500000　　　　D. 1.000000

10. 阅读以下程序，程序运行后，如果从键盘输入 5，则输出结果是（　　）。

```
#include <stdio.h>
main( )
{ int x;
  scanf("%d",&x);
  if(x--<5) printf("%d",x);
  else printf("%d",x++);
}
```

　　A. 3　　　　　　B. 4　　　　　　C. 5　　　　　　D. 6

11. 若 i、j 已定义为 int 型，则以下程序段中，内循环体的总执行次数是（　　）。

```
for (i=5;i;i--)
for(j=0;j<=4;j++){…}
```

　　A. 20　　　　　　B. 25　　　　　　C. 24　　　　　　D. 30

12. 以下程序的输出结果是（　　）。

```
#include <stdio.h>
main( )
{ int x=1,a=0,b=0;
  switch(x)
  { case 0: b++;
    case 1: a++;
    case 2: a++;b++;
  }
  printf("a=%d,b=%d\n",a,b);
}
```

　　A. a=2,b=1　　　B. a=1,b=1　　　C. a=1,b=0　　　D. a=2,b=2

13. 假定 a 和 b 为 int 型变量，则执行以下语句后，b 的值为（　　）。

```
a=1; b=10;
do
{ b-=a;
  a++;
} while(b--<0) ;
```

　　A. 9　　　　　　B. -2　　　　　　C. -1　　　　　　D. 8

14. 执行语句 `for(i=1; i++<4;);` 后，变量 i 的值是（　　）。

　　A. 3　　　　　　B. 4　　　　　　C. 5　　　　　　D. 不定

15. 以下程序的输出结果是（　　）。

```
#include <stdio.h>
main( )
```

```
{  int n=4;
   while(n--)
   printf("%d ",--n);
}
```

     A. 2 0   B. 3 1   C. 3 2 1   D. 2 1 0

16. 有以下程序段，while 语句执行的次数是（   ）。

```
int k=0;
while(k=1)
 k++;
```

     A. 无限次   B. 有语法错误，不能执行

     C. 一次也不执行   D. 执行 1 次

17. 以下程序段的输出结果是（   ）。

```
main( )
{  int n=9;
   while(n>6)
   { n--;printf("%d",n);
   }
}
```

     A. 987   B. 876   C. 8765   D. 9876

18. 假定 w、x、y、z、m 均为 int 型变量，有如下程序段。

```
w=1; x=2; y=3; z=4;
m=(w<x)?w:x; m=(m<y)?m:y;
m=(m<z)?m:z;
```

     该程序段执行后，m 的值是（   ）。

     A. 4   B. 3   C. 2   D. 1

19. 有下列程序。

```
#include <stdio.h>
main( )
{  char c1,c2,c3,c4,c5,c6;
   scanf("%c%c%c%c",&c1,&c2,&c3,&c4);
   c5=getchar( ); c6=getchar( );
   putchar(c1);putchar(c2);
   printf("%c%c\n",c5,c6);
}
```

     程序运行后，若从键盘输入（从第 1 列开始）以下内容。

```
123<CR>
45678<CR>
```

     输出结果是（   ）。

     A. 1267   B. 1256   C. 1278   D. 1245

20. 下列程序运行后的输出结果是（   ）。

```
#include <stdio.h>
main( )
{ int k=5,n=0;
  while(k>0)
  {   switch(k)
      { default:break;
```

```
        case 1: n+=k;
        case 2:
        case 3: n+=k;
        }
      k--;
   }
 printf("%d\n",n);
}
```

  A. 0   B. 4   C. 6   D. 7

  21. 执行下面的程序段时，若使 w 的值为 4，则 x、y 的值应满足的条件是（ ）。

```
int x,y,z=1,w=1;
scanf( "%d,%d" ,&x,&y);
if(x>0) z++;
if(x>y) w+=z;
else if(x==y) w=5;
    else w=2*z;
```

  A. x>y   B. 0<x<y   C. x<y<0   D. 0>x>y

二、填空题

  1. 设 i、j、k 均为 int 型变量，则执行完下面的 for 语句后，k 的值为_____。

```
for(i=0,j=10;i<=j;i++,j--)
    k=i+j;
```

  2. 若有定义语句 char c1,c2;，以下程序段的输出结果是_____。

```
for(c1='0',c2='9';c1<c2;c1+ +,c2--)
    printf("%c%c",c1,c2);
```

  3. 若有定义语句 int a=10,b=9,c=8;，按顺序执行语句后，变量 b 的值是_____。

```
c=(a-=(b-5));c=(a%11)+(b=3);
```

  4. 若有定义语句 int a=1,b=3,c=5;，执行以下语句的结果是_____。

```
if (c=a+b) printf("yes\n");
else printf("no\n");
```

  5. C 语言中，用于结构程序设计的 3 种基本结构是顺序结构、_____和_____。

  6. 已知 a=7.5、b=2、c=3.6，表达式 a>b && c>a||a<b && !c>b 的值是_____。

  7. 设 x 为 int 型变量，请写出一个关系表达式，当 x 同时为 3 和 7 的倍数时，关系表达式的值为真：_____。

  8. 当在程序中执行到_____语句时，将结束本层循环类语句或 switch 语句的执行。

  9. 语句 if (a>0) if (b>0) a=a+b;与语句 if (a>0&&b>0) a=a+b;是否等效：_____。

  10. 在 C 语言中，当表达式的值为 0 时，表示逻辑值为假，当表达式的值为_____时，表示逻辑值为真。

三、程序填空题

  1. 以下程序的功能是判断从键盘输入的一个字符是英文字母、数字字符还是其他字符。请填空。

```
#include <stdio.h>
main( )
{
```

```
    char ch;
    printf("请输入一个字符: ");
    scanf("%c",&ch);
    if (ch>='A' && ch<='Z'_____ch>='a'_____ )
        printf("%c是英文字母.\n",ch);
    else
        _____
        printf("%c是数字字符.\n",ch);
    else
        printf("%c是其他字符.\n",ch );
}
```

2. 以下程序的功能是根据输入的百分制成绩（score），输出成绩等级（grade）A、B、C、D、E。90 分以上为 A，80～89 分为 B，70～79 分为 C，60～69 分为 D，60 分以下为E。请填空。

```
#include <stdio.h>
main( )
{
    int score,temp;
    char grade;
    printf ("\n Please input a score(0~100): ");
    scanf ("%d",&score);
    temp=score/_____;
    switch(_____)
    {
        case 10:
        case 9:  grade ='A';break;
        case 8:  grade ='B'; break;
        case 7:  grade ='C'; break;
        case 6:  grade ='D';break;
        _____: grade ='E' ; break;
    }
    printf("The grade is %c.\n",grade);
}
```

3. 以下程序的功能是计算 1～100 中是 7 的倍数的数之和。请填空。

```
#include <stdio.h>
main( )
{
    int i,sum;
    _____;
    i=1;
    while (i<=100)
    {
        if(i%7_____0)
        sum+=i;
        _____;
    }
    printf("sum=%d\n",sum);
}
```

4. 以下程序的功能是将从键盘输入的 10 个无序整数，去掉一个最大数和一个最小数，然后求其平均值，请填空。

```c
#include <stdio.h>
main( )
{
    int j,x,max,min,sum;
    float ave;
    printf("Enter 10  number:\n");
    scanf("%d",&x);
    sum=max=min=x;
    for(_____;j<=10;j++)
    {
        _____;
        sum+=x;
        if(x>max )   max=x;
        else if(x<min) min=x;
    }
    _____;
    ave=sum/8.0;
    printf("The average is %.2f\n",ave);
}
```

四、阅读程序题

1. 下列程序的输出结果是_____。

```c
#include<stdio.h>
main( )
{
    int a=1, b=2;
    a=a+b; b=a-b; a=a-b;
    printf("%d,%d\n", a, b );
}
```

2. 下列程序的输出结果是_____。

```c
#include <stdio.h>
main( )
{   int s, i;
    for(s=0,i=1;i<3;i++,s+=i)
        printf("%d\n",s);
}
```

3. 下列程序的输出结果是_____。

```c
#include<stdio.h>
main( )
{   int a,b,c=246;
    a=c/100%9;
    b=(-1)&&(-1);
    printf("%d,%d\n",a,b);
}
```

4. 有以下程序，程序运行后的输出结果是_____。

```c
#include <stdio.h>
main( )
{
```

```
    int a=16,b=20,m=0;
    switch(a%3)
    { case 0:m++;break;
      case 1:m++;
      switch(b%2)
      { default:m++;
        case 0:m++;break;
      }
    }
    printf("%d\n",m);
}
```

5. 有以下程序，程序运行后的输出结果是_____。

```
#include <stdio.h>
main( )
{  int p,a=5;
   if(p=a!=0)
      printf("%d\n",p);
   else
   printf("%d\n",p+2);
}
```

6. 有以下程序，程序运行后的输出结果是_____。

```
#include <stdio.h>
main( )
{
   int a=4,b=3,c=5,t=0;
   if(a<b) t=a; a=b; b=t;
   if(a<c) t=a; a=c; c=t;
   printf("%d %d %d\n",a,b,c);
}
```

7. 若执行以下程序时，从键盘上输入 9，则输出结果是_____。

```
#include <stdio.h>
main( )
{  int n;
   scanf("%d",&n);
   if(n++<10) printf("%d\n",n);
   else printf("%d\n",n--);
}
```

8. 以下程序运行后的输出结果是_____。

```
#include <stdio.h>
main( )
{
   int i,m=0,n=0,k=0;
   for(i=9; i<=11; i++)
   switch(i/10)
   {
      case 0: m++;n++;break;
      case 10: n++; break;
      default: k++;n++;
   }
   printf("%d %d %d\n",m,n,k);
}
```

9. 以下程序运行后的输出结果是_____。

```c
#include <stdio.h>
main( )
{
    int a=5,b=4,c=3,d;
    d=(a>b>c);
    printf("%d\n",d);
}
```

10. 以下程序运行后的输出结果是_____。

```c
#include <stdio.h>
main( )
{   int i,j,b=0;
    for(i=0;i<3;i++)
      for(j=0;j<2;j++)
          if(j>=i)  b++;
    printf("%d\n",b);
}
```

五、编程题

编写程序，从键盘输入一段字符串，统计字符串中英文字母的个数。

模块 ③ 数组与字符串

我们已经学习了 C 语言所提供的简单数据类型，使用这些数据类型可以描述并处理一些简单的问题。然而实际需要处理的数据常常不止单个数据。本模块通过对数组与字符串应用案例的讲解，介绍数组声明及字符串处理等知识。

任务 1　一维数组

学习目标

（一）素质目标

（1）通过对数组的学习，培养一丝不苟的工作精神。

（2）养成良好的程序编写习惯。

（二）知识目标

（1）了解一维数组的基本概念，掌握数组类型变量的定义与数组元素的引用。

（2）领会一维数组元素的查找、排序、删除、修改和统计等。

（三）能力目标

（1）会对若干个相同类型的数据进行排序。

（2）能用数组编写实用小程序。

3.1.1　案例讲解

 案 例 3-1　竞赛成绩的录入和输出

1. 问题描述

录入 10 名学生的 C 语言竞赛成绩并输出。

2. 编程分析

一维数组中的数组元素是排成一行的一组索引变量，用一个统一的数组名来标识，用索引来指示其在数组中的具体位置。索引从 0 开始。

一维数组通常和一重循环相配合，对数组元素依次进行处理。

3. 编写源程序

```
/* EX3_1. CPP */
#include <stdio.h>
main( )
{
    int a[10],i;
```

```
    printf("请输入 10 个数:\n");
    for(i=0;i<10;i++)
    scanf("%d",&a[i]);
    for(i=0;i<10;i++)
    printf("%4d",a[i]);
}
```

4. 运行结果

运行结果如图 3-1 所示。

请输入10个数:
90 80 78 65 77 80 90 100 80 60
    90 80 78 65 77 80 90 100 80 60Press any key to continue

图 3-1　案例 3-1 运行结果

5. 归纳分析

数组是一些具有相同数据类型的数组元素的有序集合。数组中的每一个元素（即每个成员，也可称为索引变量）具有同一个名称、不同的索引，每个数组元素可以作为单个变量来使用。在引用数组元素时，应注意以下几点。

（1）引用时，只能对数组中的元素引用，而不能对整个数组引用。例如，EX3_1.CPP中的 a[i]。

（2）在引用数组元素时，索引可以是整型常数、已赋值的变量或含变量的表达式。例如，EX3_1.CPP 中 a[i]的索引 i 就是已赋值的变量。

（3）由于数组元素本身可看作同一类型的变量，因此，对变量的各种操作也都适用于数组元素。例如，EX3_1.CPP 中对数组元素 a[i]的赋值操作和输出操作。

（4）引用数组元素时，索引上限（即最大值）不能超界。也就是说，若数组含有 n 个元素，索引的最大值为 n–1（因索引从 0 开始）；若超出界限，C 编译程序并不给出错误信息（即其不检查数组是否超界），程序仍可以运行，但可能会改变该数组以外其他变量或其他数组元素的值，由此得到不正确的结果。例如 EX3_1.CPP，若误将第一个 for 语句中的 i<10 写成 i<=10，就会出现索引超界现象。

案例 3-2　竞赛成绩的计算

1. 问题描述

已录入 10 名学生的 C 语言竞赛成绩，计算竞赛成绩的最高分、最低分和平均分。

2. 编程分析

先假设最高分和最低分初值为第 1 个学生的成绩，然后比较 10 次，如果有比当前最高分还大的元素，它就替代当前最高分；如果有比当前最低分还小的元素，它就替代当前最低分。然后累加各元素的值，最后输出结果。

3. 编写源程序

```
/* EX3_2.CPP */
#include <stdio.h>
main()
{
```

```
int a[10]={ 90,88,86,84,82,80,78,76,74,72}; /*为了简单起见用初始化*/
int i,sum,max,min;
sum=0;
max=min=a[0];/*最高分、最低分初值为第 0 个元素*/
for(i=0;i<10;i++)
{
  if(a[i]>max)
    max=a[i];   /*如果有比当前最高分还大的元素，它就替代当前最高分*/
  if(a[i]<min)
min=a[i];   /* 如果有比当前低分还小的元素，它就替代当前最低分*/
  sum+=a[i];/*累加各元素的值 */
}
printf("最高分=%d 最低分=%d 平均分 =%d\n",max,min,sum/10);
}
```

4. 运行结果

运行结果如图 3-2 所示。

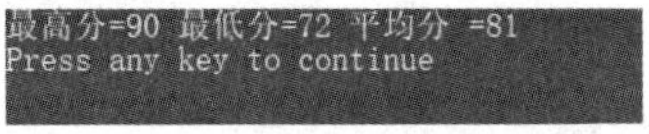

最高分=90 最低分=72 平均分 =81
Press any key to continue

图 3-2　案例 3-2 运行结果

5. 归纳分析

数组元素是从 a[0]到 a[9]，千万不要试图使用 for(i=1;i<=10;i++)，因为这样会引用 a[10]，而这个元素是不存在的。

 案 例 3-3 竞赛成绩的排序

微课 29

排序补充练习题

1. 问题描述

对已知的 10 名学生的 C 语言竞赛成绩从小到大进行排序，并把排好序的成绩输出。

2. 编程分析

本程序采用选择法排序，该方法从待排序数列中，每次选出一个最小的数，和相应位置上的元素交换。第一次选最小的元素放到第一个位置，第二次选次小的元素放到第二个位置，如此类推，产生一个有序序列。

3. 编写源程序

```
/* EX3_3.CPP */
#include <stdio.h>
#define NUMBER 10                              /*定义数列元素个数*/
#include <conio.h>
main( )
{
  int a[NUMBER]={90,88,86,84,82,80,78,76,74,72};    /*初始化数组*/
  int I, J, K, Temp;
  printf("排序前数组\n");
```

```
for(I=0; I<NUMBER; I++)
  printf("%3d",a[I]);          /*输出排序前数组*/
for(I=0; I<NUMBER; I++)
{                                        /*第 i 次排序*/
  K=I;  /*记录当前位置的索引。第一次选择排序时，intK=0，当前位置是 intArray[0]*/
  for(J=I+1; J<NUMBER; J++)
    if( a[J] <a[K])
        /*某次排序时，如果有任何一个值 a[J]小于当前位置值 a[K]，*//*则将索引指定为 J，
a[K]仍是这次排序中的最小值*/
      K=J;
    if(I!= K)
    {
      Temp=a[I];
      a[I]=a[K];
    /*若最小值不在位置 I，则交换 a[I]和 a[K]，交换前*/
    /*a[K]是本次排序中的最小值，a[I]是当前比较位置*/
      a[K]= Temp;
    }
}
printf("\n 输出排序后结果\n");
for(I=0; I<NUMBER; I++)
  printf("%3d",a[I]);/*输出排序后结果*/
getchar( );
}
```

4. 运行结果

运行结果如图 3-3 所示。

5. 归纳分析

如果待排序数列存放在数组 a 中，那么第一次

排序时，先假定最小值是 a[0]。然后将它依次和第

```
排序前数组
 90 88 86 84 82 80 78 76 74 72
输出排序后结果
 72 74 76 78 80 82 84 86 88 90
```
图 3-3　案例 3-3 运行结果

1 个元素到第 NUMBER-1 个元素比较，找出它们中的最小值，将最小值和 a[0]交换，如果 a[0]本身最小就不用交换。第二次排序时，a[0]已经是最小值了，所以这次找出次小值。取出第 2 个到第 NUMBER-1 个元素中的最小值和 a[1]交换，这时 a[1]是次小值。第三次排序就是取出第 3 个到第 NUMBER-1 个元素中的最小值和 a[2]交换，a[2]是第三小值。以此类推。排序过程如表 3-1 所示，粗斜体字表示本次排序中参与交换的两个数。

表 3-1　排序过程

次数	a[0]	a[1]	a[2]	a[3]	a[4]	a[5]	a[6]	a[7]	a[8]	a[9]
初始	90	88	86	84	82	80	78	76	74	72
1	*72*	88	86	84	82	80	78	76	74	*90*
2	72	*74*	86	84	82	80	78	76	*88*	90
3	72	74	*76*	84	82	80	78	*86*	88	90
4	72	74	76	*78*	82	80	*84*	86	88	90
5	72	74	76	78	*80*	*82*	84	86	88	90

案 例 3-4 新队员招录

1. 问题描述

有一支足球队有 10 名队员，并按身高由高到低排好序，现招录了一名新的队员，组成了一支完整的足球队，把重新排好序的队员按身高由高到低输出。

2. 编程分析

为了把一个数按大小插入已排好序的数组中，可把欲插入的数与数组中各元素逐个比较，当找到第一个比插入数小的元素 a[i]时，该元素之前即为插入位置。然后从数组最后一个元素开始到该元素为止，逐个后移一个单元。最后把插入数赋予元素 a[i]即可。如果插入数比所有的元素值都小，则放在最后的位置。

3. 编写源程序

```c
/* EX3_4.CPP */
#include <stdio.h>
main( )
{
    int i,j,p,s;
    float a[11]={2.07f,2.03f,1.96f,1.94f,1.85f,1.78f,1.76f,1.70f,1.69f,
     1.68f},q,n;
    for(i=0;i<10;i++)
    {
      p=i;
      q =a[i];
      for(j=i+1;j<10;j++)
      if(q<a[j])
      {
        p=j;
        q=a[j];
      }
      if(p!=i)
      {
        s=a[i];
        a[i]=a[p];
        a[p]=s;
      }
      printf("%8.2f ",a[i]);
    }
printf("\n输入新招录队员的身高\n");
scanf("%f",&n);
for(i=0;i<10;i++)
  if(n>a[i])
  {
      for(s=9;s>=i;s--)
          a[s+1]=a[s];
      break;
  }
a[i]=n;
printf("\n重新排好序的队员按身高由高到低输出\n");
```

```
for(i=0;i<=10;i++)
    printf("%8.2f ",a[i]);
printf("\n");
}
```

4．运行结果

运行结果如图 3-4 所示。

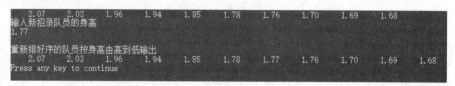

图 3-4　案例 3-4 运行结果

5．归纳分析

本程序首先对数组 a 中的 10 个数从大到小排序并输出排序结果，然后输入要插入的数 n，再用一个 for 语句把 n 和数组中的元素逐个比较，如果发现 n>a[i]，则由一个内循环把 a[i]以后的各元素顺次后移一个单元。后移应从后向前进行（从 a[9]开始到 a[i]为止）。后移结束跳出外循环。插入点为 i，把 n 赋予 a[i]即可。如所有的元素均大于被插入数，则不会进行后移工作。此时 i=10，结果是把 n 赋予 a[10]。最后一个循环输出插入数后的数组各元素。

程序运行时，输入数 1.77。从结果中可以看出，1.77 已放在 1.78 和 1.76 之间。

3.1.2　基础理论

1．一维数组的引入

我们先看一个例子，理解引入数组的必要性。此例需要编程读入一系列学生的成绩，然后求最高分、最低分。首先写一串语句读入学生成绩，放到一系列变量中：

```
printf("请输入成绩一\n");
scanf("%d",&Grade1);
printf("请输入成绩二\n");
scanf("%d",&Grade2);
```

在 C 语言中，我们可以定义一个名叫 Grades 的变量，它不代表单一的成绩值，而是代表整个成绩组。组中的每一个元素都可以由一个被称为索引的数字来标明。在数学概念里，索引变量 x_i 是指集合 x 的第 i 个元素，在 C 语言中，等价表示为 x[i-1]。如 Grades[5]表示 Grades 数组里的第 6 个元素。

单独数组元素的使用方法和正常变量一样。比如，我们可以将一个数组元素值赋给另一个变量：

```
Myg=Grades[50];
```

这一语句将 Grades 数组中索引为 50 的元素的值赋给变量 Myg。

数组元素当然也可以放在等号左边。例如：

```
Grades[i]= Myg; /*把 Myg 的值存入元素 Grades[i]*/
```

用单一的数组代表有关数据项集合，使我们能开发简明而有效的程序。例如，通过改变索引变量的值，我们可以非常容易地访问数组中的所有元素。一组学生成绩可以用下面的语句来输入：

```
for(i=0; i<100; i++)
{
 printf("请输入第%d个成绩:", i+1);
 scanf("%d",&Grades[i]);
}
```

如果要求输出所有学生的总成绩，可以这样写：

```
Sum=0;
for(i=0; i<100; i++)
 Sum=Sum+Grades[i];
```

这段代码顺序访问 Grades 数组的前 100 个元素（0～99），并将每个元素值加到 Sum 中。如果 Sum 的初值为 0，循环结束后 Sum 中存放的就是前 100 个数组元素之和。

由此可见，使用数组可大大简化处理同一个数据集合的程序。下面将介绍数组的具体使用方法。

数组可分为一维数组和多维数组（如二维数组、三维数组等）。数组的维数取决于数组元素的索引个数，即一维数组的每一个元素只有一个索引，二维数组的每一个元素均有两个索引，三维数组的每一个元素都有 3 个索引，依次类推。

2．一维数组的定义和引用

（1）一维数组的定义。在 C 语言中，变量必须先定义，后使用。数组也是如此，使用数组时必须先定义，后引用。

定义一维数组的一般形式如下。

微课 30

一维数组补充
练习题（1）

类型标识符 数组名[常量表达式]

其中，类型标识符是数组元素的数据类型。

数组名是用户定义的数组标识符。方括号中的常量表达式表示数据元素的个数，也称为数组的长度。举例如下。

int a[10];：定义整型数组 a，有 10 个元素。

float b[10],c[20];：定义实型数组 b，有 10 个元素；实型数组 c，有 20 个元素。

char ch[20];：定义字符数组 ch，有 20 个元素。

微课 31

一维数组补充
练习题（2）

（2）一维数组元素的引用。数组不能整体使用，只能逐个引用数组元素。数组元素的一般引用形式如下。

数组名 [索引]

索引可以是整型常数、整型变量或整型表达式，其起始值为 0。例如 a[2+1]表示数组 a 中的第 4 个元素，a[i+j]表示数组 a 中的第 i+j+1 个元素（i 和 j 为整型变量）。在引用时应注意索引的值不要超过数组的范围。数组的索引的最大值为数组的长度减 1。

3．一维数组的初始化

所谓数组的初始化，就是在定义数组的同时，对数组的各个元素赋初值。

（1）全部元素的初始化。

格式如下。

数据类型 数组名[数组长度]={数组元素值表}

"数组元素值表"是用逗号分隔的各数组元素的初值。例如 int a[6]={10,20,30,40,50,

60};表示 a 数组共有 6 个整型元素，`float r[]={12.5,-3.11,8.6};`表示 r 数组共有 3 个实型元素。

（2）部分元素的初始化。

格式如下。

数据类型　数组名[数组长度]={数组部分元素值表}

例如：

`int B[6]={1,2,3};/* B 数组共有 6 个整型元素，元素的值分别为 1、2、3、0、0、0*/`

（3）一维数组的存储

任何一个一维数组在内存中都占用一段连续的空间，依次存储它的各元素的值。元素占用的字节数由数组的数据类型决定。例如 int 型数组 a 的每个元素占 2 字节，6 个元素占 12 字节。

上述数组 a 的存储情况如图 3-5 所示

数组 a	10	a[0]
	20	a[1]
	30	a[2]
	40	a[3]
	50	a[4]
	60	a[5]

图 3-5　数组 a 的存储情况

下面通过一个实例来说明数组的存放形式和使用方法。如果有语句序列：

```
int values[10];
values[0]=197;
values[2]=-100;
values[5]=350;
values[3]= values[0]+ values[5];
values[9]= values[5]/10;
-- values[2];
```

语句执行后，数组 values 的存储情况如表 3-2 所示。

表 3-2　数组 values 的存储情况

数组元素	执行前的值	执行后的值
values[0]	随机值	197
values[1]	随机值	随机值
values[2]	随机值	−100
values[3]	随机值	547
values[4]	随机值	随机值
values[5]	随机值	350
values[6]	随机值	随机值
values[7]	随机值	随机值
values[8]	随机值	随机值
values[9]	随机值	35

从这段程序可以看出：

① 数组元素和普通变量一样能使用单目运算符；

② 定义一个数组后，如果不初始化，数组元素的值是随机值，存取未经初始化的数组元素是没有意义的，比如存取 values[1]就没有意义。

3.1.3 技能训练

【实验 3-1】对于已知的 10 个元素，求其最大元素，并把最大元素和其位置输出。

指导

1. 编程分析

（1）假设首元素为最大元素，用 max 标识。

（2）将其余元素依次与 max 比较，并将较大值保存在 max 中，将较大值元素索引保存在 m 中。

（3）输出 max 和位置。

2. 编写源程序

```
/*EX3_5.CPP*/
#include "stdio.h"
#define N 10
void main()
{
  int a[N]={20,9,10,-16,-9,18,96,7,11,33};
  int i,max=a[0],m=0;
  for(i=1;i<N;i++)
    if(max<a[i])
    {
      max=a[i];
m=i;
    }
  printf("max=%d,为第%d 个元素\n",max,m+1);
}
```

3. 运行结果

在 Visual C++集成环境中输入上述程序，将文件存成 EX3_5.CPP。程序运行结果如图 3-6 所示。

```
max=96,为第7个元素
Press any key to continue
```

图 3-6 运行结果

【实验 3-2】数据分类问题。定义一个长度为 20 的一维数组 b，依次对 a 进行扫描，将负数在 b 中由前向后存储，将其他数在 b 中由后向前存储。最终 b 存储的是分类后的数据。

指导

1. 编程分析

（1）定义一个长度为 20 的一维数组 b。

（2）用键盘向一维数组输入 20 个整数，并依次输出这 20 个数据。

（3）对数据分类。

（4）输出分类后的数据。

微课 32

数据分类补充

练习题

2. 编写源程序

```
/*EX3_6.CPP*/
#include "stdio.h"
#define N 20
void main()
{
  int a[N],b[N],i,j=0,k=N-1;
  printf("请输入数据: \n");
  for(i=0;i<N;i++)
    scanf("%d",&a[i]);
  for(i=0;i<N;i++)
  {
    printf("%d ",a[i]);
    if(a[i]<0)
      b[j++]=a[i];                /* 将负数放在 b 的前部 */
    else
b[k--]=a[i];
}                              /* 将其他数放在 b 的后部 */
  printf("\n");
  for(i=0;i<N;i++)
    printf("%d ",b[i]);
}
```

3. 运行结果

在 Visual C++集成环境中输入上述程序，将文件存成 EX3_6.CPP。程序运行结果如图 3-7 所示。注意如下事项。

（1）调试程序时，通常先将 N 定义为一个较小的数值，当程序调试成功后再将 N 定义为常数 20，这样可以提高程序的调试效率。

（2）在设计调试用的数据时，应考虑各种数据情况，以便提高程序的可靠性。

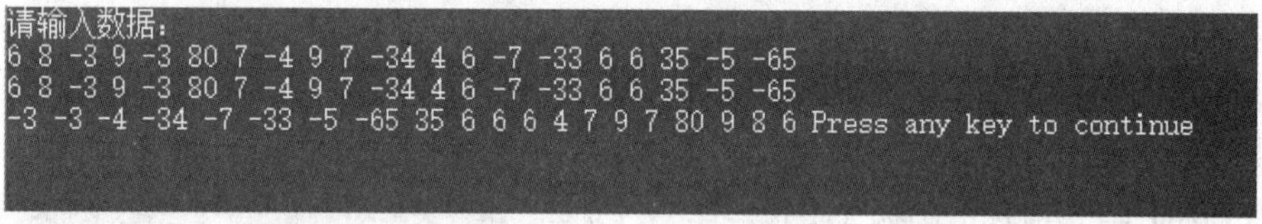

请输入数据:
6 8 -3 9 -3 80 7 -4 9 7 -34 4 6 -7 -33 6 6 35 -5 -65
6 8 -3 9 -3 80 7 -4 9 7 -34 4 6 -7 -33 6 6 35 -5 -65
-3 -3 -4 -34 -7 -33 -5 -65 35 6 6 6 4 7 9 7 80 9 8 6 Press any key to continue

图 3-7　运行结果

3.1.4　编程规范与常见错误

1. 编程规范

数组名的书写规则应符合标识符的书写规则。数组名不能与其他变量名相同。例如：

```
main()
{
  int a;
  float a[10];
      …
}
```

变量名与数组名相同是错误的。

2. 常见错误

（1）数组索引从 0 开始计算，如 a[5]表示数组 a 有 5 个元素，分别为 a[0]、a[1]、a[2]、a[3]、a[4]。

（2）定义数组时，数组长度值不能为变量。

例如：

```
#define FD 5
main()
{
  int a[3+2],b[7+FD];
  …
}
```

是合法的。

但是下述定义方式是错误的。

```
main()
{
  int n=5;
  int a[n];
  …
}
```

（3）允许在同一个类型定义中，定义多个数组和多个变量。

例如：

```
int a,b,c,d,k1[10],k2[20];
```

数组的类型实际上是数组元素的取值类型。对于同一个数组，其所有元素的数据类型都是相同的。

（4）C 语言规定，在对数组进行定义或对数组元素进行引用时必须要用方括号（对二维数组或多维数组的每一维数据都必须分别用方括号括起来），例如以下写法都将造成编译时出错：

```
int a(10);
int b[5,4];
printf("%d\n",b[1+2,2]);
```

任务 2　二维数组

学习目标

（一）素质目标

（1）通过对数组的学习，培养一丝不苟的工作精神。

（2）养成良好的编写程序的习惯。

（二）知识目标

（1）了解二维数组的基本概念，掌握数组类型变量的定义与数组的初始化。

（2）掌握二维数组元素的引用及其应用。

（三）能力目标

（1）能正确运用 C 语言的数组编写 C 程序。

（2）能用数组编写实用小程序。

3.2.1 案例讲解

🎓 案 例 3-5 矩阵的输出

1. 问题描述

以矩阵格式输出一个二维数组，将数组主对角线上的元素赋值为1，其他元素赋初值0。

2. 编程分析

如果有一个一维数组，它的每一个元素是类型相同的一维数组时，就形成一个二维数组。我们可以把二维数组看作一种特殊的一维数组：它的每个元素又是一个一维数组。例如 float a[3][4];，可以把 a 看作一个一维数组，它有 3 个元素 a[0]、a[1]、a[2]，每个元素又是一个包含 4 个元素的一维数组。可以把 a[0]、a[1]、a[2] 看作一维数组的名字。

3. 编写源程序

```
/* EX3_7.CPP */
#include <stdio.h>
main()
{ int a[6][6],i,j;
  for(i=1;i<6;i++)
    for(j=1;j<6;j++)
    a[i][j]=(i/j)*(j/i);
  for(i=1;i<6;i++)
  { for(j=1;j<6;j++)
      printf("%2d",a[i][j]);
    printf("\n");
  }
}
```

4. 运行结果

运行结果如图 3-8 所示。

5. 归纳分析

与一维数组元素的引用相同，对任何二维数组元素的引用都可以看成对变量的使用，可以被赋值，可以参与组成表达式，也可输入和输出。但要注意，其索引取值应限定在数组大小范围内，不能超界。

图 3-8　案例 3-5 运行结果

🎓 案 例 3-6 两个矩阵求和

1. 问题描述

有矩阵 *a* 和 *b* 如下所示，求它们的和矩阵 *c*。

$$a = \begin{pmatrix} 19 & -16 \\ 6 & 21 \\ 25 & 18 \end{pmatrix} \qquad b = \begin{pmatrix} 16 & 89 \\ 6 & -27 \\ 36 & 81 \end{pmatrix}$$

微课 33

两个矩阵求和

两个 $M \times N$ 阶的矩阵 *a*、*b*，其和矩阵也是一个 $M \times N$ 阶的矩阵 *c*。

100

2. 编程分析

求和公式如下：c[i][j]= a[i][j]+b[i][j]

3. 编写源程序

```c
/* EX3_8.CPP */
#include <stdio.h>
#define M 3
#define N 2
main()
{
  int a[M][N]={9,-16,6,21,25,18};    /* a 数组初始化 */
  int b[M][N]={16,89,26,-27,36,81};  /* b 数组初始化 */
  int i,j,c[M][N];
  for(i=0;i<M;i++)
    for(j=0;j<N;j++)
      c[i][j]=a[i][j]+b[i][j];        /* 生成 c 数组 */
  for(i=0;i<M;i++)                   /* 输出 a、b、c 这 3 个数组 */
  {
    for(j=0;j<N;j++)               /* 输出 a 数组的第 i 行 j 列 */
      printf("%5d",a[i][j]);
    printf("     ");
    for(j=0;j<N;j++)               /* 输出 b 数组的第 i 行 j 列 */
      printf("%5d",b[i][j]);
    printf("     ");
    for(j=0;j<N;j++)               /* 输出 c 数组的第 i 行 j 列 */
      printf("%5d",c[i][j]);
printf("\n");
  }
}
```

4. 运行结果

运行结果如图 3-9 所示。

5. 归纳分析

二维数组中的数组元素被排成行列形式的一组双索引变量，用一个统一的数组名和双索引变量来标识，第一个索引表示行，第二个索引表示列。索引也从 0 开始。

二维数组通常和双重循环相配合，对数组元素依次进行处理。

图 3-9 案例 3-6 运行结果

微课 34

二维数组补充
练习题（1）

3.2.2 基础理论

1. 二维数组的定义、引用和存储

（1）二维数组的定义。

① 语法。

类型标识符 数组名[常量表达式][常量表达式]；

② 定义。

常量表达式包含常量和符号常量，不能包含变量。

　　C 语言中，二维数组中元素的排列顺序是按行存放，即在内存中先按顺序存放第一行的元素，再存放第二行的元素。数组 a 在内存中的存放顺序如下。

```
a[0][0] a[0][1] a[0][2] a[0][3]
a[1][0] a[1][1] a[1][2] a[1][3]
a[2][0] a[2][1] a[2][2] a[2][3]
```

　　通常形象地把第一个索引称为行索引，第二个索引称为列索引。例如 int var[i][j]，i 代表行索引，j 代表列索引。

　　多维数组的定义方法与二维数组的相仿，例如 int var[3][4][5] 代表一个三维数组。

　　（2）二维数组的引用。

　　① 引用形式。

```
数组名[索引][索引]
```

　　② 定义。例如：

```
a[1][1]=3; a[2][1]=a[1][1]; printf ( "%d\n", a[1][1] );
```

　　数组不能整体使用，只能逐个引用数组元素。索引可以是整型常数、整型变量或整型表达式。

　　（3）二维数组的存储。对于 m×n 的二维数组 intArr，各元素的存储次序如下：

```
intArr[0][0]、intArr[0][1]…intArr[0][n-1]、intArr[1][0]、intArr[1][1]…
intArr[1][n-1]…intArr[m-1][0]、intArr[m-1][1]…intArr[m-1][n-1]
```

　　系统为其分配的存储单元数为 m×n 个元素占用的存储单元数。其中，每个元素占用的存储单元数取决于数组的数据类型。例如，2×2 数组 example 的存储情况如图 3-10 所示。

example	example[0][0]
	example[0][1]
	example[1][0]
	ple[1][1]

图 3-10　数组 example 的存储情况

　　2.　二维数组的初始化

　　二维数组的初始化有以下几种方法。

　　（1）分行初给化。

```
int a[2][5]={{1,3,5,7,9},{2,4,6,8,10}};
```

　　这种初始化方法比较直观，把第一个花括号内的数据赋给第一行的元素，第二个花括号内的数据赋给第二行的元素。

　　（2）不分行初始化。

```
int a[2][5]={1,3,5,7,9,2,4,6,8,10};
```

　　可以将所有数据写在一个花括号内，按数组排列的顺序对各元素赋初值。

　　（3）部分初始化。

```
int a[2][5]={{1,3,5},{2,4,6}};
```

　　赋初值后数组各元素值为：a[0][0]=1, a[0][1]=3, a[0][2]=5, a[0][3]=0, a[0][4]=0, a[1][0]=2, a[1][1]=4, a[1][2]=6, a[1][3]=0, a[1][4]=0。

（4）省略行数。

`int a[2][3]={1,3,5,7,9,11};`等价于 `int a[][3]={1, 3, 5, 7, 9, 11};`，但不能写成 `int a[2][]={1, 3, 5, 7, 9, 11};`。

对数组中的全体元素都赋初值时，二维数组的定义中，第一维的长度也可以省略，但第二维的长度不能省略。

在分行初始化时，由于给出的初值已清楚地表明了行数和各行中元素的个数，因此第一维的大小可以不定义。如 `int b[][3]={{1}, {0, 2}, {3, 2, 1}};`，显然这是一个 3 行 3 列的数组，其各元素的值为：

```
1    0    0
0    2    0
3    2    1
```

3.2.3 技能训练

【实验 3-3】 产生一个 M×N 的随机数矩阵（数值的取值范围为 1～100），找出其中的最大值。

指 导

1. 编程分析

设矩阵数组为 a，首先把第一个元素 a[0][0]作为当前最大值 max，然后把当前最大值 max 与每一个元素 a[i][j]进行比较，若 a[i][j]>max，把 a[i][j]作为新的当前最大值，并记录下其索引 i 和 j。当全部元素比较完后，max 是矩阵全部元素中的最大值。

2. 编写源程序

```cpp
/* EX3_9.CPP */
#include <stdio.h>
#include "stdlib.h"
#define M 3
#define N 4
void main()
{
  int i,j,row=0,col=0,max;
  int a[M][N];
  for(i=0;i<M;i++)              /* 建立随机数数组 */
    for(j=0;j<N;j++)
      a[i][j]=rand()%100;
  max=a[0][0];                  /* 初始化最大值变量*/
  for(i=0;i<M;i++)             /* 遍历 a 数组的每一个元素，以确定最大值 */
    for(j=0;j<N;j++)
      if(a[i][j]>max)          /* 将更大的值保存在 max 变量中 */
      {
        max=a[i][j];
        row=i;
        col=j;
      }
for(i=0;i<M;i++)             /* 输出随机数数组 */
{
```

```
    for(j=0;j<N;j++)
    printf("%5d",a[i][j]);
printf("\n");
}
printf("result: a[%d][%d]=%d\n",row,col,max);   /* 输出结果 */
}
```

3．运行结果

在 Visual C++集成环境中输入上述程序，将文件存成 EX3_9.CPP。程序的运行结果如图 3-11 所示。

微课 35

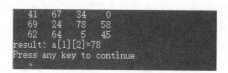

图 3-11　运行结果

二维数组补充
练习题（2）

【实验 3-4】一个学习小组有 5 个人，每个人有 3 门课程的考试成绩，如表 3-3 所示。求全组分科的平均成绩和各科总平均成绩。

表 3-3　成绩表

课程	学生				
	学生 1	学生 2	学生 3	学生 4	学生 5
数学	80	61	59	85	76
计算机 C 语言	75	65	63	87	77
数据结构	92	71	70	90	85

指 导

1．编程分析

可定义一个二维数组 a[5][3]存放 5 个人 3 门课程的成绩，再定义一个一维数组 ArrV[3]存放各分科平均成绩，设变量 Average 为全组各科总平均成绩。

2．编写源程序

```
/* EX3_10.CPP */
#include <stdio.h>
main( )
{
  int I, J, S=0, Average, ArrV[3], a[5][3];
  printf("输入 5 个学生 3 门课程的成绩\n");
  for(I=0; I<3; I++)
  {
     for(J=0; J<5; J++)
     {
       scanf("%d",&a[J][I]);
       S=S+a[J][I];
     }
```

```
    ArrV[I]= S/5;
    S=0;
    }
 Average =(ArrV[0]+ ArrV[1]+ ArrV[2])/3;
 printf("数学%d\n C语言 %d\n 数据结构%d\n",ArrV[0], ArrV[1], ArrV[2]);
 printf("各科总平均成绩%d\n", Average );
}
```

3. 运行结果

在 Visual C++集成环境中输入上述程序，将文件存成 EX3_10.CPP。程序的运行结果如图 3-12 所示。

图 3-12 运行结果

3.2.4 拓展与练习

【练习 3-1】某年级共有 3 个班级，每班有 N 名学生，开设两门课程，要求分别对每个班级的学习成绩进行分等级统计，并将统计结果保存在一个二维数组中。

```
/* EX3_11.CPP */
#include <stdio.h>
#define M 3                 /* 定义班级数为 3 */
#define N 5                 /* 班级人数为 5 */
main()
{
 float a,b;
 int ave,i,j;
 static int result[M][5];  /* 定义保存统计结果的二维数组 */
 for(j=0;j<M;j++)
 {
  for(i=1;i<=N;i++)
  {
    printf("Class %d achievement%d(a,b): ",j+1,i);
    scanf("%f,%f",&a,&b);  /* 输入一个学生的两门课程成绩 */
    ave=(a+b)/2;
    switch(ave/10)           /* 对 j 班的学习成绩分等级统计 */
    {
      case 10:
    case 9: result[j][0]++; break; /* j 班优秀人数统计 */
    case 8: result[j][1]++; break; /* j 班良好人数统计 */
    case 7: result[j][2]++; break; /* j 班中等人数统计 */
    case 6: result[j][3]++; break; /* j 班及格人数统计 */
```

```
    default: result[j][4]++;
   }
  }
 } /* j 班不及格人数统计 */
for(j=0;j<M;j++)
{
   for(i=0;i<5;i++)
printf("%5d",result[j][i]);
   printf("\n");
  }
 }
```

上机运行程序，并分析图 3-13 所示的运行结果。

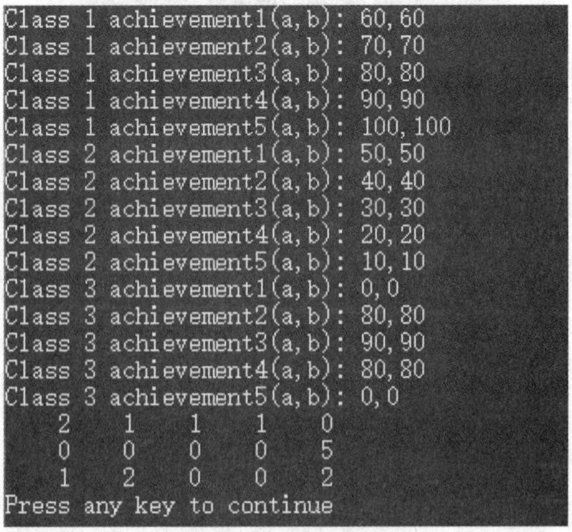

图 3-13　运行结果

3.2.5　编程规范

（1）常量表达式可以包含常量和符号常量，但不能包含变量。例如：

① `int a[3][4];`

② `#define M  3`

　`#define N  4`

　`int a[M][N];`

③ `int a[3][1+3];`

都定义了 3×4 的二维数组 a，但不允许有如下定义：

① `int n=4, M=3;`

　`int a[m][n];`

② `int b[3,4];`

③ `int c(2)(3);`

（2）二维数组可以看作特殊的一维数组，它的每个元素又是一个一维数组。例如上面定义的二维数组 a 可以看作数组 a 包含 a[0]、a[1]、a[2]这 3 个元素，而这 3 个元素均为一维数组。a[0]包含 a[0][0]、a[0][1]、a[0][2]、a[0][3]元素，a[1]包含 a[1][0]、a[1][1]、a[1][2]、a[1][3]元素，a[2]包含 a[2][0]、a[2][1]、a[2][2]、a[2][3]元素。

任务3　字符与字符串

　学习目标

（一）素质目标

（1）通过对数组的学习，培养一丝不苟的工作精神。

（2）养成良好的编写程序的习惯。

（二）知识目标

（1）掌握字符与字符串的区别。

（2）掌握字符串的输入和输出，领会字符串处理函数。

（三）能力目标

（1）能正确运用 C 语言的字符串处理函数进行字符串处理。

（2）能用数组与字符串处理函数编写实用小程序。

3.3.1　案例讲解

案　例　3-7　字符个数的统计

1. 问题描述

输入 20 个字符，分别统计其中的数字个数和其他字符的个数。

2. 编程分析

字符数组中的每个元素均占 1 字节，且以 ASCII 值的形式来存放字符数据。

3. 编写源程序

```
/* EX3_12.CPP */
#include <stdio.h>
main()
{
 char s[20];
 int i,number=0,other=0;
printf("输入 20 个字符");
 for(i=0;i<20;i++)          /* 建立有 20 个元素的字符数组 s */
   scanf("%c",&s[i]);
 for(i=0;i<20;i++)          /* 对 s 中的数字和其他字符进行分类统计 */
   switch(s[i])
   { case '0':              /* 这 10 个连续的 case 用于判断数组元素是否是数值型字符 */
     case '1':
     case '2':
     case '3':
     case '4':
     case '5':
     case '6':
     case '7':
     case '8':
     case '9':
         number++;     /* 对数字字符计数 */
```

```
        break;
    default:
        other++;      /* 对数字以外的其他字符计数 */
}
printf("数字个数 %d, 其他字符的个数%d\n",number,other);
}
```

4. 运行结果

运行结果如图 3-14 所示。

图 3-14　案例 3-7 运行结果

5. 归纳分析

字符串是一种常用的数据类型，常用于处理人名、地址、文章等内容。单个字符（常量）放在字符变量中，字符串放在字符数组中。

 案 例 3-8　字符的删除

1. 问题描述

从键盘任意输入一个字符串和一个字符，要求从该字符串中删除所指定的字符。

2. 编程分析

在 C 语言中，没有专门的字符串变量，通常用字符数组来存放字符串。前文介绍字符串常量时，已说明字符串总是以'\0'作为串的结束符。因此，当把一个字符串存入一个数组时，也把结束符'\0'存入数组，并以此作为该字符串的结束。

3. 编写源程序

```
/* EX3_13.CPP */
#include <stdio.h>
main()
{
  char x,s[20];
  int i,j;
printf("输入一个字符串");
gets(s);
printf("要删除的字符\n");
  scanf("%c",&x);
  for(i=j=0;s[i]!='\0';i++)
    if(s[i]!=x)
      s[j++]=s[i];
  s[j]='\0';
  printf("从该字符串中删除所指定的字符后产生的新字符串\n");
puts(s);
}
```

4. 运行结果

运行结果如图 3-15 所示。

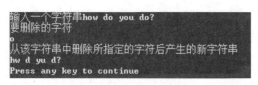

图 3-15 案例 3-8 运行结果

5. 归纳分析

字符串结束符'\0'是由 C 编译系统自动加上的。由于采用了'\0'标志，所以在用字符串赋初值时，一般无须指定数组的长度，而由系统自行处理。

3.3.2 基础理论

字符数组是存放字符型数据的数组，其中每个数组元素存放的均是单个字符。字符数组也有一维数组和多维数组之分。比较常用的是一维字符数组和二维字符数组。

字符数组的定义、初始化及引用同前文介绍的普通一维数组、二维数组类似，只是类型说明符为 char，对字符数组初始化或赋值时，数据使用字符常量或相应的 ASCII 值。

例如：

```
char  c[10],str[5][10];  /* 字符数组的定义 */
```

又如：

```
char  c[3]={ 'r', 'e', 'd'};  /* 字符数组的初始化 */
printf("%c%c%c\n",c[0],c[1],c[2]);  /* 字符数组元素的引用 */
```

一个字符串可以放在一个一维数组中。如果有多个字符串，可以用一个二维数组来存放。

（1）字符数组的定义。用来存放字符数据的数组是字符数组。字符数组中的一个元素存放一个字符。

例如：

```
char Str[12];
```

（2）字符数组的初始化。在定义一个字符数组的同时，可以给它指定初值。有如下两种初始化的方法。

① 逐个为数组中各元素赋初值。例如：

```
char Str[8]={ 'C', 'o', 'm', 'p', 'u', 't', 'e', 'r'};
```

在对数组中的全体元素都赋初值时，字符数组的大小可以省略，如下。

```
char Str[]={'C', 'o', 'm', 'p', 'u', 't', 'e', 'r'};
```

② 对一个字符数组指定一个字符串初值。例如：

```
char Str[]={"Computer"};
```

注意，单个字符用单引号括起来，而字符串用双引号括起来，在指定字符串初值的情况下，将字符串中的各字符逐个地按顺序赋给数组中的各元素。系统会自动在一个字符串的后面加一个'\0'，并把它一起存入字符数组中。因此，上面的数组虽未定义大小，但系统自动将它定义为 Str[9]，而不是 Str[8]。

数组 Str 的每个元素为 char 型，占 1 字节。其字符数组结构如图 3-16 所示。

数组 Str→	C	Str[0]
	o	Str[1]
	m	Str[2]
	p	Str[3]
	u	Str[4]
	t	Str[5]
	e	Str[6]
	f	Str[7]
	\0	Str[8]

图 3-16　一维字符数组结构

（3）字符数组的引用。字符数组的引用与普通数组相同。

（4）字符串和字符串结束标志。C 语言允许用字符串的方式对数组做初始化赋值。例如：

```
char C[]={'C', ' ','p','r','o','g','r','a','m'};
```

可写为

```
char C[]={"C program"};
```

C 语言允许在初始化一个一维字符数组时，省略字符串外面的花括号。可写为：

```
char  C[]="C program";
```

用字符串方式赋值比用字符逐个赋值要多占 1 字节，这 1 字节的空间用于存放字符串结束标志'\0'。上面的数组 C 在内存中的实际存放情况如图 3-17 所示。

C		p	r	o	g	r	a	m	\0

图 3-17　数组 C 在内存中的实际存放情况

（5）字符串的输入和输出。

用 "%s" 格式符输入和输出字符串。例如：

```
char C[6];
scanf("%s",C);
printf("%s",C);
```

　　　　C 语言中，数组名代表该数组的起始地址，因此，scanf 函数中数组名前不再加地址运算符&。

用"%s"格式输出字符串时，printf 函数的输出项是字符数组名，而不是元素名。

用"%s"格式输出时，即使数组长度大于字符串长度，遇'\0'也结束。例如：

```
char Country[20] = {'C','h','i','n','a','\0','J','a','p','a','n'};
printf("%s", Country);
```

输出结果：

```
China
```

用"%s"格式输出时，若数组中包含一个以上'\0'，遇第一个'\0'时结束。例如：

```
char Country [20] = {'C','h','i','n','a','\0','J','a','p','a','n','\0'};
printf("%s", Country);
```

输出结果：

```
China
```

输入字符串时，遇回车符结束，但获得的字符中不包含回车符本身，而是在字符串末尾添加'\0'。

用一个 scanf 函数输入多个字符串时，输入的各字符串之间要以"空格"分隔。例如：

```
char Str1[5], Str2[5], Str3[5];
scanf("%s%s%s", Str1, Str2, Str3);
```

输入数据：

```
How are you?
```

Str1、Str2、Str3 获得的数据情况如图 3-18 所示。

Str1:	H	o	w	\0	
Str2:	a	r	e	\0	
Str3:	y	o	u	?	\0

图 3-18　Str1、Str2、Str3 获得的数据情况

（6）字符串处理函数。

① strcat。

函数原型：

```
char *strcat(char *s1,char *s2);
```

功能说明：用来连接两个字符串。

其一般形式为：

```
strcat(str1,str2);
```

将 str2 中的字符连接到 str1 中的字符后面，并在最后加一个'\0'。

连接后将新的字符串存放在 str1 中，因此 str1 必须定义得足够大。

② strcpy。

语法：

```
strcpy(字符数组1,字符数组2)
```

功能说明：C 语言不允许用赋值表达式对字符数组赋值，如下面的语句是非法的：str1="China"。就像不允许把整个数组一起复制到另一个数组一样（因为数组名是个地址，通过数组名不知道数组的大小）。

如果想把字符串"China"放到字符数组中，除了可以逐个地输入字符外，还可以使用 strcpy 函数，将一个字符串复制到字符数组中：

```
strcpy(str1,"China");
```

① 在向 str1 数组复制时，字符串结束标志'\0'一起被复制到 str1 中。

② 可以将一个字符数组中的字符串复制到另一个字符数组中。例如"strcpy(str1,str2);"，注意不能用"str1=str2;"语句来赋值。

③ strcmp。

语法：

```
strcmp(字符数组1,字符数组2)
```

功能说明：用来比较两个字符串。

其一般形式为：

```
strcmp(str1,str2);
```

> 从两个字符串中第一个字符开始逐个进行比较，直到出现不同的字符或遇到'\0'为止，如果全部字符都相同，就是相等。若出现了不相同的字符，则以第一个不相同的字符为准。

① 如果字符串 str1 等于字符串 str2，函数值为 0。

② 如果字符串 str1 大于字符串 str2，函数值为一个正整数。

③ 如果字符串 str1 小于字符串 str2，函数值为一个负整数。

④ strlen。

语法：

```
strlen(字符数组)
```

功能说明：用来测出一个字符串中的实际字符个数。其值为'\0'之前的全部字符个数。

⑤ strlwr。

语法：

```
strlwr(字符串)
```

功能说明：将大写字母转换成小写字母。

⑥ strupr。

语法：

```
strupr(字符串)
```

功能说明：将小写字母转换成大写字母。

3.3.3 技能训练

【实验 3-5】输入一行字符，统计其中单词的个数。

 指 导

1. 编程分析

要统计单词的个数，首先需要把单词找出来，这需要对字符逐个检测。设长度是 n 的字符串已存储在字符数组 text 中，各字符元素分别为 text[0]、text[1]、text[2]、……、text[n-1]，当检测 text[i]（i>0）时，若满足下列条件，则必然出现新单词：text[i-1]==' '&&text[i]!=' '。

当字符串首字符为非空格字符时，这个表达式是不成立的，然而一个单词显然已经出现了。因此，需要在程序中对字符串的首字符单独考虑。

2. 编写源程序

```
/* EX3_14.CPP */
#include <stdio.h>
main()
{
char text[100];
  int word,i;
```

```
  printf("输入一个字符串");

gets(text);
  if(text[0]==' ')
word=0;          /* 字符串首字符为空格字符时，单词数置为 0 */
  else
 if(text[0]!='\0')
word=1;    /* 字符串首字符不为空格字符，单词数置为 1 */
  i=1;
  while(text[i]!='\0')
  {
    if(text[i-1]==' '&&text[i]!=' ')
word++; /*开始一个单词时，单词数加 1*/
i++;
  }                /* 指向下一个字符 */
  printf("单词的个数=%d\n ",word);

}
```

3．运行结果

在 Visual C++集成环境中输入上述程序，将文件存成 EX3_14.CPP。程序的运行结果如图 3-19 所示。

图 3-19　运行结果

3.3.4　拓展与练习

【练习 3-2】编写程序，实现从键盘输入一个字符串，统计字符串中英文字母的个数。要求上机运行程序，并按以下情况测试程序。

（1）运行程序，输入一个小于 80 个字符的字符串，查看并分析程序运行结果。

（2）运行程序，输入一个恰好是 80 个字符的字符串，查看并分析程序运行结果。

（3）运行程序，输入一个大于 80 个字符的字符串，查看并分析程序运行结果。

（4）运行程序，输入一个全是英文字母的字符串，查看并分析程序运行结果。

（5）运行程序，输入一个没有英文字母的字符串，查看并分析程序运行结果。

（6）运行程序，只输入一个回车符，查看并分析程序运行结果。

（7）运行程序，输入你认为最有特点的一个字符串，查看并分析程序运行结果。

微课 36

字符与字符串
补充练习题

【练习 3-3】输入 5 个国家的名称，按字母顺序输出。

对 5 个国家名应用一个二维字符数组来处理。然而在 C 语言中，可以把一个二维数组当成多个一维数组处理。因此，本题又可以按 5 个一维数组处理，而每一个一维数组就是一个国家名字符串。用字符串比较函数各一维数组的大小并排序，输出结果即可。

```
/* EX3_16.CPP */
#include <stdio.h>
#include <string.h>
main()
{
```

```
char st[20],cs[5][20];
int i,j,p;
printf("输入5个国家的名称\n");
for(i=0;i<5;i++)
   gets(cs[i]);
printf("\n");
printf("5个国家的名称按字母顺序输出\n");
for(i=0;i<5;i++)
{ p=i;
strcpy(st,cs[i]);
   for(j=i+1;j<5;j++)
if(strcmp(cs[j],st)<0)
{
p=j;
strcpy(st,cs[j]);
}
   if(p!=i)
{
strcpy(st,cs[i]);
strcpy(cs[i],cs[p]);
strcpy(cs[p],st);
   }
puts(cs[i]);
}
printf("\n");
}
```

在 Visual C++集成环境中输入上述程序，将文件存成 EX3_16.CPP。程序的运行结果如图 3-20 所示。

图 3-20　运行结果

3.3.5　常见错误

（1）数组名代表该数组的起始地址：在不应加地址运算符&的位置加了地址运算符。且 scanf 函数中的输入项是字符数组名，不必再加地址运算符&。如 "scanf("%s",&str);" 应改为 "scanf("%s",str);"。

（2）混淆字符和字符串：C 语言中的字符常量是由一对单引号括起来的单个字符，而字符串常量是用一对双引号括起来的字符序列。字符常量存放在字符型变量中，而字符串常量只能存放在字符型数组中。例如，假设已定义 Num 是字符型变量，则以下赋值语句是非法的：

```
Num="1";
```

3.3.6 贯通案例——之四：对学生成绩进行排序

1. 问题描述

（1）定义存储学生成绩的数组，输入 5 个学生的成绩（假定每个学生有 3 门课程）。

（2）根据某门课程，对学生的成绩进行排序。

（3）把排好序的学生成绩全部输出。

2. 编写程序

```
/* EX3_17.CPP */
#include <stdio.h>
#define N 5
#define M 3
main()
{
int score[N][M];
int i,j,k,n,temp[M];
for(i=0;i<N;i++)                //输入 N 个学生的成绩
{ printf("input No.%d\'s score: ",i+1);
  for(j=0;j<M;j++)
    scanf("%d",&score[i][j]);
}
printf("sort by 1,2,3? ");      //选择排序的成绩
scanf("%d",&n);
n--;
for (i=0; i<N-1; i++)           //选择法排序
{
    k=i;
    for(j=i;j<N;j++)
    {
        if(score[j][n] > score[k][n])
        {
            k = j;
        }
    }
    if (k != i)                        //交换 i、k 两个学生的成绩
    {
        temp[0] = score[k][0];
        temp[1] = score[k][1];
        temp[2] = score[k][2];
        score[k][0] = score[i][0];
        score[k][1] = score[i][1];
        score[k][2] = score[i][2];
        score[i][0]= temp[0];
        score[i][1]= temp[1];
        score[i][2]= temp[2];
    }
}
```

```
for (i=0; i<N; i++)                              //输出排序后的结果
{   printf("\nNo.%d\'s score: ",i+1);
    for(j=0;j<M;j++)
        printf("%3d ",score[i][j]);
}
}
```

3. 运行结果

在 Visual C++集成环境中输入上述程序，将文件存成 EX3_17.CPP。程序的运行结果如图 3-21 所示。

```
input No.1's score: 75 86 95
input No.2's score: 87 54 65
input No.3's score: 86 95 74
input No.4's score: 68 93 74
input No.5's score: 75 42 69
sort by 1,2,3? 2

No.1's score:  86  95  74
No.2's score:  68  93  74
No.3's score:  75  86  95
No.4's score:  87  54  65
No.5's score:  75  42  69 Press any key to continue
```

图 3-21 运行结果

模块小结

本模块主要介绍了一维数组、二维数组以及字符数组的定义、赋值、输入和输出的方法；还介绍了字符数组和字符串的使用方法，常用的字符串处理函数，以及能使用字符数组解决的问题。

对数组的赋值可以用数组初始化赋值、输入函数动态赋值和赋值语句实现。数组分为一维数组、二维数组和多维数组，在使用数组时应遵循先定义、后使用的原则。对数组不能用赋值语句整体赋值、输入或输出，而必须用循环语句逐个对数组元素进行操作。

数组元素是字符型的称为字符数组。字符串在计算机内存中一般是以字符数组的方式存在，可以用字符串处理函数来进行字符串的连接、复制、比较等操作。

自测题

一、选择题

1. 有如下程序，该程序的输出结果是（　　）。

```
#include <stdio.h>
main( )
{
  int n[5]={0,0,0},i,k=2;
  for(i=0;i<k;i++)
     n[[i]=n[[i]+1;
  printf("%d\n",n[k]);
}
```

A. 不确定的值　　B. 2　　C. 1　　D. 0

2. 若有定义 int t[3][2];，能正确表示 t 数组元素地址的表达式为（　　　）。

    A. &t[3][2]　　　　　B. t[3]　　　　　C. t[1][2]　　　　　D. t[2]

3. 有如下程序，该程序的输出结果是（　　　）。

```
#include <stdio.h>
main( )
{
  int a[3][3]={{1,2},{3,4},{5,6}},i,j,s=0;
  for(i=1;i<3;i++)
   for(j=0;j<=i;j++)
     s+=a[i][j];
  printf("%d\n",s);
}
```

    A. 18　　　　　　　　B. 19　　　　　　　　C. 20　　　　　　　　D. 21

4. 设有数组定义 char Array [ ]="China";，则数组 Array 所占的空间为（　　　）。

    A. 4 字节　　　　　B. 5 字节　　　　　C. 6 字节　　　　　D. 7 字节

二、填空题

1. intArray 是一个一维整型数组，有 10 个元素，该数组索引的取值范围是从_____到_____（从小到大）。

2. 若输入字符串 abcde<回车符>，则以下 while 循环体将执行_____次。

```
while((charCh=getchar( ))=='e') printf("*");
```

3. 设有数组定义语句 int a[100];，则数组 a 索引的上限是_____。

4. C 语言规定了以_____作为字符串的结束标志。

三、阅读程序题

1. 下列程序的输出结果是_____。

```
#include <stdio.h>
main( )
{
    int i,a[6]={1,2,3,4,5};
    for(i=0;i<6;i++)
    {
        if(i%2==0)
        printf("%d",a[i]);
    }
}
```

2. 下列程序的输出结果是_____。

```
#include <stdio.h>
main( )
{
    int i,a[6]={1,2,3,4,5};
    for(i=0;i<6;i++)
    {
        if(i%2!=0)
        printf("%d",a[i]);
    }
}
```

3. 下列程序的输出结果是_____。

```c
#include <stdio.h>
#define N 5
main( )
{
    int i,a[N];
    for(i=0;i<N;i++)
        a[i]=i;
    for(i=0;i<N;i++)
    {
        if(a[i]%2==0)
        printf("%d",a[i]);
    }
}
```

4. 下列程序的输出结果是_____。

```c
#include <stdio.h>
#define N 10
main( )
{
    int i,a[N]={65,98,38,55,79,45,77,54,88,82};
    int m=a[0];
    for(i=0;i<N;i++)
        if(a[i]>m)   m=a[i];
    printf("%d",m);
}
```

四、程序填空题

1. 以下程序的功能求已知的 10 个元素中的最大元素，并把最大元素和位置输出。请填空。

```c
#include <stdio.h>
main( )
{
int a[10]={20,9,10,-16,-9,18,96,7,11,33};
int i,max=_____,m=0;
for(i=1;i<10;i++)
if(_____)
{
    max=a[i];
    m=_____;
}
    printf("max=%d,为第%d 个元素\n",max,m+1);
}
```

2. 以下程序的功能是产生一个 i×j 的随机数矩阵（数值的取值范围为 1～100），找出其中的最大元素。请填空。

```c
#include <stdio.h>
#include <stdlib.h>
main( )
{
    int i,j,row=0,col=0,max;
```

```
int a[3][4];
printf("建立随机数数组\n ");
for(i=0;i<3;i++)
    for(j=0;j<4;j++)
        a[i][j]=rand( )%100;
max=_____;
for(i=0;i<3;i++)
for(j=0;j<4;j++)
        if(a[i][j]>max)
        {
            max=a[i][j];
            row=_____;
            col=_____;
        }
printf("随机数矩阵中最大值元素 a[%d][%d]=%d\n",row,col,max);
}
```

3. 以下程序的功能是根据输入的 20 个字符，分别统计其中的数字个数和其他字符的个数。请填空。

```
#include <stdio.h>
main( )
{
    char s[20];
    int i,number=0,other=0;
    printf("输入 20 个字符");
    for(i=0;i<20;i++)
        scanf("%c",&s[i]);
    for(i=0;i<20;i++)
        if(s[i]>= '0' &&_____)
        _____;
        else
        _____;
    printf("数字个数 %d, 其他字符的个数%d\n",number,other);
}
```

五、编程题

1. 编写程序，录入 10 名学生的 C 语言竞赛成绩，计算竞赛成绩的最高分、最低分和平均分，要求使用数组完成此题。

2. 编写程序，对输入 a 数组的 20 个元素进行奇偶性分类，并把偶数存储在二维数组 b 的第 1 行，奇数存储在二维数组 b 的第 2 行。

3. 编写程序，将一维数组 intArr 中的 10 个数值按逆序存放，同时显示出来。例如，原来顺序是 1、2、3、4，要求改为 4、3、2、1。

4. 有一段文字共 3 行，每行 20 个字符。编程统计其中英文字母（不区分大、小写）、空格、数字和其他字符的个数。

模块 ④ 函数及其应用

    C语言是通过函数来实现模块化程序设计的。一个C语言应用程序往往是由多个函数组成的，每个函数分别对应各自的功能模块。从用户的使用角度看，函数有两种：标准函数（即库函数）和用户自定义函数。

任务 1 函数定义

 学习目标

（一）素质目标

（1）培养在面对较大问题的时候有化整为零、逐步解决的意识。

（2）通过对函数的学习，培养良好的编程风格。

（二）知识目标

（1）掌握C语言函数的分类、函数定义的形式，了解函数的返回值。

（2）熟练掌握函数调用的形式、形参与实参的关系。

（三）能力目标

（1）具有运用函数处理多个任务的能力。

（2）能编写和阅读模块化结构的程序。

4.1.1 案例讲解

 案 例 4-1 字符交替显示

1. 问题描述

在屏幕上交替显示"*""$""#"字符，要求每隔一定时间显示一个字符，连续显示500次。

2. 编程分析

（1）编写一个延时函数 delay。

（2）利用 main 函数显示字符，每显示一个字符就调用一次延时函数 delay，使得显示字符时有一定的时间间隔。

3. 编写源程序

```
/* EX4_1.CPP */
#include <stdio.h>
void delay()                    /*定义延时函数 */
```

```
{
  float i;
  i=1;
  while(i<10000)  i=i+0.01;
  return;
}
main()                    /* 下面一段程序代码是 main 函数 */
{
  void delay();           /* 函数声明 */
  int i;
  for(i=1;i<=500;i++)
    {  printf("*");
       delay();           /* 调用延时函数, 产生时间间隔 */
       printf("$");
       delay();           /* 调用延时函数, 产生时间间隔 */
       printf("#");
delay();                  /* 调用延时函数, 产生时间间隔 */
  }
}
```

4. 运行结果

运行结果如图 4-1 所示。

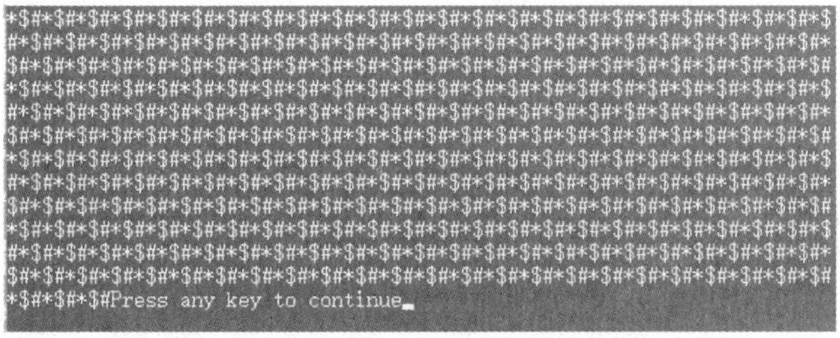

图 4-1 案例 4-1 运行结果

5. 归纳分析

在 C 程序设计中, 通常做法如下。

（1）将一个大程序分成几个子程序模块（自定义函数）。

（2）将常用功能做成标准模块（标准函数）放在函数库中供其他程序调用。如果把编程比作制造一台机器, 函数就好比机器的零部件。

（3）可将这些"零部件"单独设计、调试、测试好, 用时拿出来装配, 再总体调试。

（4）这些"零部件"可以是自己设计制造的／别人设计制造的／现在的标准产品。

而且, 许多"零部件"我们可以只知道需向它提供什么（如控制信号）以及它能产生什么（如速度/动力）, 并不需要了解它是如何工作、如何设计制造的——所谓"黑盒子"。

无参函数的一般形式如下。

类型说明符　函数名（）
{
说明语句部分

执行语句部分

}

类型说明符指明了本函数的类型。函数的类型就是函数返回值的类型。函数名是由用户定义的标识符，虽然无参数，但函数名后面的圆括号不可少。花括号中的内容称为函数体。说明语句对函数体内部所要使用的变量类型或函数进行声明。一般情况下，无参函数如果没有返回值，类型说明符使用 void。

案 例 4-2　输出图案

1. 问题描述

编写输出连续的任意字符的函数 p_string，并调用该函数输出一个由 "*" 组成的图案，每行 25 个，共 4 行。

2. 编程分析

（1）p_string 应是具有两个形参的函数。

（2）一个形参用于表示输出的字符个数，为 int 型。

（3）另一个形参用于表示输出的是哪个字符，为 char 型。

（4）由于函数 p_string 没有返回值要求，因此应定义为 void 型。

3. 编写源程序

```
/* EX4_2.CPP */
#include <stdio.h>
void p_string(int n,char ch)
{
  int i;
  for(i=1;i<=n;i++)
    printf("%c",ch);
  return;
}
main()                 /*下面是调用函数 p_string 输出图案的主函数*/
{
  void p_string1(int,char);      /* 函数声明*/
  int i;
  for(i=1;i<=5;i++)
  {
    p_string(25,'*');            /* 函数调用 */
printf("\n");
  }
}
```

4. 运行结果

运行结果如图 4-2 所示。

5. 归纳分析

有参函数的一般形式如下。

类型说明符 函数名(形式参数表)

{

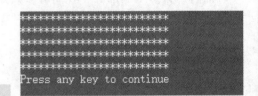

图 4-2　案例 4-2 运行结果

说明语句部分

执行语句部分

　}

　　形式参数表中给出的参数称为形式参数（简称形参或哑元），对各参数要做类型说明，并且中间用逗号分隔。在进行函数调用时，主调函数（如果该函数是调用其他函数的函数，则将这种函数称为调函数）将赋予这些形式参数实际的值。注意，主调函数在调用一个函数时，函数名后面括号中的参数称为实际参数（简称实参或实元）。实际参数应与被调函数的形式参数在数量、类型、顺序上严格一致，否则会发生类型不匹配的错误。

案例 4-3　参数值的互换

1. 问题描述

编写一个函数，完成 a、b 两个值的交换。

2. 编写源程序

```
/* EX4_3.CPP */
#include <stdio.h>
void swap(int a, int b)
{ int temp;
 temp=a;
 a=b;
 b=temp;
 printf("a=%d,b=%d\n",a,b);   }
main( )
{ int x,y;
 printf ("input x,y:");
 scanf ("%d,%d",&x,&y);
 swap(x,y);
 printf ("x=%d,y=%d\n",x,y);}
```

3. 运行结果

运行结果如图 4-3 所示。

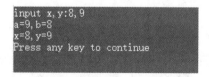

```
input x,y:8,9
a=9,b=8
x=8,y=9
Press any key to continue
```

图 4-3　案例 4-3 运行结果

4. 归纳分析

　　本程序中定义了一个函数 swap，该函数的功能是完成 a、b 两个值的交换。在主函数中输入 x、y 值，作为实参，调用时按次序传送给函数 swap 的形参 a、b。在主函数中用 printf 语句输出一次 x、y 的值，在函数 swap 中也用 printf 语句输出了一次 a、b 的值。从运行情况看，输入 8、9 到变量 x、y 中，即函数调用时实参的值分别为 8、9。实参把值传给函数 swap 的形参 a、b，也就是 a 为 8、b 为 9。在执行函数 swap 的过程中，形参 a、b 的值交换。但主函数里面 x、y 的结果保持不变，这说明实参的值不随形参变化而变化。

这是因为形参和实参在内存中被保存在不同的单元，形参只有在函数调用的时候才被分配内存单元，并接收实参传递过来的结果，调用结束后就被释放，而实参则保持原值不变，如图 4-4 和图 4-5 所示。

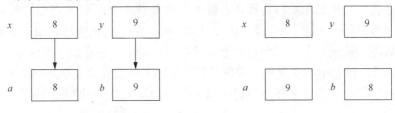

图 4-4 参数传递   图 4-5 最终结果

 案 例 **4-4** 加法考试题

微课 37

1．问题描述

通过输入两个整数给学生出一道加法运算题，如果学生输入的答案正确，则显示 "Right!"，否则显示 "Not correct!"，程序结束。

加法补充练习题

2．编程分析

（1）函数功能：计算两个整数之和，如果与用户输入的答案相同则返回 1，否则返回 0。

（2）函数参数：整型变量 a 和 b，分别代表被加数和加数。

（3）函数返回值：当 a 加 b 的结果与用户输入的答案相同时返回 1，否则返回 0。

3．编写源程序

```
/* EX4_4.CPP */
#include <stdio.h>
int Add(int a, int b)
{
  int answer;
  printf("%d+%d=", a, b);
  scanf("%d", &answer);
  if (a+b == answer)
    return 1;
  else
    return 0;
}
void print(int flag)  /* 函数功能：输出结果正确与否的信息。
    函数参数：整型变量 flag，用于表示结果正确与否。
    函数返回值：无。*/
{
  if (flag)
    printf("Right!\n");
else
printf("Not correct!\n");}
main()
{
int a, b, answer;
printf("Input a,b:");
```

```
    scanf("%d,%d", &a, &b);
    answer = Add(a, b);
  print(answer);
}
```

4．运行结果

运行结果如图 4-6 所示。

```
Input a,b:2,3
2+3=7
Not correct!
Press any key to continue
```

图 4-6　案例 4-4 运行结果

5．归纳分析

参数是在调用函数时进行数据传送的载体。在定义函数时函数名后面括号中的变量是形参，即形参出现在函数定义中。主调函数调用一个函数时，函数名后面括号中的参数为实参，即实参出现在主调函数中。发生函数调用时，主调函数把实参的值传送给被调函数的形参，从而实现主调函数向被调函数的数据传送。

4.1.2　基础理论

1．函数调用的格式

C 语言的程序中是通过对函数的调用来执行函数体的，其过程与其他语言的子程序调用相似。C 语言中，函数调用的一般形式如下。

`函数名 (实际参数表)`

调用无参函数时，无实际参数表。实际参数表中的实际参数可以是常量、变量或表达式。各实参之间用逗号分隔。

在 C 语言中，可以用以下几种方式调用函数。

（1）函数表达式：函数作为表达式中的一项出现在表达式中，以函数返回值参与表达式的运算。这种方式要求函数是有返回值的。例如：z=max(X，Y)是一个赋值表达式，把 max 的返回值赋予变量 z。

（2）函数语句：函数调用的一般形式加上分号即构成函数语句。例如：

`printf("%d",A);scanf("%d",&B);`

都是以函数语句的方式调用函数。

（3）函数实参：函数作为另一个函数调用的实参出现。这种情况是把该函数的返回值作为实参进行传送，因此要求该函数必须是有返回值的。

2．函数的参数传递

函数的形参和实参具有以下特点。

（1）形参变量只有在被调用时才分配内存单元，在调用结束时，即刻释放所分配的内存单元。因此，形参只在函数内部有效。函数调用结束返回主调函数后，不能再使用形参。

（2）实参可以是常量、变量、表达式、函数等，无论实参是何种类型的值，在进行函数调用时，它们都必须具有确定的值，以便把这些值传送给形参。因此，应预先用赋值、输入等办法使实参获得确定值。

（3）实参和形参在数量、类型、顺序上应严格一致，否则会发生"类型不匹配"的错误。

（4）函数调用中发生的数据传送是单向的，即只能把实参的值传送给形参，而不能把形参的值反向地传送给实参。因此，在函数调用过程中，形参的值发生改变，实参中的值不会变化。

3. 函数的值

通过函数调用使主调函数得到的确定值，就是函数的返回值，函数返回值的功能是由 return 语句实现的。其使用形式如下。

```
return 表达式;
return (表达式);
return ;
```

return 的作用：退出函数，并带回函数值。

（1）函数的返回值是通过函数中的 return 语句获得的。return 语句将被调函数中的确定值带回主调函数中去。一个函数中可以有一条以上的 return 语句，但最终执行的只有一条 return 语句。

（2）函数的数据类型即函数返回值的类型。

（3）如果被调函数中没有 return 语句，函数将带回不确定的值。为了明确表示不带回值，可以用 void 声明无类型（或称空类型），例如：

```
void swap(int  A, int  B)
{
  ...
}
```

函数一旦被定义为空类型后，就禁止在主调函数中使用被调函数的函数值。为了使程序有良好的可读性并减少出错，凡不要求返回值的函数都应定义为空类型。

4. 函数的声明

函数声明是指在主调函数中，调用其他函数之前对该被调函数进行声明，就像使用变量之前要先进行变量声明一样。在主调函数中对被调函数做声明的目的是让编译系统对被调函数的合法性做全面声明。对被调函数做声明的一般形式为：

```
类型说明符  函数名(<类型><形参>,<类型><形参>…);
```

或

```
类型说明符  函数名(<类型>,<类型>…);
```

下列情况可以省去主调函数中对被调函数的函数声明。

（1）如果被调函数的返回值是整型或字符型，可以不对被调函数做声明而直接调用。这时系统将自动对被调函数的返回值按整型处理。

（2）如果被调函数的函数定义出现在主调函数之前，那么在主调函数中也可以不对被调函数再做声明而直接调用。

（3）如在所有函数定义之前，在函数外预先声明了各个函数的类型，则在以后的各主调函数中，可不再对被调函数做声明。例如：

```
char  message(char,char);   /*对函数做说明*/
float  add(float b);
main()
{
……
```

```
}
char message(char,char)  /*定义 message 函数*/
{
......
}
float add(float b)  /*定义 add 函数*/
{
......
}
```

（1）C 程序执行总是从 main 函数开始，调用其他函数后总是回到 main 函数，最后在 main 函数中结束整个程序的运行；

（2）一个 C 程序由一个或多个源（程序）文件组成，可分别编写、编译和调试；

（3）一个源文件由一个或多个函数组成，可为多个 C 程序共用；

（4）C 语言是以源文件为单位而不是以函数为单位进行编译的；

（5）一个函数可以调用其他函数或其本身，但任何函数都不可调用 main 函数。

4.1.3 技能训练

【实验 4-1】编写函数求 a!+b!+c!的值。

 指导

1. 编程分析

（1）函数功能：计算整数的阶乘。

（2）函数参数：整型变量 n 代表一个整数。

（3）函数返回值：整型变量 n 的阶乘。

如果用 3 个功能相同的循环程序分别计算整数 a、b、c 的阶乘，然后把计算出的值相加，并输出结果。

2. 编写源程序

```
/* EX4_5.CPP */
#include <stdio.h>
main()
{
int a,b,c,i;
long t,sum;
printf("input a,b,c:");
scanf("%d,%d,%d",&a,&b,&c);
for(t=1,i=1;i<=a;i++)
t=t*i;
sum=t;
for(t=1,i=1;i<=b;i++)
t=t*i;
sum+=t;
```

```
for(t=1,i=1;i<=c;i++)
t=t*i;
sum+=t;
printf("SUM=%ld\n",sum);
}
```

EX4_5.CPP 中存在 3 个功能相同的程序段，分别用于计算整数 a、b 和 c 的阶乘。这使得程序的结构松散，不够紧凑。为了简化 EX4_5.CPP 程序，可以将计算整数阶乘的程序段定义为一个名为 rfact(n)的函数。

如果现在有一个专门求阶乘的函数 rfact(int n)可以使用，就能把 EX4_5.CPP 程序变得很简洁。

```
/* EX4_6.CPP */
#include <stdio.h>
main()
{
long rfact(int n);
int a,b,c,i;
printf("input a,b,c:");
scanf("%d,%d,%d",&a,&b,&c);
printf("sum=%ld\n",rfact(a)+rfact(b)+rfact(c));}
long rfact(int n)
{
long t;
int i;
for(t=1,i=1;i<=n;i++)
t*=i;
return(t);
}
```

3. 运行结果

在 Visual C++集成环境中输入上述程序，将文件存成 EX4_6.CPP。EX4_5.CPP 和 EX4_6.CPP 的运行结果分别如图 4-7 和图 4-8 所示。

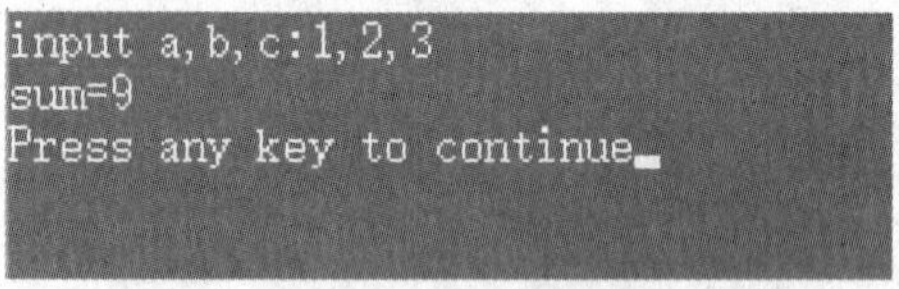

图 4-7　EX4_5.CPP 的运行结果 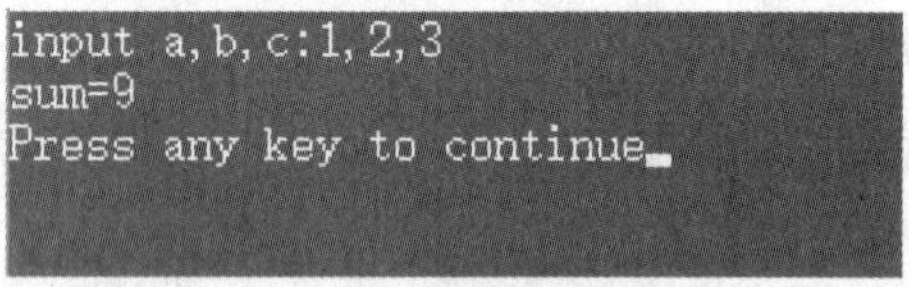　　　图 4-8　EX4_6.CPP 的运行结果

【实验 4-2】输入两个整数给学生出一道加法运算题。如果学生输入的答案正确，则显示"Right!"；否则提示重做，显示"Not correct. Try again!"。最多给 3 次机会，如果 3 次仍未做对，则显示"Not correct! You have tried three times! Test over!"，程序结束。

指导

1. 编程分析

（1）函数功能：计算两整数之和，如果与用户输入的答案相同则返回 1，否则返回 0。

（2）函数参数：整型变量 a 和 b，分别代表被加数和加数。

（3）函数返回值：当 a 加 b 的结果与用户输入的答案相同时返回 1，否则返回 0。

2. 编写源程序

```
/* EX4_7.CPP */
#include <stdio.h>
int Add(int a, int b)
{
int  answer;
printf("%d+%d=", a, b);
scanf("%d", &answer);
if (a+b == answer)
return 1;
else
return 0;
}
void print(int flag, int chance)  /*  函数功能：输出结果正确与否的信息。
函数参数：整型变量 flag，用于表示结果正确与否。
整型变量 chance，用于表示同一道题已经做了几次还没有做对。
函数返回值：无。*/
{
if (flag)
printf("Right!\n");
else if (chance < 3)
printf("Not correct. Try again!\n");
else
printf("Not correct. You have tried three times!\nTest over!\n");}
main()
{
int  a, b, answer, chance;
printf("Input a,b:");
scanf("%d,%d", &a, &b);
chance = 0;
do
{
answer = Add(a, b);
chance++;
print(answer, chance);
}while ((answer == 0) && (chance < 3));
}
```

3. 运行结果

程序的运行结果如图 4-9 所示。

4. 思考

如果要求将整数之间的四则运算题改为实数之间的四则运算题，那么程序该如何修改呢？请修改程序，并上机测试程序。

【实验 4-3】随机产生 10 道四则运算题，每道题的两个操作数为 1～10 的随机整数，运算类型为随机产生的加、减、乘、整除中的任

```
Input a,b:1,2
1+2=5
Not correct. Try again!
1+2=4
Not correct. Try again!
1+2=2
Not correct. You have tried three times!
Test over!
Press any key to continue
```

图 4-9 运行结果

C 语言程序设计任务式教程（微课版）

意一种。如果输入的答案正确，则显示"Right!"；否则显示"Not correct!"，不给机会重做。10 道题做完后，按每题 10 分统计总得分，然后输出总分和做错题数。

1．编程分析

（1）函数功能：对两整数进行加、减、乘、整除四则运算，如果用户输入的答案与结果相同则返回 1，否则返回 0。

（2）函数参数：整型变量 a 和 b，分别代表参加四则运算的两个操作数。

（3）整型变量 op，代表运算类型，当 op 的值为 1、2、3、4 时，分别执行加、减、乘、整除运算。

（4）函数返回值：当用户输入的答案与结果相同时返回 1，否则返回 0。

2．编写源程序

```c
/* EX4_8.CPP */
#include <stdio.h>
#include <stdlib.h>
#include <time.h>
int Compute(int a, int b, int op) /*函数根据传递的两个操作数和操作符，实现加、减、乘、整除的操作*/
{
int  answer, result;
switch (op)
{
case 1:printf("%d + %d=", a, b);
result = a + b;
        break;
case 2:printf("%d - %d=", a, b);
result = a - b;
        break;
case 3:printf("%d * %d=", a, b);
        result = a * b;
        break;
case 4:
if (b != 0)
{
printf("%d / %d=", a, b);
            result = a / b;        /*注意这里是整数除法运算，结果为整型*/
}
        else
          {
printf("Division by zero!\n");
}
          break;
default:printf("Unknown operator!\n");
      break;
}
scanf("%d", &answer);
if (result == answer)
return 1;
else
```

130

```
return 0;
}
void print(int flag)  /* 函数功能：输出结果正确与否的信息。
```
函数参数：整型变量 flag，用于表示结果正确与否。

函数返回值：无。*/
```
{
if (flag)
printf("Right!\n");
else
printf("Not correct!\n");
}
main()
{
int  a, b, answer, error, score, i, op;
srand(time(NULL));
error = 0;
score = 0;
for (i=0; i<10; i++)
{
a = rand()%10 + 1;
b = rand()%10 + 1;
op = rand()%4 + 1;
answer = Compute(a, b, op);
print(answer);
if (answer == 1)
score = score + 10;
else
error++;
}
printf("score = %d, error numbers = %d\n", score, error);
}
```

3. 运行结果

在 Visual C++集成环境中输入上述程序，将文件存成 EX4_8.CPP。运行结果如图 4-10 所示。

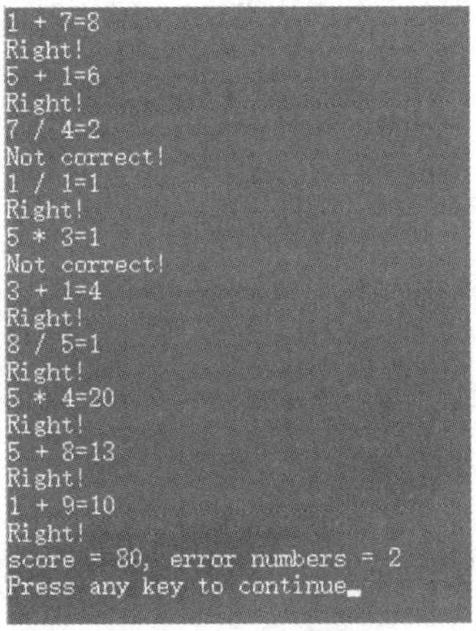

图 4-10　运行结果

4. 思考

如果要求将整数之间的四则运算题改为实数之间的四则运算题，那么程序该如何修改呢？请修改程序，并上机测试程序。

4.1.4 拓展与练习

【练习 4-1】编写程序求 4 个数中最大数和最小数的平均值。

```
/* EX4_9.CPP */
#include <stdio.h>
float rmin2(float x,float y);   /* 求两个数中最小数的函数声明 */
float rmax2(float x,float y);   /* 求两个数中最大数的函数声明 */
float aver(float x,float y);    /*求两个数的平均值的函数声明 */
main()
{
float a,b,c,d,max,min;
printf("input a,b,c,d: ");
scanf("%f,%f,%f,%f",&a,&b,&c,&d);
max=rmax2(rmax2(a,b),rmax2(c,d));   /* 求 4 个数中的最大数 */
min=rmin2(rmin2(a,b),rmin2(c,d));   /* 求 4 个数中的最小数 */
printf("average=%f\n",aver(max,min));
}
float rmin2(float x,float y)          /* 求最小数函数 */
{
return(x<y?x:y);
}
float rmax2(float x,float y)          /* 求最大数函数 */
{
return(x>y?x:y);
}
float aver(float x,float y)          /* 求平均值函数 */
{
return((x+y)/2.0);
}
```

上机运行程序，并分析图 4-11 所示的运行结果。

```
input a,b,c,d: 2,4,1,6
average=3.500000
Press any key to continue
```

图 4-11 运行结果

【练习 4-2】输入两个整数给学生出一道加法运算题，如果学生输入的答案正确，则显示"Right!"；否则显示"Not correct.Try again!"，直到做对为止。

```
/* EX4_10.CPP */
#include <stdio.h>
int Add(int a, int b) /* 函数功能：计算两整数之和，如果与用户输入的答案相同则返回 1，否则返回 0。
函数参数：整型变量 a 和 b，分别代表被加数和加数。
函数返回值：当 a 加 b 的结果与用户输入的答案相同时返回 1，否则返回 0。*/
{
int  answer;
```

```
printf("%d+%d=", a, b);
scanf("%d", &answer);
if (a+b == answer)
return 1;
else
return 0;
}
void print(int flag)  /* 函数功能：输出结果正确与否的信息。
```

函数参数：整型变量 flag，用于表示结果正确与否。

函数返回值：无。*/

```
{
if (flag)
printf("Right!\n");
else
printf("Not correct. Try again!\n");
}
main()
{
int a, b, answer;
printf("Input a,b:");
scanf("%d,%d", &a, &b);
do
{
answer = Add(a, b);
print(answer);
}while (answer == 0);
}
```

上机运行程序，并分析图 4-12 所示的运行结果。

【练习 4-3】 随机产生两个 1～10 的整数给学生出加法运算题。如果学生输入的答案正确则显示 "Right!"；否则显示 "Not correct!"，不给机会重做。连续做 10 道题，10 道题做完后，按每题 10 分统计总得分，然后输出总分和做错的题数。

```
Input a,b:2,3
2+3=6
Not correct. Try again!
2+3=5
Right!
Press any key to continue
```

图 4-12 运行结果

```
/* EX4_11.CPP */
#include <stdio.h>
#include <stdlib.h>
#include <time.h>
int Add(int a, int b)  /* 函数功能：计算两整数之和，如果与用户输入的答案相同则返回1，否
```
则返回 0。

函数参数：整型变量 a 和 b，分别代表被加数和加数。

函数返回值：当 a 加 b 的结果与用户输入的答案相同时返回 1，否则返回 0。*/

```
{
int  answer;
printf("%d+%d=", a, b);
scanf("%d", &answer);
if (a+b == answer)
return 1;
```

133

```
else
return 0;
}
void print(int flag)  /* 函数功能：输出结果正确与否的信息。
函数参数：整型变量 flag，用于表示结果正确与否。
函数返回值：无。*/
{
if (flag)
printf("Right!\n");
else
printf("Not correct!\n");}
main()
{
int a, b, answer, error, score, i;
srand(time(NULL));
error = 0;
score = 0;
for (i=0; i<10; i++)
{
a = rand()%10 + 1;
b = rand()%10 + 1;
answer = Add(a, b);
print(answer);
if (answer == 1)
score = score + 10;
else
error++;
}
printf("score = %d, error numbers = %d\n", score, error);
}
```

上机运行程序，并分析图 4-13 所示的运行结果。

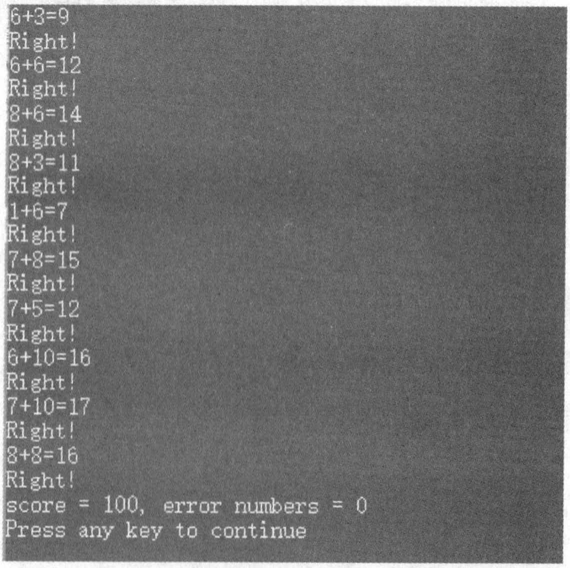

图 4-13　运行结果

4.1.5 编程规范与常见错误

1. 编程规范

（1）一个函数可以调用其他函数或其本身，但任何函数均不可调用 main 函数。

（2）参数的书写要完整，不要贪图省事只写参数的类型而省略参数名字。

（3）参数命名要恰当，顺序要合理。

（4）避免函数有太多的参数，参数个数尽量控制在 5 个以内。如果参数太多，在使用时容易将参数类型或顺序搞错。

（5）尽量不要使用类型和数目不确定的参数。

2. 常见错误

（1）误以为形参值的变化会影响实参的值。例如：

```c
#include <stdio.h>
main( )
 {
   void swap(int,int);              //函数声明
int A=1, B=3;
   swap(A, B);
   printf("A=%d, B=%d \n", A, B);
   }
void swap(X, Y)          //定义函数
int X, Y;
{
   int M;
   M=X; X=Y; Y=M;
}
```

原意想通过调用函数 swap 使 A 与 B 的值对换，然而实际上 A 和 B 的值并未对换。

（2）所调用的函数在调用前未定义。例如：

```c
main( )
{
   float A=1, B=2, C;
   C=fun(A, B);
      …
 }
 float fun(float X,float Y)
 {
   X++; Y++;
 …
}
```

任务 2 函数和数组，变量的作用域和生命期

🎯 学习目标

（一）素质目标

（1）通过对函数的调用，体会指挥和协调的重要性，培养大局意识和整体意识。

（2）通过对函数的学习，培养良好的编程风格。

（二）知识目标

（1）掌握函数和数组的概念及其应用。

（2）领会变量的作用域和生命期。

（三）能力目标

（1）具有运用函数处理多个任务的能力。

（2）能编写和阅读模块化结构的程序。

4.2.1 案例讲解

 案 例 4-5 求课程平均成绩

1. 问题描述

数组 sco 中存放了 5 位学生的 C 语言课程成绩，求此课程的平均成绩。

2. 编程分析

先定义了一个实型函数 aver，有一个形参为实型数组 a，长度为 5。在函数 aver 中，把各元素值相加并求出平均值，返回给主函数。在主函数 main 中首先完成数组 sco 的输入，然后以 sco 作为实参调用 aver 函数，将函数返回值传给 av，最后输出 av 值。

3. 编写源程序

```
/* EX4_12.CPP */
#include <stdio.h>
float aver(float a[5])
{
    int i;
    float av,s=a[0];
    for(i=1;i<5;i++)
      s=s+a[i];
    av=s/5;
    return av;
}
void main()
{   float sco[5],av;
    int i;
    printf("\ninput 5 scores:\n");
    for(i=0;i<5;i++)
      scanf("%f",&sco[i]);
    av=aver(sco);
    printf("average score is %5.2f",av);}
```

4. 运行结果

运行结果如图 4-14 所示。

图 4-14 案例 4-5 运行结果

5. 归纳分析

用数组作为函数参数时，要求形参和相对应的实参都必须是类型相同的数组，都必须有明确的数组声明。当形参和实参二者不一致时，会发生错误。

前面已经讨论过，用变量作为函数参数时，所进行的值传送是单向的。也就是说，只能从实参传向形参，不能从形参传回实参。形参的初值和实参相同，而形参的值发生改变后，实参并不变化，两者的终值是不同的。而当用数组名作为函数参数时，情况则不同。由于实际上形参和实参为同一数组，因此当形参数组发生变化时，实参数组也随之变化。当然，这种情况不能理解为发生了"双向"的值传递。但从实际情况来看，调用函数之后实参数组的值将由于形参数组值的变化而变化。

案 例 4-6 变量的作用域

1. 问题描述

全局变量和局部变量的作用域。

2. 编写源程序

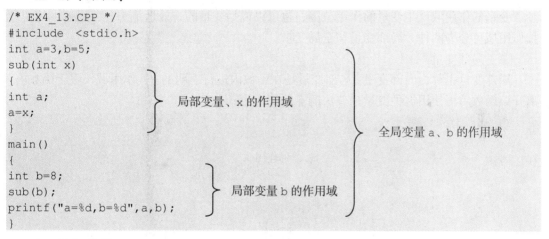

```
/* EX4_13.CPP */
#include <stdio.h>
int a=3,b=5;
sub(int x)
{
int a;                          局部变量、x 的作用域
a=x;
}                                                        全局变量 a、b 的作用域
main()
{
int b=8;
sub(b);                          局部变量 b 的作用域
printf("a=%d,b=%d",a,b);
}
```

3. 运行结果

运行结果如图 4-15 所示。

```
a=3,b=8Press any key to continue
```

图 4-15 案例 4-6 运行结果

4. 归纳分析

本程序定义了全局变量 a、b，在函数 sub 和主函数 main 中又定义了局部变量 a、b。全局变量的作用范围虽然是从定义的位置开始到程序结束，但是遇到同名的局部变量以后，它们就不起作用了。同时，局部变量的变化对全局变量也没有影响。所以程序的输出结果应该是 3、8。

4.2.2 基础理论

1. 函数和数组

如果要把整个数组传递给函数，就需要在调用函数时传入数组名。假定已经一个包含 100 个元素的 grade_scores 是数组，调用函数的语句如下所示：

微课 40　　微课 41　　微课 42

函数和数组补充　函数和数组补充　函数和数组补充
练习题（1）　　练习题（2）　　练习题（3）

```
minimum(grade_scores);
```

会把包括在数组 grade_scores 中的 100 个元素值送到叫作 minimum 的函数中。当然，minimum 函数必须声明，它需要一个数组类型的参数值。其定义如下：

```
int minimum(int values[100]){……};
```

上面的说明把 minimum 定义为返回 int 型值的，并且要求以一个包含 100 个元素的数组作为参数的函数。如果在 minimum 内部引用 values[4]，实际上引用的是 grade_scores[4] 的值。请注意，values 和 grade_scores 引用的是同一块内存区，这就是传递数组参数的实质。

2. 变量的作用域

变量的作用域就是变量的作用范围，也可以说是变量的有效性范围。C 语言中的变量按作用域可分为两种：局部变量和全局变量。

（1）局部变量

局部变量也称为内部变量。局部变量是在函数内进行声明的。其作用域仅限于函数内，离开该函数后再使用这种变量是非法的。例如：

```
int f1(int a)   /*函数 f1*/
{
int b,c;              a、b、c 的作用域
…
}
int f2(int x)   /*函数 f2*/
{
int y,z;              x、y、z 的作用域
}
main()
{                     m、n 的作用域
int m,n;
}
```

在函数 f1 内定义了 3 个变量，a 为形参，b、c 为一般变量。在 f1 的范围内 a、b、c 有效，或者说变量 a、b、c 的作用域限于 f1 内。同理，x、y、z 的作用域限于 f2 内。m、n 的作用域限于 main 函数内。关于局部变量的作用域还要说明以下几点。

① 在主函数中定义的变量只能在主函数中使用，不能在其他函数中使用。同时，主函数也不能使用在其他函数中定义的变量。因为主函数也是一个函数，它与其他函数是平行关系。这一点是与其他语言不同的，应予以注意。

② 形参变量属于被调函数的局部变量，实参变量属于主调函数的局部变量。

（2）全局变量

全局变量是指在函数之外定义的变量。全局变量的定义位置可以在所有函数之前，也可以在各个函数之间；当然从理论上讲，也可以在所有函数之后（在实际应用中很少见）。一般情况下，全局变量的作用域是从定义全局变量的位置起到程序结束止。例如：

```
    float f1(float a,float b)
    { …
    int x,y,z;                      /* x、y、z 均是全局变量 */
}
char ch1,ch2;
int f2( int m)
{
 …
                                    /* ch1、ch2 均是全局变量 */
}
double t,p;
main( )
{
 …
                                    /* t、p 均是全局变量 */
}
```

说明如下。

① 在 f1 函数中，可以使用全局变量 x、y、z；在 f2 函数中，可以使用全局变量 x、y、z 和 ch1、ch2；在 main 函数中，可以使用所有定义的全局变量，即 x、y、z、ch1、ch2、t、p。

② 全局变量可以和局部变量同名，当局部变量有效时，同名的全局变量不起作用。

③ 因为全局变量的定义位置都在函数之外（且作用域较广，不局限于一个函数内），所以全局变量又可称为外部变量。

④ 使用全局变量可以增加各个函数之间数据传输的渠道，即在某个函数中改变一个全局变量的值，就可能影响其他函数的运行结果。但它会使函数的通用性降低，使程序的模块化、结构化性能变差，所以应慎用、少用全局变量。

3. 变量的生命期

变量的生命期就是指变量占用内存空间的时间，也可以将其称为变量的存储方式。按照生命期，C 语言中的变量可以以静态和动态两种方式建立。

静态存储通常是在变量定义时就分配固定的存储单元，并一直保持不变，直至整个程序结束。动态存储是在程序执行过程中，使用它的时候才分配存储单元，使用完毕就立即释放。

生命期和作用域是从不同的角度来描述变量的特性的，一个变量的属性不能仅从其作用域来判断，还应有明确的存储类型声明。

在 C 语言中，变量的存储类型有 4 种：auto（自动变量）、extern（外部变量）、static（静态变量）、register（寄存器变量）。

自动变量和寄存器变量属于动态存储，外部变量和静态变量属于静态存储。在了解了变量生命期的性质以后，变量的声明就可以完整地表达，如下。

存储类型说明符　数据类型说明符　<变量名>,<变量名>…；

例如：

```
static int x,y;                     /*定义 x、y 为静态整型变量*/
auto char c1,c2;                    /*定义 c1、c2 为自动字符变量*/
```

```
static float  num[3]={1,2,3};          /*定义 num 为静态实型数组*/
extern int a,b;                        /* 定义 a、b 为外部整型变量*/
```

（1）自动变量

以前在定义变量的时候，都没有涉及生命期的使用，这是因为 C 语言规定，函数内凡未加存储类型声明的变量均视为自动变量，即 auto 可以省略。例如：int intX,intY,intZ；等价于 auto int intX,intY,intZ。

（2）外部变量

外部变量就是全局变量，是对同一类变量的不同表述的提法。全局变量是从它的作用域的角度提出的，外部变量是从它的存储方式提出的，表示了它的生命期。

说明如下。

① 如果在定义全局变量的位置之前就想使用该变量，那么要用 extern 对该变量做外部变量声明。

② 如果一个源程序由若干个源文件组成，在一个源文件中想使用在其他源文件中已经定义的外部变量，则需用 extern 对该变量做外部变量声明。

（3）静态变量

静态变量有两种：静态局部变量和静态全局变量。

静态局部变量在定义局部变量的时候加上 static 说明符就构成静态局部变量。例如：

```
static int x,y;
static float arr[6]={1,2,3,4,5,6};
```

说明如下。

① 静态局部变量在程序开始执行的时候就始终存在，也就是说它的生命期为整个源程序的运行周期。

② 静态局部变量的生命期虽然为整个源程序的运行周期，但是其作用域仍与自动变量相同，即只能在定义该变量的函数内起作用。退出该函数后，尽管该变量还继续存在，但不能被其他函数使用。

③ 静态局部变量的初始化是在编译时进行的。在定义时，用常量或常量表达式进行赋初值。未赋初值的，编译时由系统自动赋以 0 值。

④ 在函数被多次调用的过程中，静态局部变量的值具有可继承性。

（4）寄存器变量

我们经常把频繁使用的变量定义为 register，把它放到 CPU 的一个寄存器中。这种变量在使用时不需要访问内存，而直接从寄存器中读写。由于对寄存器的读写速度远高于对内存的读写速度，因此这样做可以提高程序的执行效率。

说明如下。

① 在 Turbo C、MS C 等微机上使用的 C 语言中，实际上是把寄存器变量当成自动变量处理的。寄存器变量和自动变量具有相同的性质，都属于动态存储方式。

② 只有局部自动变量和形参可以定义为寄存器变量，需要采用静态存储方式的变量不能定义为寄存器变量。

③ 由于 CPU 中寄存器的数目有限，因此不能随意定义寄存器变量的个数。

4.2.3 技能训练

【实验4-4】静态局部变量。

指导

1. 编程分析

在函数 f 中定义一个静态局部变量 j，在主函数中调用 5 次函数 f，注意观察静态局部变量 j 的变化。

2. 编写源程序

```
/* EX4_14.CPP */
#include "stdio.h"
main( )
{
int i;
void f( );              /* 函数声明 */
for(i=1;i<=5;i++)
f( );
}          /* 函数调用 */
void f( )          /* 函数定义 */
{
static int j=0;
++j;
printf("%d\n",j);
}
```

3. 运行结果

在 Visual C++集成环境中输入上述程序，将文件存成 EX4_14.CPP。写出程序的运行结果，并对该程序的每个输出结果（见图 4-16）进行分析。

由于 j 为静态变量，能在每次调用后保留其值并在下一次调用时继续使用，所以输出值为累加的结果。

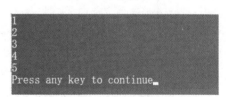

图 4-16　实验 4-4 运行结果

4.2.4 拓展与练习

【练习4-4】将大于整数 m 且紧靠 m 的 k 个素数输出。

提示　本练习的算法是从 m+1 开始，判断 m+1、m+2、…是否为素数，如果为素数做一次记录，直到素数的个数为 k。在统计素数的个数时，采取 k 值递减的方式，当 k 等于 0 时结束循环（当然也可以采取其他算法）。

```
/*EX4_16.CPP*/
#include "stdio.h"
void jsValue(int m,int k,int xx[])
{
int i,j,s=0;
for(i=m+1;k>0;i++)
```

```
{
for(j=2;j<i;j++)
if(i%j==0)
 break;  /* 素数为只能被自己和 1 整除的数。如果 i%j 等于 0，说明 i 不是素数，跳出本层循环 */
if(i==j)
{
xx[s++]=i;k--;
}
}
}
main()
{
int m,n,zz[100];
printf("请输入两个整数: ");
scanf("%d%d",&m,&n);
jsValue(m,n,zz);
for(m=0;m<n;m++)
printf("%d ",zz[m]);
}
```

上机运行程序，并分析图 4-17 所示的运行结果。

```
请输入两个整数: 13 10
17 19 23 29 31 37 41 43 47 53 Press any key to continue_
```

图 4-17　运行结果

【练习 4-5】编写程序完成某班学生考试成绩的统计管理，包括成绩输入函数、成绩显示函数，计算每位同学的总成绩、平均成绩，输出成绩排名。

```
/*EX4_17.CPP*/
# define N  10   /*设定班里学生的个数*/
#include <stdio.h>     /*标准输入输出函数库*/
#include <string.h>     /*字符串处理函数库*/
void main_mun();/*学生考试成绩的统计管理主菜单*/
void input();/*输入学生的成绩*/
void output();/*显示学生的成绩*/
void  average();/*计算学生的平均成绩*/
void  sum_score();/*计算学生的总成绩*/
void sort();/*对学生的成绩进行排名*/
char student[N+1][12]={"王晓丽","张小丫","刘非","韩卫","李明","刘小雨","赵阳",
          "杨海明","程杨","吴海","无此人"};   /*用来记录学生的姓名*/
float score[N][4];   /*用来记录学生的各门成绩（数学、语文、英语、政治）*/
float aver[N];   /*用来记录学生的平均成绩*/
float sum_sc[N];   /*用来记录学生的总成绩*/
int  sor[N]={10,10,10,10,10,10,10,10,10,10};       /*用来记录学生排名情况*/
int  number;  /*表示学号*/
float sc=0.00;  /*中间变量*/
```

```
void main()
{
int  i,j;        /*程序循环所用变量*/
char select;     /*用于主菜单选择的字符*/
for (i=0; i<N; i++)    /*对学生成绩进行初始化*/
for (j=0; j<4; j++)
score[i][j]=0.00;
printf("学生考试成绩的统计管理\n");
main_mun();
select=getchar();
while ((select!='Q')&&(select!='q'))
{
switch (select)
{
case  '1':{input();           break;          }
case  '2': {output();          break;          }
case  '3': {average();         break;          }
case  '4': {sum_score();       break;          }
case  '5': {sort();            break;          }
case  '\0':continue;
default:printf("输入的选择有错，请重输!\n");
}
main_mun();
select=getchar();    }
printf("管理系统结束!! \n");
return;
}
void main_mun()/*学生考试成绩的统计管理主菜单*/
{
printf("1:    输入学生的成绩\n");
printf("2:    显示学生的成绩\n");
printf("3:    计算学生的平均成绩\n");
printf("4:    计算学生的总成绩\n");
printf("5:    根据学生成绩排名次\n");
printf("请输入你的选择:（q（Q）退出）\n");}
void input()/*输入学生的成绩*/
{
printf("输入学生的成绩: \n");
printf("输入学号: \n");
scanf("%d",&number);
printf("输入学生%s 的成绩\n",student[number]);
printf("数学、语文、英语、政治\n");
scanf("%f%f%f%f",&score[number][0],&score[number][1],&score[number][2],&sco
re[number][3]);}
void output()/*显示学生的成绩*/
{
printf("输出学生的成绩: \n");
```

```
printf("输入学号：\n");
scanf("%d",&number);
printf("输出%s 各门成绩：数学、语文、英语、政治\n",student[number]);
printf("%.2f%.2f%.2f.2f\n",score[number][0],score[number][1],score[number][2],
score[number][3]);
}
void  average()/*计算学生的平均成绩*/
{
int i;  /*循环控制变量*/
printf("输出学生的成绩：\n");
printf("输入学号：\n");
scanf("%d",&number);
for (i=0; i<4; i++)
sc+=score[number][i];
aver[number]=sc/4;
printf("学生%s 的平均成绩是:%.2f\n",student[number],aver[number]);
}
void  sum_score()/*计算学生的总成绩*/
{
int i;  /*循环控制变量*/
printf("输出学生的成绩：\n");
printf("输入学号：\n");
scanf("%d",&number);
for (i=0; i<4; i++)
sum_sc[number]+=score[number][i];
printf("学生%s 的总成绩是:%.2f\n",student[number],sum_sc[number]);
}
void sort()/*对学生的成绩进行排名，以平均成绩为例*/
{
int i,j;  /*循环控制变量*/
float temp;  /*比较用中间变量*/
int flag=0;  /*排序是否交换的标志*/
for (i=0; i<N; i++)    /*对学生平均成绩进行排序*/
{
temp=aver[i];
for (j=i+1; j<N; j++)
  if (aver[j]>temp)
   {
flag=1;
sor[i]=j;
}
if (flag==0)
sor[i]=i;}
printf("排序后的结果是：\n");
printf("第一名 第二名 第三名 第四名 第五名 第六名 第七名 第八名 第九名 第十名\n");
printf(" %s %s %s %s %s %s %s %s %s %s \n",student[sor[0]],student[sor[1]],
student[sor[2]],student[sor[3]],student[sor[4]],student[sor[5]],student[sor
```

```
[6]],student[sor[7]],student[sor[8]],student[sor[9]]);
}
```

上机运行程序，并分析图 4-18 所示的运行结果。

图 4-18 运行结果

4.2.5 编程规范与常见错误

1. 编程规范

（1）尽量使用标准库函数，或将重复性程序段设计为自定义函数。

（2）每个函数都要有函数头声明，声明规格见规范。

（3）每个函数只有一个出口。

2. 常见错误

（1）随意定义全局变量，未尽量使用局部变量。

（2）误将函数形参和函数中的局部变量一起定义。

例如：

```
fun(x,y)
float x, y, z;
{
x++; y++; z=x+y;
    ...
}
```

 **任务 3** 函数的嵌套调用与递归调用

📌 学习目标

（一）素质目标

（1）通过对函数的调用，体会指挥和协调的重要性，培养大局意识和整体意识。

（2）通过对函数的学习，培养良好的编程风格。

（二）知识目标

掌握函数嵌套调用与递归调用的概念及其应用。

（三）能力目标

（1）具有运用函数处理多个任务的能力。

（2）能编写和阅读模块化结构的程序。

4.3.1　案例讲解

 案　例　4-7　求平方数的阶乘的和

微课 43

求平方数的阶乘
的和

1．问题描述

计算 $s=2^2!+3^2!$。

2．编程分析

本题可编写两个函数，一个是用来计算平方值的函数 f1，另一个是用来计算阶乘值的函数 f2。主函数先调用函数 f1 计算出平方值，再在函数 f1 中以平方值为实参，调用函数 f2 计算出阶乘值，然后返回函数 f1，再返回主函数，在循环程序中计算和。

3．编写源程序

```
/* EX4_18.CPP */
#include <stdio.h>
long f1(int p)
{
int k;
long r;
long f2(int);
k=p*p;
r=f2(k);
return r;
}
long f2(int q)
{
long c=1;
int i;
for(i=1;i<=q;i++)
c=c*i;
return c;
}
main()
{
int i;
long s=0;
for (i=2;i<=3;i++)
s=s+f1(i);
printf("\ns=%ld\n",s);
}
```

4．运行结果

运行结果如图 4-19 所示。

图 4-19 案例 4-7 运行结果

5. 归纳分析

在程序中，函数 f1 和 f2 均为长整型，都在主函数之前定义，故不必再在主函数中对函数 f1 和 f2 加以说明。由函数的嵌套调用实现了题目的要求。由于数值很大，所以函数和一些变量的类型都声明为长整型，否则会造成计算错误。

案 例 4-8 求 n 的阶乘

1. 问题描述

用递归法计算 $n!$。

2. 编程分析

从数学上看，$n!$ 可用下述公式表示：

$$n! = \begin{cases} 1 & (n = 0,1) \\ n(n-1) & (n > 1) \end{cases}$$

3. 编写源程序

```
/* EX4_19.CPP */
#include <stdio.h>
long fact(int n)
{
long int a;
if(n<0) printf("n<0,data error\n");
else if(n==0||n==1) a=1;
else a=fact(n-1)*n;
return (a);}
main()
{
int n;
long ff;
printf("input a inteager :\n");
scanf("%d",&n);
ff=fact(n);
printf("%d!=%ld",n,ff);
}
```

4. 运行结果

运行结果如图 4-20 所示。

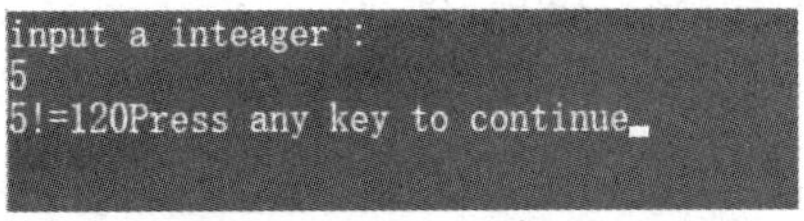

图 4-20 案例 4-8 运行结果

5．归纳分析

下面我们来看一下递归程序的执行过程。假设执行本程序时输入 4，即求 4!。主函数中的调用语句即 ff= fact (4)，进入函数 fact 后，由于 n=4，不等于 0 或 1，故执行语句 a= fact (n-1)*n，即 a= fact (4-1)*4。该语句对 fact 进行递归调用即 fact (3)。依次类推，进行 3 次递归调用后，函数 fact 形参取得的值变为 1，故不再继续递归调用而开始逐层返回主调函数。fact (1)的返回值为 1，fact (2)的返回值为 1*2=2，fact (3)的返回值为 2*3=6，最终 fact (4) 为 6*4=24，如图 4-21 所示。

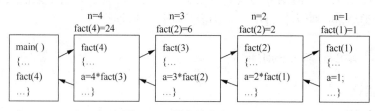

图 4-21　递归的执行过程

4.3.2　基础理论

1．嵌套调用

C 语言中各函数（包括 main 函数）之间是平行的，也就是说不能在一个函数里面定义另一个函数，即不允许对函数进行嵌套定义。

C 语言虽然不允许嵌套定义函数，但是允许在一个函数的调用过程中，对另一个函数进行调用。这种调用方式称为函数的嵌套调用。例如：

```c
int fun1( )
{...
  fun2( );
 ...
}
int  fun2( )
{...
  ...
}
main( )
{...
   fun1( );
   ...
}
```

其执行过程是：执行 main 函数中调用 fun1 函数的语句时，即转去执行 fun1 函数；在 fun1 函数的执行过程中，遇到调用 fun2 函数的语句时，又转去执行 fun2 函数；fun2 函数执行完毕返回 fun1 函数的调用点继续执行，fun1 函数执行完毕返回 main 函数的调用点继续执行，直到整个程序结束，如图 4-22 所示。

图 4-22　函数的嵌套调用

2. 递归调用

（1）递归的概念。

① 直接递归调用：调用函数的过程中又调用该函数本身。

② 间接递归调用：调用 f1 函数的过程中调用 f2 函数，而 f2 函数中又需要调用 f1 函数。以上均为无终止递归调用。

为此，一般要用 if-else 语句来控制，使递归过程在某一条件满足时结束。

（2）递归法：类似于数学证明中的反推法，从后一个结果与前一个结果的关系中寻找其规律。

迭代法可以分为以下两种。

① 递推法是一种通过分析，从初始值出发，归纳出新值与旧值之间的关系，直到达到最后值的方法。这种方法要求确定初始值并得出递推公式。

② 递归法是一种从结果出发，通过归纳出当前结果与前一个结果之间的关系，直到达到初始值的方法。这种方法要求通过分析得到初始值和递归函数。

4.3.3 技能训练

【实验 4-5】有 5 个人，第 5 个人说他比第 4 个人大 2 岁，第 4 个人说他比第 3 个人大 2 岁，第 3 个人说他比第 2 个人大 2 岁，第 2 个人说他比第 1 个人大 2 岁，第 1 个人说他 10 岁。求第 5 个人多少岁。

指 导

1. 编程分析

$$age(n) = \begin{cases} 10 & (n=1) \\ age(n-1)+2 & (n>1) \end{cases}$$

要计算第 5 个人的年龄，必须知道第 4 个人的年龄；要计算；第 4 个人的年龄，必须知道第 3 个人的年龄……要计算第 2 个人的年龄，必须知道第 1 个人的年龄。而第 1 个人的年龄是已知的，这样可以返回计算第 2 个人的年龄、第 3 个人的年龄、第 4 个人的年龄、第 5 个人的年龄。

2. 编写程序

```
/* EX4_20.CPP */
#include <stdio.h>
age(int n)
{
int c;
if (n==1)
 c=10;
else
 c=age(n-1)+2;
return c;
}
main()
{ printf("%d\n",age(5));}
```

C 语言程序设计任务式教程（微课版）

3．运行结果

在 Visual C++集成环境中输入上述程序，将文件存成 EX4_20.CPP。运行结果如图 4-23 所示。

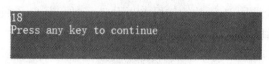

图 4-23　运行结果

4.3.4　编程规范与常见错误

1．编程规范

（1）程序结构清晰、简单易懂，单个函数的程序行数一般不超过 100 行。

（2）直截了当，代码精简。

2．常见错误

（1）未合理使用结束递归过程的条件。为了防止递归调用无终止地进行，必须在函数内有终止递归的条件判断语句，以在满足某种条件后就不再进行递归调用，然后逐层返回。

（2）未设定正确的限制条件。每次当函数被递归调用时，应传递给函数一个或多个参数作为限制条件，当满足限制条件的时候递归调用便不再继续。

4.3.5　贯通案例——之五：使用函数对学生成绩进行排序

1．问题描述

把 3.3.6 小节里程序实现的功能改写成函数形式，并将之与 2.3.6 小节的菜单结合起来，在菜单中调用对应函数。

2．编写源程序

```
/*EX4_21.CPP*/
#include <stdio.h>
#include <stdlib.h>
#define N 5
#define M 3

void InputScore(int score[][3],int n)
{
int i,j;
for(i=0;i<n;i++)                    //输入 N 个学生的成绩
{printf("input No.%d\'s score: ",i+1);
   for(j=0;j<3;j++)
       scanf("%d",&score[i][j]);
}
}

void Sort(int score[][3],int n)
{
int i,j,k,m,temp[3];
 printf("sort by 1,2,3? ");         //选择排序的成绩
```

```
scanf("%d",&m);
m--;
    for (i=0; i<n-1; i++)                //选择法排序
{
    k = i;
    for (j=i; j<n; j++)
    {
        if (score[j][m] > score[k][m])
        {
            k = j;
        }
    }
    if (k != i)                          //交换 i、k 两个学生的成绩
    {
        temp[0] = score[k][0];
        temp[1] = score[k][1];
        temp[2] = score[k][2];
        score[k][0] = score[i][0];
        score[k][1] = score[i][1];
        score[k][2] = score[i][2];
        score[i][0]= temp[0];
        score[i][1]= temp[1];
        score[i][2]= temp[2];
    }
    }
printf("sort complete\n");

}

void PrintScore(int score[][3],int n)
{
int i,j;
for (i=0; i<n; i++)                      //输出排序后的结果
{   printf("\nNo.%d\'s score: ",i+1);
        for(j=0;j<3;j++)
        printf("%3d ",score[i][j]);
}
printf("\n");
}

void PrintMenu()
{
printf("#===================================================#\n");
    printf("#                 学生成绩管理系统                  #\n");
    printf("#---------------------------------------------------#\n");
    printf("#===================================================#\n");
    printf("#                 1.加载文件                        #\n");
    printf("#                 2.增加学生成绩                    #\n");
    printf("#                 3.显示学生成绩                    #\n");
    printf("#                 4.删除学生成绩                    #\n");
```

```
    printf("#                5.修改学生成绩                        #\n");
    printf("#                6.查询学生成绩                        #\n");
    printf("#                7.学生成绩排序                        #\n");
    printf("#                8.保存文件                            #\n");
    printf("#                0.退出系统                            #\n");
    printf("#========================================================#\n");
    printf("请按 0-8 选择菜单项:");
}

main()
{
    char ch;
    int score[N][M];
    while(1)
    {
    PrintMenu();
    scanf(" %c",&ch);   /*在%c 前面加一个空格，将存于缓冲区中的回车符读入*/
      switch (ch)
      {
        case '1': printf("进入加载文件模块.本模块正在建设中……\n");
        break;
        case '2': printf("进入增加学生成绩模块.\n");
              InputScore(score,N);
          break;
        case '3': printf("进入显示学生成绩模块.\n");
              PrintScore(score,N);
          break;
        case '4': printf("进入删除学生成绩模块.本模块正在建设中……\n");
          break;
        case '5': printf("进入修改学生成绩模块.本模块正在建设中……\n");
          break;
        case '6': printf("进入查询学生成绩模块.本模块正在建设中……\n");
          break;
        case '7': printf("进入学生成绩排序模块.\n");
            Sort(score,N);
          break;
        case '8': printf("进入保存文件模块.本模块正在建设中……\n");
          break;
        case '0': printf("退出系统.\n"); exit(0);
        default: printf("输入错误!");
      }
    }
}
```

3. 运行结果

运行结果如图 4-24 和图 4-25 所示。

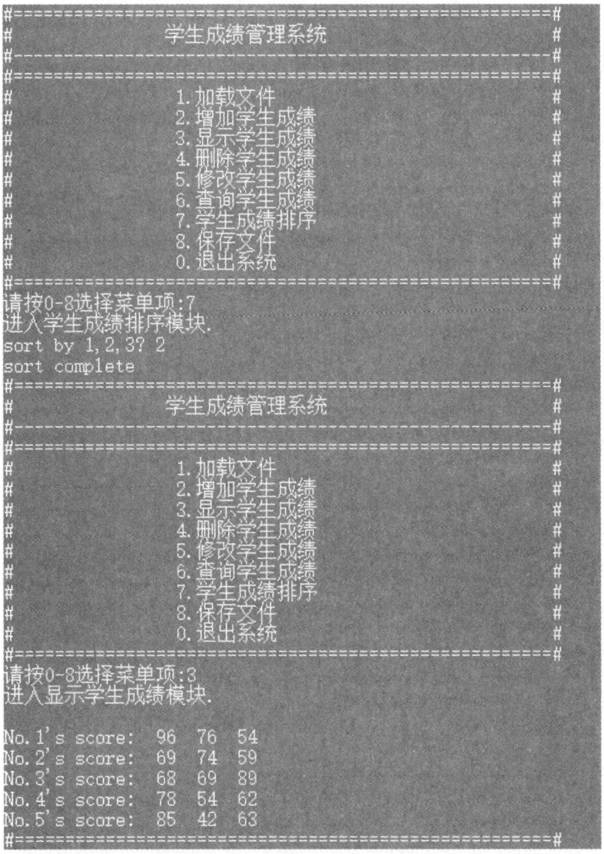

图 4-24　运行结果 1

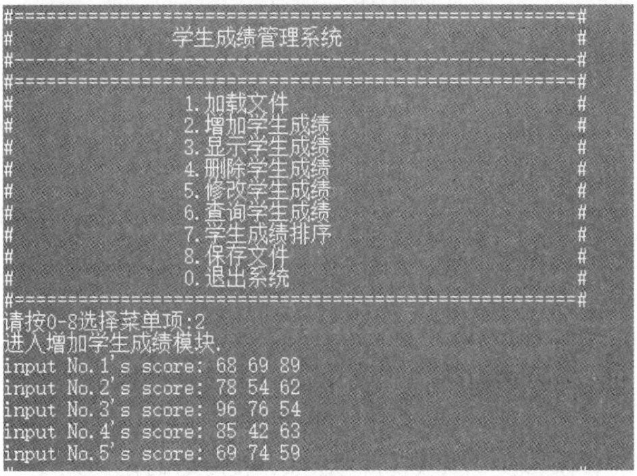

图 4-25　运行结果 2

模块小结

　　函数在 C 语言中是非常重要的内容，也是今后学习编程语言的基础。本模块主要介绍了函数定义、调用函数的方法、实参与形参之间的关系等，以帮助读者建立模块化的思想，正确应用函数解决实际问题。本模块重点讨论了全局变量和局部变量、动态变量和静态变量的使用方法，还介绍了函数调用的形式和函数的递归调用方式。通过对本模块的学习，读者能够学会编写和调用函数。在编写程序时可以将一个小功能编写为一个函数，以方便程序的模块化设计，避免代码冗余。

自测题

一、选择题

1. 在如下函数调用语句中，函数含有的实参个数是（　　　）。

```
func(intRec1,intRec2+intRec3,(intRec4,intRec5));
```

    A. 3   B. 4   C. 5   D. 有语法错误

2. 下列对 C 语言函数的描述中，不正确的是（　　　）。

    A. 函数可以嵌套定义   B. 函数可以递归调用

    C. 函数可以没有返回值   D. C 程序由函数组成

3. 以下对 C 语言函数的描述不正确的是（　　　）。

    A. 当用数组作为形参时，形参数组的改变可使实参数组随之改变

    B. 允许函数递归调用

    C. 函数形参的作用范围局限于所定义的函数内

    D. 函数声明必须在主调函数之前

4. 关于函数调用，以下说法正确的是（　　　）。

    A. 实参与其对应的形参各占独立的存储单元

    B. 实参与其对应的形参共占同一个存储单元

    C. 只有当实参与其对应的形参同名时，才共占同一个存储单元

    D. 形参是虚拟的，不占存储单元

5. 若函数调用时用数组名作为函数参数，则以下叙述中不正确的是（　　　）。

    A. 实参与其对应的形参共占用同一段存储空间

    B. 实参将其地址传递给形参，结果等同于实现了参数之间的双向值传递

    C. 实参与其对应的形参分别占用不同的存储空间

    D. 在调用函数中必须声明数组的大小，但在被调函数中可以使用不定尺寸数组

二、填空题

1. 一般情况下，函数如果没有返回值，类型说明符使用_____。

2. 参数是函数调用时进行数据传送的载体，函数的参数分为_____和_____两种。

3. 当调用函数时，实参是一个数组，则向函数传送的是_____。

三、阅读程序题

1. 有如下程序，该程序的输出结果是_____。

```
#include <stdio.h>
f(int ArrB[ ],int M,int N)
{
    int I, S=0;
```

```
    for(I=M; I<N; I=I+2)
       S=S+ ArrB[I];
    return S;
}
main( )
{
    int X, Arr[ ]={1,2,3,4,5,6,7,8,9};
    X=f(Arr,3,7);
    printf("%d\n",X);
}
```

2. 有如下程序，该程序的输出结果是_____。

```
#include <stdio.h>
int func(int A,int B)
{
    return(A+B);
}
main( )
{
    int X=2, Y=5, Z=8, R;
    R=func(func(X, Y), Z);
    printf("%d\n",R);
}
```

3. 有如下程序，该程序的输出结果是_____。

```
#include <stdio.h>
int f(int X,intY)
{return ((Y-X)*X);
}
main( )
{
    int A=3, B=4,C=5,D;
    D=f(f(A,B),f(A,C));
    printf("%d\n",D);
}
```

4. 有如下程序，该程序的输出结果是_____。

```
#include <stdio.h>
int f(int Arr[ ],int N)
{ if(N>=1)return f(Arr,N-1)+Arr[N-1];
else return 0;
}
main( )
{ int Arr[5]={1,2,3,4,5},S;
S=f(Arr,5); printf("%d\n",S);
}
```

四、程序填空题

1. 以下程序的功能是调用函数 fun 计算 M=1-2+3-4+...+9-10，并输出结果。请填空。

```
#include <stdio.h>
int fun( int N)
{
    int M=0,F=1, I;
```

```
    for(I=1;I<=N;I++)
    {
        M+=I*F;
        F=_____;
    }
    return_____;
}
main( )
{
    printf("M=%d\n",_____);
}
```

2. 以下程序的功能是调用函数 swap 完成 A、B 两个值的交换。请填空。

```
#include <stdio.h>
void  swap(_____)
{
    int  Temp;
    Temp=A;
    A=B;
    B=Temp;
    printf("A=%d,B=%d\n",_____);
}
main( )
{
    int  X,Y;
    printf ("input X, Y:");
    scanf ("%d,%d",&X,&Y);
    swap(_____);
    printf ("X=%d,Y=%d\n",X,Y);
}
```

3. 以下程序的功能是对数组中的数据进行由大到小的排序。请填空。

```
#include <stdio.h>
void sort(int Arr[ ],int N)
{
    int I, J, T;
    for(I=0;  I<N-1;  I++)
    for(J=_____;  J<N; J++)
        if(Arr[J-1]_____ Arr[J])
        {
            T=Arr[J-1];
            Arr[J-1]=Arr[J];
            Arr[J]=T;
        }
}
main( )
{
    int Arr[10]={1,2,3,4,5,6,7,8,9,10},I;
    sort(_____,10);
    for(I =0;  I<10;  I++)
    printf("%d,", Arr[I]);
    printf("\n");
}
```

4. 以下程序的功能是将一个字符串按逆序存放。请填空。

```
#include <stdio.h>
#include <string.h>
void fun (char Str[ ])
{
    char M;
    int I, J;
    for(I=0, J=strlen(Str); I<_____; I++,J--)
    { M=Str[I];
    Str[I]=_____;
    Str[J-1]=M;
    }
    printf("%s\n",Str);
}
main( )
{
    char St[20];
    gets(St);
    _____;
}
```

五、编程题

1. 编写一个函数实现 $f(x) = \begin{cases} x^2-1, & x<-1; \\ x^2, & -1 \leqslant x \leqslant 1; \\ x^2+1, & x>1. \end{cases}$ 。编程要求：函数原型为 double

fun(double x))，在主函数中输入 x 的值，调用函数 fun 后，在主函数中输出结果。

2. 编写程序，求 s=a+aa+aaa+…+(aa…a)。比如：a=6，m=4，则 s=6+66+666+6666。

编程要求：函数原型为 long sum(int m,int a)，在主函数中输入 a、m 的值，调用函数 sum(m, a)求出 s 的值后，在主函数中输出结果。

模块 5 指针及其应用

本模块将通过求解某天是星期几的案例讲解，让读者知晓地址与指针的概念，学会指针变量的定义、初始化及指针的运算，能使用指针访问数组和处理字符串，了解指针数组、多级指针、指针与函数的概念。

任务 1 地址与指针

学习目标

（一）素质目标
（1）具有良好的逻辑思维能力。
（2）具有吃苦耐劳的工作精神和严谨的工作态度。
（二）知识目标
知晓地址与指针的概念、学会指针变量的定义和运算。
（三）能力目标
（1）能正确运用指针变量编写程序。
（2）能运用高级语言进行程序设计。

5.1.1 案例讲解

案 例 5-1 获取变量在内存中的地址

1. 问题描述

程序在计算机中运行的时候，所有数据都存放在内存中。而内存以字节为存储单元存放数据，不同的数据类型所占用的单元数不同，如整型数据占用 2 个单元、字符数据占用 1 个单元等。请编程验证计算机是如何存取需要的数据的。

2. 编程分析

为了正确访问内存单元，计算机系统为每个内存单元进行编号，然后根据内存单元的编号准确地找到相应内存单元。内存单元的编号也叫作地址。由于根据内存单元的地址就可以找到所需的内存单元，因此通常也把这个地址称为指针。

要解决上面的问题，最好的办法是定义一组连续存储的变量，然后列出各变量的存储地址和值，从而得到它们的存储空间。程序描述如下。

```
main( )
{
```

定义字符型变量 ch

定义整型变量 b

定义长整型变量 o1、o2

输出 ch 的地址和值

输出 b 的地址和值

输出 o1、o2 的地址和值

}

3. 编写源程序

```
/* EX5_1.CPP */
#include <stdio.h>
main( )
{
 char ch='A';
 int b=1;
 long o1=2,o2 =4;
 printf("ch 的地址: %X ,",&ch);    /*以十六进制形式输出 ch 的地址*/
 printf("ch 的值: %c\n",ch);
 printf("b 的地址: %X ,",& b);
 printf("b 的值: %d\n",b);
 printf("o1 的地址: %X ,",& o1);
 printf("o1 的值: %d\n",o1);
 printf("o2 的地址: %X ,",& o2);
 printf("o2 的值: %d\n",o2);
}
```

4. 运行结果

编译、连接后运行程序, 运行结果如图 5-1 所示。

```
ch的地址: 18FF44 ,ch的值: A
b的地址: 18FF40 ,b的值: 1
o1的地址: 18FF38,o1的值: 2
o2的地址: 18FF3C ,o2的值: 4
Press any key to continue
```

图 5-1　案例 5-1 运行结果

5. 归纳分析

（1）系统根据变量的数据类型, 分别为 ch、b、o1、o2 分配 1、2、4、4 字节的存储单元, 此时变量所占存储单元的第 1 字节的地址就是该变量的地址。在图 5-1 中, 变量 ch 的地址是 18FF44, b 的地址是 18FF40, o1 的地址是 18FF38, o2 的地址是 18FF3C。

图 5-2 给出了案例 5-1 一次运行的内存存储示意。

由图 5-2 可知 18FF44 字节被定义为字符型变量 ch。系统每次读写 ch 值的时候就是到 18FF44 内存中进行读写操作。同样, 内存 18FF40 至 18FF41 的 2 字节被定义为整型变量 b、内存 18FF38 至 18FF3B 的 4 字节被定义为整型变量 o1、内存 18FF3C 至 18FF3F 的 4 字节被定义为整型变量 o2。程序对变量的读写操作实际上就是对变量所在存储空间进行读取和写入。

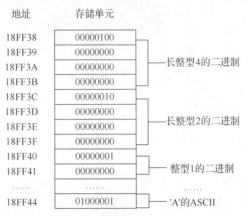

图 5-2　案例 5-1 一次运行的内存存储示意

（2）在 C 语言中，通过"&"获得数据的地址，"&"称为地址运算符。因此，案例 5-1 中的语句"printf("ch 的地址：%x ",& ch);"的作用是输出变量 ch 的地址。

（3）通过变量名访问数据时，系统自动完成变量名与存储地址的转换，这种访问形式称为直接访问。此外，C 语言中还有一种称为间接访问的形式。它首先将变量的存储地址存入另一个变量中，这个存放地址的变量称为指针变量，然后通过指针变量去访问先前的变量。这时，我们可以说指针变量指向那个变量。

案 例 5-2　用指针变量比较两个数的大小

1. 问题描述

从键盘输入 a 和 b 两个整数，按先大后小的顺序输出 a 和 b。

2. 编程分析

从键盘输入 a 和 b 两个整数后最好不要改变它们本身的值，因为其他程序中可能还会使用到这些原始数据。比较好的做法是根据我们的需要给原始数据做上"标识"：将较大的数标识为 pMax，较小的数标识为 pMin。这样在输出时可以根据做好的标识来输出。这种形式类似于给别人取外号。程序描述如下。

```
main( )
{
  定义变量 a、b
  定义指针变量 pMax、pMin、pTmp
  从键盘输入两个整数给 a、b
  令 pMax 指向 a、pMin 指向 b
  如果 pMax 指向的值小于 pMin 指向的值，利用 pTmp 将 pMax、pMin 指向的值交换
  输出 a、b 的值
  输出 pMax 指向的值、pMin 指向的值
}
```

3. 编写源程序

```
/* EX5_2.CPP */
#include <stdio.h>
```

```
main( )
{
  int a,b;
  int *pMax,*pMin,*pTmp;
  printf("请输入两个整数 a,b:");
  scanf("%d,%d",&a,&b);
  pMax=&a; pMin =&b;
  if(*pMax< *pMin)
  { pTmp=pMax; pMax= pMin; pMin =pTmp; }
  printf("\n a =%d,b=%d\n",a,b);
  printf("max=%d,min=%d\n",*pMax,*pMin);
  }
```

4．运行结果

编译、连接后运行程序，输入 5,12 后的运行结果如图 5-3 所示。

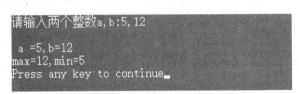

图 5-3　运行结果

5．归纳分析

（1）严格地说，指针是一个地址，是一个常量。而用来存放地址的指针变量却可以被赋予不同的指针值，是变量。但有时也会把指针变量简称为指针。为了避免混淆，本书约定："指针"指地址，是常量；"指针变量"指取值为地址的变量。定义指针变量的目的是通过指针变量去访问它所指向的内存单元。

（2）指针变量的定义包括 3 个内容：类型说明符、指针标识符和指针变量名。其中，类型说明符表示指针变量所指向数据的数据类型，指针标识符用 "*" 表示。其一般形式如下。

类型说明符 * 指针变量名;

例如，案例 5-2 中语句 "int *pMax,*pMin,*pTmp;" 就表示定义 3 个指针 pMax、pMin和 pTmp，它们的类型都是 int 型，也就是说它们可以指向其他 int 型的变量。

再如：

```
int *pI1;              /*pI1 是指向整型变量的指针变量*/
float *pF2;            /*pF2 是指向浮点型变量的指针变量*/
char *pCh3;            /*pCh3 是指向字符型变量的指针变量*/
```

应该注意的是，一个指针变量只能指向同类型的变量，如 pF2 只能指向浮点型变量，不能时而指向一个浮点型变量，时而指向一个字符型变量。

（3）在定义指针变量后要为其赋值，使其指向某个变量。赋值的方式有两种：一种是通过取地址运算符将变量的地址赋给指针变量，如语句 "pMax = &a;" 就是将变量 a 的地址赋给指针变量 pMax；另一种是把其他同类型的指针变量的值赋值过来，如语句 "pTmp = pMax;" 表示把 pMax 的值赋给 pTmp。此后，pMax、pTmp 指向同一个存储地址。

（4）当一个指针变量指向某变量时，指针变量的值和指针变量的内容是两个不同的含义。指针变量的值表示它所指向的变量的地址，而指针变量的内容则表示所指向的变量的值。例如，语句"pMax = &a;"执行后，pMax 的值就是变量 a 的存储地址，pMax 的内容就是变量 a 的值。

C 语言中，通过"*"指针运算符来获得指针变量的内容。因此，要获得 pMax 的内容，可以使用* pMax。案例 5-2 中的"*pMax <*pMin"语句就是判断 pMax 的内容是否小于 pMin 的内容。同样，程序最后的输出语句"printf("max=%d,min=%d\n",*pMax,*pMin);"表示输出 pMax 和 pMin 的内容（指向的变量）。

案例 5-2 执行时的内存存储示意如图 5-4 所示。

程序初始化时，系统为变量及指针变量分配内存空间，变量 a、b 的地址分别是 FFD2 和 FFD4，指针变量 pMax、pMin、pTmp 的地址分别是 FFD6、FFD8 和 FFDA，如图 5-4（a）所示。从键盘输入数据 3,6 后赋给变量 a、b，如图 5-4（b）所示。执行"pMax =&a; pMin =&b;"语句后，将变量 a 的地址（FFD2）赋给指针变量 pMax，将变量 b 的地址（FFD4）赋给指针变量 pMin，如图 5-4（c）所示。由于 pMax 指向的值（3）小于 pMin 指向的值（6），因此执行语句"pTmp= pMax; pMax = pMin; pMin =pTmp;"，将 pMax、pMin 指向的值互换，如图 5-4（d）所示。

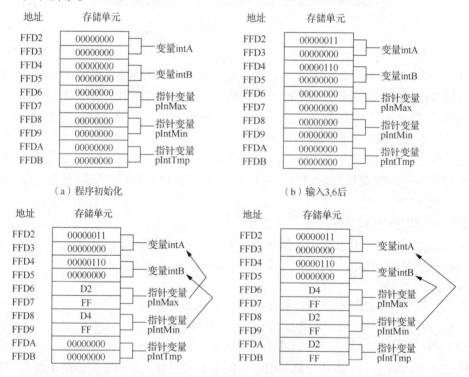

图 5-4　案例 5-2 执行时的内存存储示意

（5）ANSI 新标准增加了一种"void"指针类型，即可以定义一个指针变量，但不指定它是指向哪一种类型数据。

（6）当一个指针变量的值为 0（或记为 NULL）时，表示所指向的是空指针。

5.1.2 基础理论

1. 基本概念

变量的指针就是变量的地址。存放地址的变量是指针变量。在 C 语言中，允许用变量来存放指针，这种变量称为指针变量。因此，一个指针变量的值就是某变量的地址或称为某变量的指针。

（1）数据所占存储单元的第 1 字节的地址称为指针。

（2）用来存放数据存储首地址的变量称为指针变量，指针变量的类型决定了每次存取的字节数。

（3）指针变量的值就是它所指向的变量的地址。

（4）指针变量的内容表示它所指向的变量。

定义指针变量的一般形式如下。

类型说明符 *指针变量名；

为了表示指针变量和它所指向的变量之间的关系，在程序中用"*"符号表示"指向"。例如，pMax 代表指针变量，而* pMax 是 pMax 所指向的变量。

由于指针变量存储的是变量的地址，在进行指针移动和指针运算（加、减）时，一个指向整型的指针变量要移动一个位置意味着要移动 2 字节，一个指向实型的指针变量要移动一个位置就要移动 4 字节。

通过指针访问它所指向的变量是以间接访问的形式进行的，所以比直接访问变量要费时间，而且不直观。因为通过指针访问的是哪一个变量，取决于指针的值（即指向）。例如"*pMax <*pMin;"实际上就是"a<b;"，前者不仅速度慢而且目的不明。但由于指针变量是变量，我们可以通过改变它们的指向，动态地以间接形式访问不同的变量，这可给程序员带来灵活性，也可使程序代码的编写更简捷和有效。

我们要意识到：指针变量存放的是地址，因此所有使用地址标识的对象都可以由指针变量来指向。例如，数组、结构体、函数及指针变量本身等。

2. 指针变量的运算

指针变量可以进行某些运算，但运算的种类是有限的。它只能进行赋值运算和部分算术运算及关系运算。

（1）指针运算符。

① 取地址运算符&。取地址运算符&是单目运算符，其结合性为自右至左，功能是取变量的地址。在 scanf 函数及前面介绍指针变量赋值中，我们已经了解并使用了&运算符。

② 取内容运算符*。取内容运算符*是单目运算符，其结合性为自右至左，用来表示指针变量所指的变量。在*运算符之后跟的变量必须是指针变量。

需要注意的是，指针运算符"*"和指针变量说明中的指针说明符"*"不是一回事。在指针变量说明中，"*"是类型说明符，表示其后的变量是指针类型。而表达式中出现的"*"则是运算符，用以表示指针变量所指向的变量。

（2）指针变量的赋值运算。

① 通过取地址运算符将变量的地址赋给指针变量。例如：

```
int a,*pA;
pA=&a;                  /*把整型变量 a 的地址赋予整型指针变量 pA*/
```

② 把一个指针变量的值赋予同类型的另一个指针变量。例如：

```
int a,*pA=&a,*pB;
pB=pA;      /*把 a 的地址赋予指针变量 pB*/
```

由于 pA、pB 均为指向整型变量的指针变量，因此可以相互赋值。

③ 把数组的首地址赋予指向数组的指针变量。例如：

```
int arr[5],*pA;
pA=arr;
```

数组名表示数组的首地址，故可将其赋予指向数组的指针变量 pA。由于数组第一个元素的地址也是整个数组的首地址，因此，也可写为：

```
pA=&arr[0];
```

④ 把字符串的首地址赋予指向字符类型的指针变量。例如：

```
char *pCh;
pCh="C Language";
```

这里要说明的是，并不是把整个字符串装入指针变量，而是把存放该字符串的字符数组的首地址装入指针变量。后文还将详细介绍。

⑤ 把函数的入口地址赋予指向函数的指针变量。例如：

```
int (*pf) ( );
pf=f;                          /*f 为函数名*/
```

（3）可对指针变量通过加、减算术运算实现地址偏移。对于指向数组的指针变量，可以加上或减去一个整数 n，来实现地址偏移。设 pA 是指向数组 arr 的指针变量（即 pA 指向 arr[0]），则 pA+n 表示把指针指向的当前位置（指向某数组元素）向后移动 n 个位置（即指向 arr[n]）。指针变量的加、减运算只能对数组指针变量进行，对指向其他类型变量的指针变量进行加、减运算是毫无意义的。

注意事项如下。

① 不能把一个数字直接赋给指针变量。例如，下面的语句是错误的：

```
int *pI=2000;
```

② 程序中给指针变量赋值时，前面不要加上"*"说明符。例如下面的语句是错误的：

```
int a=1;
int *pI;
*pI=&a;
```

③ 取地址运算符&和取内容运算符*所对应的操作是互逆操作，同时出现时可以相互抵消。例如，&*p 就等同于 p。因为 p 是指针变量，*p 表示其指向的变量，&*p 表示其指向的变量的地址，也就是 p 的值。

5.1.3 技能训练

【实验 5-1】阅读下面的程序，然后思考问题。

```
/*EX5_3.CPP*/
#include <stdio.h>
```

```
main( )
{
    int a,b;
    int *pI1,*pI2;
    a=100;b=10;
    pI1=&a;
    pI2=&b;
    printf("%d,%d\n",a,b);
    printf("%d,%d\n",*pI1,*pI2);
}
```

问题一：程序中有两处出现*pI1 和*pI2，请区分它们的不同含义。

问题二：程序中的"pI1=&a;"和"pI2=&b;"能否写成"*pI1=&a;"和"*pI2=&b;"？

问题三：如果已经执行了"pI1=&a;"语句，那么"&*pI1"的含义是什么？

问题四：*&a 的含义是什么？

指 导

问题一：在"int *pI1,*pI2;"语句中，*是指针说明符，表示定义指针变量 pI1 和 pI2。在"printf("%d,%d\n",*pI1,*pI2);"语句中，*是取内容运算符，*pI1 表示获得指针 pI1 所指向的变量的值，*pI2 表示获得指针 pI2 所指向的变量的值。

问题二：不能。因为*pI1 表示指针变量 pI1 指向的变量，它的类型是 int 型，而&a 表示变量 a 的地址，不能把地址赋给 int 型变量。

问题三：&*pI1 可以写为&(*pI1)，即取指针变量 pI1 指向变量的地址，等同于 pI1。

问题四：*&a 可以写为*(&a)，&a 表示取变量 a 的地址，*(&a)表示取该地址中变量的值，等同于 a。

程序运行结果如图 5-5 所示。

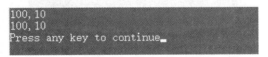

```
100, 10
100, 10
Press any key to continue
```

图 5-5 实验 5-1 运行结果

【实验 5-2】 执行以下程序，写出运行结果。

```
/*EX5_4.CPP*/
#include <stdio.h>
main( )
{
    int a,b,k,m,*pI1=&k,*pI2=&m;
    k=4;
m=6;
    a=pI1==&m;
    b=(*pI1)/(*pI2)+7;
    printf("a =%d\n",a);
    printf("b =%d\n",b);
}
```

指 导

程序执行完"int a,b,k,m,*pI1=&k,*pI2=&m;"语句后，为变量 a、b、k、m 和指针变量

pI1、pI2 分配内存空间，使 pI1 指向 k、pI2 指向 m。内存存储示意如图 5-6 所示。

　　语句 "a=pI1==&m;" 可以写为 "a=(pI1==&m);"，即取出变量 m 的地址与 pI1 比较是否相等（也就是判断 pI1 是否指向变量 m），将比较结果（0 或 1）赋给变量 a。由于 pI1 指向的是变量 k 而不是变量 m，因此，a 的值为 0。

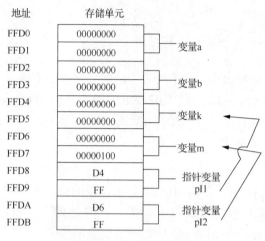

图 5-6　内存存储示意

　　语句 "b=(*pI1)/(*pI2)+7;" 表示将指针变量 pI1 指向的变量除以 pI2 指向的变量后与 7 求和，结果存入变量 b。该语句等同于 "b=k/m+7;"，因此，b 的值为 7。输出结果如图 5-7 所示。

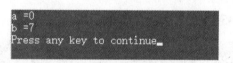

图 5-7　实验 5-2 运行结果

5.1.4　拓展与练习

【练习 5-1】以下程序中，调用 scanf 函数给变量 a 赋值的方法是错误的，其错误原因是什么？如何改正？

```
#include <stdio.h>
main( )
{
  int *pI,a,b;
  pI=&a;
  printf("input a:");
  scanf("%d",*pI);
  ...
}
```

【练习 5-2】已有定义 "int k=2;int *pI1,*pI2;" 且 pI1 和 pI2 均已指向变量 k，下面不能正确执行的赋值语句是_____。

　　A. k=*pI1+*pI2;　　　B. pI2=k;　　　C. pI1=pI2;　　　D. k=*pI1*(*pI2);

【练习 5-3】若有语句"int * pI, a=4;"和"pI=&a;",下面均代表地址的一组选项是＿＿＿＿。

A. a、pI、*&a

B. &*a、&a、*pI

C. &pI、*pI、&a

D. &a、&*pI、pI

5.1.5 编程规范与常见错误

1. 编程规范

（1）定义指针变量时，*既可以紧接类型，也可以在变量名之前。例如 int* pnsize; 或 int *pnsize;，但不要写成 int * pnSize;。建议采用第二种形式。

（2）指针变量名必须具有一定的实际意义，形式为 pxAbcFgh。p 表示指针变量，x 表示指针变量类型，Abc、Fgh 表示连续、有意义的字符串，如 "int *pISize;" 中，p 表示指针变量，I 表示该指针变量可以指向整型数据，Size 表示该指针变量的含义。

（3）一般一次只声明一个变量和指针变量，否则容易让人混淆。例如 "int* pI, b;"，看起来 b 好像也是指针，其实不是。

2. 常见错误

（1）使用未初始化的指针。指针是 C 语言中的一个重要概念，也是比较难掌握的一个概念。C 语言中，指针变量是用于存放变量地址的。指针变量是 C 语言中一种特殊类型的变量。指针变量定义后应确定其指向。在没有确定指针的具体指向前，指针变量的内容是随机的地址，盲目地引用将十分危险。

（2）指针变量所指向的变量类型与其定义的类型不符。定义指针变量的一般格式如下。

类型说明符 *指针变量名;

其中，类型说明符规定的是指针变量所指向的变量的类型。C 语言规定一个指针变量只能指向同一个类型的变量。

（3）对指针变量错误赋值。指针变量的值是某个数据对象的地址，只允许取正的整数值。然而，千万不能将它与整数类型变量相混淆。为指针变量赋值时，在赋值号右边的应是变量地址，且是所指变量的地址。

任务 **2** 指针与数组

学习目标

（一）素质目标

（1）具有良好的逻辑思维能力。

（2）培养良好的职场工作态度、持续学习的意识、不断进取的上进精神。

（二）知识目标

（1）掌握用指针变量访问数组的方法，领会用指针变量处理字符串的方法。

（2）了解指针数组、多级指针等概念。

（三）能力目标

（1）能运用指针变量优化程序代码。

（2）能运用高级语言进行程序设计。

5.2.1 案例讲解

案 例 5-3 用指向一维数组的指针变量求解某天是星期几

1. 问题描述

求解某天是星期几。已知 2010 年 1 月至 12 月的星期因子分别是 4、0、0、3、5、1、3、6、2、4、0、2，通过 2010 年的日期与相应星期因子计算后可以得到某天是星期几。计算方法如下：w=(*(pM+m-1)+d)%7。其中 w 表示星期数：0 表示星期天、1 表示星期一，以此类推；m 表示月份，*(pM+m-1) 表示该月的星期因子；d 表示 m 月的第几天。例如，要知道 2010 年 4 月 5 日是星期几，只要将 4 月的星期因子 3 加上 5，再与 7 取模，得 1，表示该天是星期一。要求编写 C 程序，从键盘输入 2010 年的月份和日期，输出星期几。

2. 编程分析

对于 12 个月的星期因子，我们可以存放在一个一维数组中，然后根据用户输入的月份到数组中取出相应的星期因子进行计算。

在 C 语言中，指针和数组之间的关系非常密切。如果使用数组索引形式访问数组元素，每次都要进行地址计算。例如，要访问 arr[3]，就要通过 arr 数组地址加上 3 个数组元素所占内存大小来计算得到 arr[3] 的地址，才能访问。因此，可以考虑使用指针变量来提高数组访问效率和程序灵活性。程序描述如下。

```
main( )
{
  定义数组保存 12 个月的星期因子
  定义指针变量，并使指针变量指向数组
  从键盘输入月份和日期，分别存入变量 m 和 d
  通过公式 w=(*(pM+m-1)+d)%7 计算星期数
}
```

3. 编写源程序

```
/*文件名:EX5_5.CPP
根据星期因子计算 2010 年某天的星期数,
程序暂不考虑用户输入日期的有效性*/
#include <stdio.h >
main( )
{
  int mSet[12]={4,0,0,3,5,1,3,6,2,4,0,2};
  int m=0,d=0,w=0;
  int *pM=mSet;
  printf("请输入月份1-12:");
  scanf("%d",&m);
  printf("\n 请输入日期1-31:");
  scanf("%d",&d);
  printf("\n");
  w=(*(pM+m-1)+d)%7;
  if(w==0)
    printf("星期天\n");
```

```
else
  printf("星期%d\n",w);
}
```

4. 运行结果

程序运行结果如图 5-8 所示。

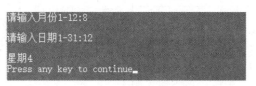

图 5-8 运行结果

5. 归纳分析

（1）一个数组是由连续的内存单元组成的。一个数组包含若干元素，每个数组元素都在内存中占用存储单元，它们都有相应的地址。所谓数组的指针，是指数组的起始地址，数组元素的指针是数组元素的地址。数组名就是这块连续内存单元的首地址。案例 5-3 中，数组 mSet[12] 拥有 12 个 int 型的元素，它们在内存中的存储如图 5-9 所示。从图中我们可以看出数组的地址就是数组第一个元素的地址，也是数组名 mSet 所标识的地址。数组中每个元素依次存放。

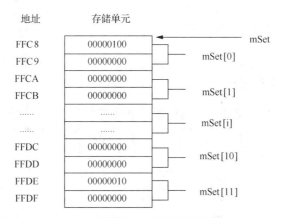

图 5-9 案例 5-3 中数组存储示意

（2）定义一个指向数组元素的指针变量的方法，与定义以前介绍的指针变量相同。例如：

```
int mSet[12];              /*定义 mSet 为包含 12 个整型数据的数组*/
int *pM;                   /*定义 pM 为指向整型变量的指针变量*/
```

应当注意，因为数组为 int 型，所以指针变量也应为指向 int 型的指针变量。下面是对指针变量赋值：

```
pM = mSet;
```

表示把数组 mSet 的地址赋给指针变量 pM。或者：

```
pM =& mSet[0];
```

表示把元素 mSet [0] 的地址赋给指针变量 pM。

在执行 "int *pM=mSet;" 语句后，内存结构如图 5-10 所示。

169

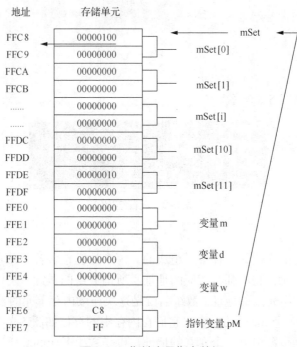

地址　　　存储单元

地址	存储单元	
FFC8	00000100	mSet / mSet[0]
FFC9	00000000	
FFCA	00000000	mSet[1]
FFCB	00000000	
……	00000000	mSet[i]
……	00000000	
FFDC	00000000	mSet[10]
FFDD	00000000	
FFDE	00000010	mSet[11]
FFDF	00000000	
FFE0	00000000	变量 m
FFE1	00000000	
FFE2	00000000	变量 d
FFE3	00000000	
FFE4	00000000	变量 w
FFE5	00000000	
FFE6	C8	指针变量 pM
FFE7	FF	

图 5-10　指针变量指向数组

（3）语句 "w = (*(pM + m-1) + d) % 7;" 中，*(pM + m-1)表示将指针 pM 下移 m-1 个元素（因为索引从 0 开始）后取出地址中的内容。*(pM + m-1)的效果等同于 mSet[m-1]。

当指针变量 pM 指向数组 mSet 时，其指针表示形式与索引表示形式有表 5-1 所示的对应关系。

表 5-1　指针表示形式与索引表示形式对应关系

指针表示形式	索引表示形式
pM	mSet
pM	&mSet [0]
pM +n	&mSet [n]
*pM	mSet [0]
*(pM +n)	mSet [n]

案 例 5-4　用指针变量实现一维数组的元素输出

1. 问题描述

要求使用指针变量实现将键盘输入的一维数组的元素输出。

2. 编程分析

定义数组后，用一个指针变量指向数组首元素，然后通过循环接收键盘的输入，并将其存放在指针变量表示的地址中，每次循环指针变量指向下一个数组元素的地址。待输入完成后，再利用指针变量循环输出数组元素。程序描述如下：

```
main( )
{
  定义数组及计数器
  定义指针变量，并使指针变量指向数组
  通过计数器控制循环：
    输入数据到指针变量
    指向下一个数组元素
  恢复指针变量使其重新指向数组
  通过计数器控制循环：
    输出指针变量指向的元素
    指向下一个数组元素
}
```

3．编写源程序

```
/*文件名:EX5_6.CPP*/
#include <stdio.h>
main( )
{
  int arr[10],in;
  int *pI=arr;
  printf("请输入 10 个整数：\n");
  for(in=0; in <10; in ++)    scanf("%d",pI++);
  printf("输出：\n");
  pI=arr;
  for(in =0; in <10; in ++)    printf("%2d",*pI++);
  printf("\n");
}
```

4．运行结果

程序运行结果如图 5-11 所示。

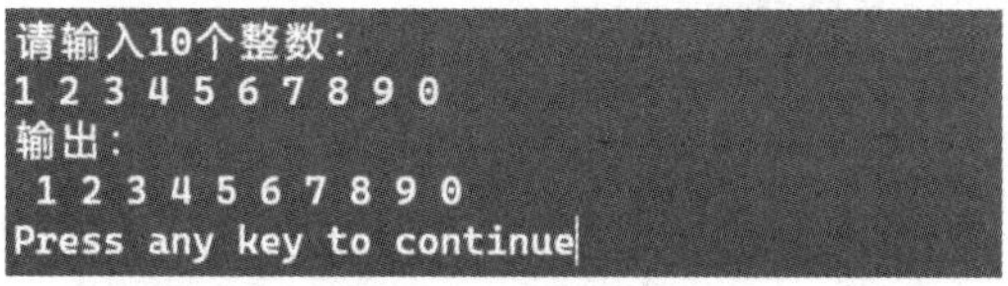

```
请输入10个整数：
1 2 3 4 5 6 7 8 9 0
输出：
 1 2 3 4 5 6 7 8 9 0
Press any key to continue
```

图 5-11 运行结果

5．归纳分析

（1）由于 pI 是指针变量，本身就表示地址，因此在使用 scanf 函数输入时可以直接使用。例如 "scanf("%d",pI);"。案例 5-4 中采用了 "scanf("%d",pI++);" 语句，表示将输入的数据存入 pI 表示的地址中，然后将 pI 指向下一个数组元素。

在这里，"scanf("%d",pI++);" 语句也可以用 "scanf("%d",&arr[i]);" 来代替。

（2）使用指针变量时要注意它的当前值。例如，通过 "scanf("%d",pI++);" 语句循环为数组赋值后，pI 已经超出了数组的存储范围，因此再次使用 pI 输出数组元素时，需要再次执行 "pI=arr;"，使其重新指向数组首地址。

171

案 例 5-5 用指向二维数组的指针变量求解某天是星期几

1. 问题描述

如果已知 2010—2015 年的星期因子（见表 5-2），同样可以利用公式 w=(mSet [year-2010][m-1]＋d)％7 求解某天是星期几。请编程实现。

表 5-2 2010—2015 年的星期因子

年份	月份											
	1月	2月	3月	4月	5月	6月	7月	8月	9月	10月	11月	12月
2010	4	0	0	3	5	1	3	6	2	4	0	2
2011	5	1	1	4	6	2	4	0	3	5	1	3
2012	6	2	3	6	1	4	6	2	5	0	3	5
2013	1	4	4	0	2	5	0	3	6	1	4	6
2014	2	5	5	1	3	6	1	4	0	2	5	0
2015	3	6	6	2	4	0	2	5	1	3	6	1

2. 编程分析

在案例 5-3 中，对于 2010—2015 年的星期因子，我们使用了一维数组来存储。在本例中，我们可以使用二维数组来表示数据：每年的星期因子占一行，每行 12 列，共 6 行。这样，我们可以在程序中定义一个 6 行 12 列的数组 mSet[6][12]，对其初始化后，由用户输入年份数据转入相应行查找对应的星期因子，进行计算。程序描述如下。

```
main( )
{
  定义数组 mSet[6][12]，保存 2010—2015 年的星期因子
  定义指针变量 pM
  从键盘输入年份、月份和日期，分别存入变量 year、m 和 d
  根据 year-2010 的值来定位 mSet 数组的行号
  通过公式 w=(星期因子+d)％7 计算星期数
}
```

3. 编写源程序

```
/*文件名:EX5_7.CPP
根据星期因子计算 2010—2015 年某天的星期数，
程序暂不考虑用户输入日期的有效性*/
#include <stdio.h>
main( )
{
  int mSet[6][12]={{4,0,0,3,5,1,3,6,2,4,0,2},/*2010 年星期因子*/
                   {5,1,1,4,6,2,4,0,3,5,1,3},/*2011 年星期因子*/
                   {6,2,3,6,1,4,6,2,5,0,3,5},/*2012 年星期因子*/
                   {1,4,4,0,2,5,0,3,6,1,4,6},/*2013 年星期因子*/
                   {2,5,5,1,3,6,1,4,0,2,5,0},/*2014 年星期因子*/
                   {3,6,6,2,4,0,2,5,1,3,6,1}};/*2015 年星期因子*/
```

```
int year=0,m=0,d=0,w=0;
int *pM;
printf("请输入年份2010-2015:");
scanf("%d",&year);
printf("请输入月份1-12:");
scanf("%d",&m);
printf("\n 请输入日期1-31:");
scanf("%d",&d);
printf("\n");
pM=*(mSet + year -2010);
w = (*(pM + m -1) +d ) % 7;
if(w==0)
  printf("星期天\n");
else
  printf("星期%d\n ",w);
}
```

4．运行结果

程序运行结果如图 5-12 所示。

5．归纳分析

（1）C 语言把二维数组看作一维数组的集
合，即二维数组是特殊的一维数组——它的每个
元素也是一个一维数组。因此，数组 mSet 可分解

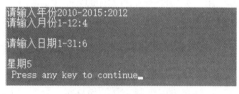

图 5-12　运行结果

为 6 个一维数组，即 mSet [0]、mSet [1]、……、mSet [5]。每个一维数组又含有 12 个元素，
即 mSet [0][0]、……、mSet [0][11]，mSet [1][0]、……、mSet [1][11]等。因此，语句中"int
*pM=mSet[0];"语句表示指针变量 pM 指向数组的第 1 行。

（2）图 5-13 所示为该程序运行时数组 mSet 的存储示意，从图中我们可以看出：数组的
名字表示数组 mSet 的首地址，如果对其加 1，则表示它的下一个元素地址，也就是 mSet[1]，
即二维数组的第 2 行。程序中"pM=*(mSet + year -2010);"语句将用户输入的年份减去 2010
得到偏移量，然后将数组 mSet 的首地址加上偏移量，使指针变量 pM 指向相应的行数组。例
如，用户输入 2012 作为年份，2012 减去 2010 得 2，pM 加上 2 表示第 3 行，因此 pM =mSet [2]。

mSet		[0]	[1]	[2]	[3]	[4]	[5]	[6]	[7]	[8]	[9]	[10]	[11]
	mSet[0] →	FF48	FF4A	FF4C	FF4E	FF50	FF52	FF54	FF56	FF58	FF5A	FF5C	FF5E
	mSet[1] →	FF60	FF62	FF64	FF66	FF68	FF6A	FF6C	FF6E	FF70	FF72	FF74	FF76
	mSet[2] →	FF78	FF7A	FF7C	FF7E	FF80	FF82	FF84	FF86	FF88	FF8A	FF8C	FF8E
	mSet[3] →	FF90	FF92	FF94	FF96	FF98	FF9A	FF9C	FF9E	FFA0	FFA2	FFA4	FFA6
	mSet[4] →	FFA8	FFAA	FFAC	FFAE	FFB0	FFB2	FFB4	FFB6	FFB8	FFBA	FFBC	FFBE
	mSet[5] →	FFC0	FFC2	FFC4	FFC6	FFC8	FFCA	FFCC	FFCE	FFD0	FFD2	FFD4	FFD6

图 5-13　数组 mSet 的存储示意

（3）对于二维数组 mSet 的某一行，mSet[i]就是它所表示的一维数组的数组名，也就
是这行一维数组的首地址，如图 5-13 所示。如果对其加 1，则表示这个一维数组的下一个

元素地址，也就是 mSet[i][1]。语句 "w = (*(pM + m -1) +d) % 7;" 将用户输入的月份减去 1 得到星期因子的偏移量，然后与 pM 相加，得到相应元素的地址，通过 "*" 取出该地址的数据后进行计算。例如，当用户输入 2012 作为年份、2 作为月份时，由前面的描述可知 pM =mSet [2]，pM+2-1 得到 mSet[2][1]元素的地址。因此，*(pM+2-1)得到的就是数组 mSet[2][1]元素的值 2。

案 例 5-6 用指向多维数组的指针变量求解某天是星期几

1. 问题描述

在 C 语言里，有一种指针变量是专门用来指向多维数组的。请使用这种指针变量来实现案例 5-5。

2. 编程分析

我们可以通过 "类型说明符（*指针变量名）[指向的一维数组的个数]" 的形式来定义一个指向二维数组的指针变量。这样，在对指针变量进行加、减操作时，指针将在二维数组的行上移动。程序描述如下。

```
main( )
{
    定义数组 mSet [6][12]，保存 2010—2015 年的星期因子
    定义指向二维数组的指针变量 pM
    从键盘输入年份、月份和日期，分别存入变量 year、m 和 d
    根据 year 移动 pM
    通过公式 w=(星期因子+d)%7 计算星期数
}
```

3. 编写源程序

```
/*文件名:EX5_8.CPP
通过指向二维数组的指针变量实现根据星期因子计算 2010—2015 年某天的星期数，
程序暂不考虑用户输入日期的有效性*/
#include <stdio.h>
main( )
{
  int mSet[6][12]={{4,0,0,3,5,1,3,6,2,4,0,2},/*2010 年星期因子*/
                   {5,1,1,4,6,2,4,0,3,5,1,3},/*2011 年星期因子*/
                   {6,2,3,6,1,4,6,2,5,0,3,5},/*2012 年星期因子*/
                   {1,4,4,0,2,5,0,3,6,1,4,6},/*2013 年星期因子*/
                   {2,5,5,1,3,6,1,4,0,2,5,0},/*2014 年星期因子*/
                   {3,6,6,2,4,0,2,5,1,3,6,1}};/*2015 年星期因子*/
  int year=0,m=0,d=1,w=0;
  int (*pM)[12];                    /*定义指向二维数组的指针变量*/
  pM=mSet;
  printf("请输入年份2010-2015:");
  scanf("%d",&year);
  printf("请输入月份1-12:");
```

174

```
scanf("%d",&m);
printf("\n 请输入日期1-31:");
scanf("%d",&d);
printf("\n");
pM += year -2010;
w =(*(*pM + m -1) +d ) % 7;
if(w==0)
  printf("星期天\n");
else
  printf("星期%d\n ",w);
}
```

4. 运行结果

程序运行结果如图 5-14 所示。

5. 归纳分析

（1）指向二维数组的指针变量的定义方法如下。

图 5-14　运行结果

类型说明符 （ *指针变量名）[指向的一维数组的个数]；

程序中通过"int (*pM)[12];"语句定义了一个指向二维数组的指针变量 pM，这个二维数组每行拥有 12 列数据。

（2）语句"pM=mSet;"使指针变量 pM 指向二维数组 mSet 的首行。以后对 pM 加 1 就是下移一行，减 1 就是上移一行。

（3）如果要访问指针变量所指向的一维数组的内容，要先用"*指针变量名"得到该行的首地址，然后加、减偏移量得到元素所在地址，最后再通过"*"取出内容。因此，语句一般类似于"*(*指针变量名 ± 偏移量)"。例如，程序中的"*(*pM + m -1)"。

案 例 5-7　用指针数组求解某天是星期几

1. 问题描述

指针变量也是一种数据类型。因此，可以将一组同一类型的指针变量放在一起定义为数组，这种由指针变量构成的数组称为指针数组。请使用指针数组实现案例 5-6。

2. 编程分析

通过前面的描述，我们知道二维数组是由一组一维数组组成的，每个一维数组都有其首地址，也就是二维数组每行的行地址。因此，我们可以定义一个指针数组来分别指向二维数组中的行地址，实现对数组元素的访问。程序描述如下。

```
main( )
{
  定义数组 mSet[6][12]，保存 2010—2015 年的星期因子
  定义指针数组的变量 mSetRow
  将 mSet 每行的行地址赋给指针数组 mSetRow 的元素
  从键盘输入年份、月份和日期，分别存入变量 year、m 和 d
  根据 year 获得 mSetRow 中对应行的地址
  通过公式 w=(星期因子+d)%7 计算星期数
}
```

3. 编写源程序

```
/*文件名:EX5_9.CPP
通过指针数组实现根据星期因子计算2010—2015年某天的星期数,
程序暂不考虑用户输入日期的有效性*/
#include <stdio.h>
main( )
{
  int mSet[6][12]={{4,0,0,3,5,1,3,6,2,4,0,2},/*2010年星期因子*/
                    {5,1,1,4,6,2,4,0,3,5,1,3},/*2011年星期因子*/
                    {6,2,3,6,1,4,6,2,5,0,3,5},/*2012年星期因子*/
                    {1,4,4,0,2,5,0,3,6,1,4,6},/*2013年星期因子*/
                    {2,5,5,1,3,6,1,4,0,2,5,0},/*2014年星期因子*/
                    {3,6,6,2,4,0,2,5,1,3,6,1}};/*2015年星期因子*/
  int year=2012,m=2,d=1,w=0,i;
  int *mSetRow[6];
  for(i=0;i<6;i++)    mSetRow[i]=mSet[i];
  printf("请输入年份2010-2015:");
  scanf("%d",&year);
  printf("请输入月份1-12:");
  scanf("%d",&m);
  printf("\n请输入日期1-31:");
  scanf("%d",&d);
  printf("\n");
  w =(*(mSetRow[year-2010] + m -1) +d ) % 7;
  if(w==0)
    printf("星期天\n");
  else
    printf("星期%d\n ",w);
}
```

4. 运行结果

程序运行结果如图 5-15 所示。

5. 归纳分析

（1）指针数组是一组有序的指针变量的集合。指针数组的所有元素都必须是具有相同存储类型和指向相同数据类型的指针变量。定义指针数组的一般形式如下。

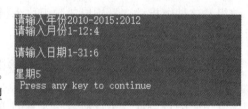

图 5-15　运行结果

类型说明符 *数组名[数组长度];

其中，类型说明符为 mSetRow 数值元素所指向的变量的类型。例如：

`int *mSetRow[6];`

表示 mSetRow 是一个指针数组，它有 6 个数组元素，每个元素值都是一个指针，指向整型变量。

（2）应该注意指针数组和二维数组指针变量的区别。这两者虽然都可用来表示二维数组，但是其表示方法和意义是不同的。

二维数组指针变量是单个变量，其一般形式中"(*指针变量名)"两边的括号不可少。而指针数组类型表示的是多个指针变量（一组有序指针变量），在一般形式中"*数组名"两边不能有括号。例如"int (*p)[3];"表示一个指向二维数组的指针变量。该二维数组的列数为 3，或者说分解为一维数组的长度为 3。"int *p[3];"表示 p 是一个指针数组，有 3 个索引变量 p[0]、p[1]、p[2]，且均为指针变量。

（3）指针数组也常用来表示一组字符串，这时指针数组的每个元素被赋予一个字符串的首地址。指向字符串的指针数组的初始化更为简单。例如：

```
char *charNames[ ]={"Illegal day","Monday","Tuesday","Wednesday","Thursday",
"Friday","Saturday","Sunday"};
```

完成这个初始化赋值之后，charNames[0]指向字符串"Illegal day"，charNames[1]指向"Monday"……

 案 例 5-8 用指针变量实现密码的字符替换

微课 44

用指针变量实现
密码的字符替换

1. 问题描述

用户在输入用户名和密码时，如果输入一些特殊符号可能会影响系统安全。因此，需要将用户输入的用户名和密码进行字符替换，将危险字符替换掉。请编写程序，实现将字符串中的'全部替换为字母 A。

2. 编程分析

C 语言中，字符串是通过一维字符数组来存储的，它的结束符为'\0'。因此我们可以使用指针变量指向字符串（一维字符数组），循环检测每个字符直到结束（等于'\0'）。程序描述如下。

```
main( )
{
 用户输入字符串存入字符数组 strArr
 定义指向字符的指针变量 pStr，并使 pStr 指向数组 strArr
 如果 pStr 的内容不等于'\0'，则做循环：
    如果 pStr 的内容等于'\''，则将替换为 A
    pStr 下移一个元素
 输出替换后的字符串
}
```

3. 编写源程序

```
/*文件名:EX5_10.CPP
将字符串中的'全部替换为字母A*/
#include <stdio.h>
main( )
{
 char strArr[20];
 char *pStr=strArr;
 puts("请输入字符串:");
 gets(strArr);
```

```
while(*pStr!='\0')
{
  if(*pStr=='\'')  *pStr='A';
  pStr++;
}
puts(strArr);
}
```

4．运行结果

程序运行结果如图 5-16 所示。

5．归纳分析

（1）C 语言中，字符串是通过一维字符数组来存储的，它的结束符为'\0'。因此，对字符串中字符的引用也可以用指针来表示。

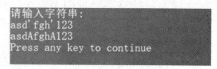
请输入字符串:
asd'fgh'123
asdAfghA123
Press any key to continue

图 5-16　运行结果

（2）如果定义字符串时采用"char *strArr="hello"";语句，虽然没有显式地定义字符数组，但实际上还是在内存中开辟了一个连续区域存放字符串。

（3）虽然字符串是通过一维字符数组来存储的，但是定义时不能写为：

```
char strArr[20];
strArr={"C Language"};
```

而只能对字符数组的各元素逐个赋值。由此也可以看出使用指针变量更加方便。

案　例　5-9　用 main 函数的参数实现密码的字符替换

1．问题描述

C 语言规定 main 函数的参数只能有两个，习惯上将这两个参数写为 argc 和 argv。请使用 main 函数的参数实现案例 5-8 的功能。

2．编程分析

C 语言规定 argc 必须是整型变量，argv 必须是指向字符串的指针数组。加上形参说明后，main 函数的函数头应写为：

```
main (int argc,char *argv[ ])
```

main 函数的参数值是从操作系统（以 Windows 为例）命令提示符窗口获得的。当我们要运行一个可执行文件时，在命令提示符窗口中输入文件名，再输入实参，即可把这些实参传送到 main 的形参中去。

命令提示符窗口中命令行的一般形式如下。

```
C:\>可执行文件名　参数1　参数2…
```

程序执行时，会将实参作为字符串按次序传递给 argv 指针数组，将字符串的个数传递给 argc。因此，程序可以描述如下。

```
main( )
{
  定义指向字符的指针变量 pStr
  检测命令行参数是否存在
  使 pStr 指向命令行参数
```

如果 pStr 的内容不等于'\0', 则做循环:

　如果 pStr 的内容等于'\'', 则将'替换为 A

　pStr 下移一个元素

输出替换后的字符串

}

3. 编写源程序

```
/*文件名:EX5_11.CPP
使用 main 参数实现将字符串中的'全部替换为字母 A*/
#include <stdio.h>
main(int argc,char *argv[ ])
{
  char *pStr;
  if(argc!=2)
    printf("请输入命令行参数!\n");
  else
  {
    pStr=argv[1];
    while(*pStr!='\0')
    {
      if(*pStr=='\'')   *pStr='A';
      pStr++;
    }
    printf("%s\n",argv[1]);
  }
}
```

4. 程序运行方法

（1）在 Visual C++环境中右击项目名，选择"设置"，如图 5-17 所示。

（2）在弹出的对话框中选择"调试"，在"程序变量"中输入命令行参数，如"asd'fgh'123"，单击"确定"按钮，如图 5-18 所示。

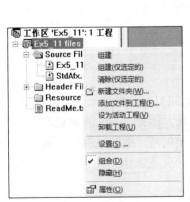

图 5-17　步骤一

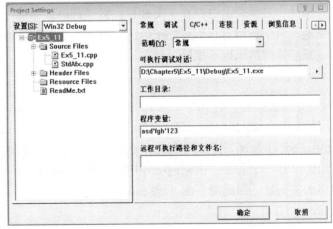

图 5-18　步骤二

（3）运行结果如图 5-19 所示。

```
asdAfghA123
Press any key to continue
```

图 5-19　运行结果

5.　归纳分析

运行程序时，argc 等于 2，argv[0]指向字符串"D:\Chapter5\EX5_11\Debug\EX5_11.exe"，argv[1] 指向字符串"asd'fgh'123"。

5.2.2　基础理论

微课 45

通过指针变量
访问一维数组
元素补充练习题

1.　通过指针变量访问一维数组元素

一维数组的数组名表示该数组的首地址，它是一个常量。如果在其基础上加上一个正偏移量 i，就表示向下第 i 个元素的地址。因此，在程序中定义一个指针变量使其指向数组首地址，然后对该指针变量进行加、减运算，使其指向需要的数组元素，进行读写访问。根据以上叙述，访问数组元素可以用以下两种方法。

（1）索引法，即用 arr[n]形式访问数组元素。在前面介绍数组时均采用这种方法。

（2）指针法，即采用*(pI+n)形式，用间接访问的方法来访问数组元素，其中 pI 是指向数组的指针变量，其初值 pI=arr。

定义指向数组元素的指针变量形式与定义指向变量的指针变量相同。例如：

```
int arr[10];
int *pI;
pI=arr;  /* 或 pI=&arr[0];*/
```

这里应当注意，指向数组元素的指针变量的类型必须和数组类型保持一致。其中，pI 和 arr 有相同作用，只是 arr 是常量，pI 是变量。执行 pI=arr 后，pI+n 和 arr+n 就是 arr[n]的地址，*(pI+n)或*(arr+n)都表示指向 arr[n]。

2.　使用指针变量访问二维数组

二维数组是若干个相同大小的一维数组的集合。二维数组的每一行都表示一个一维数组。因此，二维数组中存在 3 类地址：数组首地址 arr、行地址 arr[i]和元素地址&arr[i][j]。特别地，对于数组首行地址 arr[0]，它的值与数组首地址相同，但含义不同，对它们进行加、减运算的结果也不相同。例如：

```
int arr[3][4];
int *pI1=arr+1;
int *pI2=arr [0]+1;
```

执行后，pI1 指向数组第 arr[1]行，而 pI2 指向元素 arr[0][1]。因为对 arr 来说，它是由 arr[0]、arr[1]、arr[2]这 3 个行地址组成的一维数组的首地址，因此 arr+1 表示在这个一维数组中下移一个元素：由指向 arr[0]变为指向 arr[1]。而 arr[0]是二维数组首行指向的一维数组的首地址，因此对它加 1 表示在这个行组中下移一个元素：由指向 arr[0][0]变为指向 arr[0][1]。

3.　指向多维数组的指针变量

在 C 语言里，有一种指针变量是专门用来指向多维数组的。我们可以通过"类型说明

符 (*指针变量名)[指向的一维数组的个数]"的形式来定义一个指向二维数组的指针变量。这样，在对指针变量进行加、减操作时，指针将在二维数组的行上移动。

4. 指针数组

数组元素是同一类型指针变量的数组称为指针数组。与二维字符数组相比，指针数组处理多个字符串时更方便。如果使用二维字符数组处理多个字符串，由于数组的列数是相同的，因此会造成存储空间的浪费，而用指针数组就不存在这样的问题。多字符串表示形式比较如图 5-20 所示。

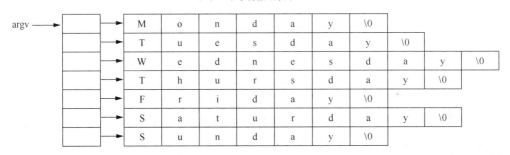

图 5-20 多字符串表示形式比较

学习时要注意"指向多维数组的指针变量"和"指针数组"的差别："指向多维数组的指针变量"是指针变量，它能够指向数组；而"指针数组"是数组，它的元素是某一种类型的指针变量。因此，它们在定义、使用上都不一样。

5. 使用指针变量处理字符串

字符串在内存中是以字符数组的形式存储的，因此，所有对数组适用的技术都可以应用到字符串上。使用时要注意以下两点。

（1）字符串可以看作字符数组，因此，使用指针变量处理字符串的时候，指针变量的类型要定义为 char 型。

（2）字符串以'\0'结尾。因此，可以通过当前指针变量的内容是否等于'\0'，来判断字符串是否结束。

6. main 函数的参数

main 函数的参数值是从操作系统命令提示符窗口中获得的。它的参数有两个：整型的

argc 和指针数组 argv。argc 记录了 argv 数组的元素个数，argv 以指向字符串的指针数组形式保存了命令提示符窗口中输入的文件名和参数列表。在输入命令时，文件名、参数列表都以空格作为分隔符。argv[0]指向文件名，argv[1]～argv[argc-1]分别指向参数 1～n。

7. 指向指针的指针变量

由于指针变量也有地址，因此它也可以被其他指针变量指向。如果一个指针变量存放的是另一个指针变量的地址，则称这个指针变量为指向指针的指针变量。定义一个指向指针的指针变量的语法如下。

类型说明符 **指针变量名;

前文已经介绍过，通过指针访问变量称为间接访问。由于指针变量直接指向变量，所以称为单级间址。而如果通过指向指针的指针变量来访问变量，则构成二级间址。例如：

```
int a=4;
int *pI =&a;
int **ppI =&pI;
```

其中，pI 是一个指向整型变量 a 的指针变量，ppI 是一个指向指针变量 pI 的指针变量，如图 5-21 所示。

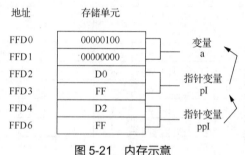

图 5-21　内存示意

5.2.3　技能训练

【实验 5-3】下面的程序是用索引法输出数组的元素，分别根据要求完成编程。

（1）通过数组名计算元素的地址，输出数组的元素。

（2）用指针变量指向元素的方法，输出数组的元素。

```
/*文件名:EX5_12.CPP*/
#include <stdio.h>
main( )
{
  int arr [10],in;
  for(in=0; in<10; in++)
     arr[in]= in;
  for(in=0; in <10; in++)
     printf("arr[%d]=%d\n",in,arr[in]);
}
```

指　导

问题一：数组名是数组首元素的地址，因此定义一个整型变量 in，它的取值范围是从 0 到数组长度减 1。"数组名+0"表示第 0 个元素的地址，"数组名+1"表示第 1 个元素的地址，以此类推。相应元素的值可以通过*(数组名+ in)获得。程序如下：

```
/*文件名:EX5_13.CPP*/
#include <stdio.h>
main( )
{
  int arr [10],in;
  for(in=0; in<10; in++)
    *(arr+in)=in;
  for(in=0; in <10; in++)
    printf("arr[%d]=%d\n",in,*(arr+in));
}
```

使用数组地址的运行结果如图 5-22 所示。

```
arr[0]=0
arr[1]=1
arr[2]=2
arr[3]=3
arr[4]=4
arr[5]=5
arr[6]=6
arr[7]=7
arr[8]=8
arr[9]=9
Press any key to continue
```

图 5-22　使用数组地址的运行结果

问题二：使用指针变量指向数组首地址，进行读写操作，然后对指针变量加 1 使其指向下一个元素，再进行读写，如此循环直到数组末尾。程序如下：

```
/*文件名:EX5_14.CPP*/
#include <stdio.h>
main( )
{
  int arr [10],in;
  int *pI;
  pI=arr;
  for(in=0; in<10; in++)
    *pI++=in;
  pI=arr;
  for(in=0; in<10; in++)
    printf("arr[%d]=%d\n",in,*pI++);
}
```

使用指针变量的运行结果如图 5-23 所示。

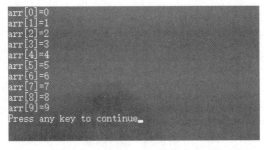

图 5-23　使用指针变量的运行结果

【实验 5-4】以下程序的功能是删除命令行参数字符串中的所有数字字符，请填空。

```
/*文件名:EX5_15.CPP*/
#include <stdio.h>
main(int argc,char *argv[ ])
{
  int i;
  char *pCh1,*pCh2;
  if(argc>1)
  {
    for(i=1;i<argc;i++)
    {
      pCh2=_____1_____;
      pCh1=pCh2;
      while(*pCh2)
      {
        if(_____2_____)
        {
          *pCh1=*pCh2;
          pCh1++;
        }
        pCh2++;
      }
      *pCh1=_____3_____;
      printf("%s\n",argv[i]);
    }
  }
}
```

指 导

（1）如果有多个命令行参数，程序中使用变量 i 进行循环计数。argv[i]指向当前要处理的字符串。

（2）pCh1、pCh2 是字符指针变量，程序用它们来处理字符串。其中，pCh1 指向新的字符串位置，pCh2 指向待检测的字符串位置。如果 pCh2 指向的内容非数字字符，则存入pCh1 表示的地址中。

（3）待检测的字符串处理完成后（pCh2 指向的位置为空），向 pCh1 表示的地址中写入'\0'。

因此，横线 1 处填写"argv[i];"，使 pCh2 指向当前要处理的字符串。横线 2 处填写"!(*pCh2>='0' && *pCh2<='9')"，判断当前字符为非数字字符。横线 3 处填写"'\0'"，在新的字符串后添加结束标志。

当命令行参数为"asd12fgh qwe24ert5"时，运行结果如图 5-24 所示。

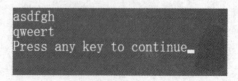

图 5-24 运行结果

5.2.4 拓展与练习

【练习 5-4】若有定义 int *p[3];，则以下叙述中正确的是（　　）。

A. 定义了一个类型为 int 的指针变量 p，该变量有 3 个指针

B. 定义了一个指针数组 p，该数组有 3 个元素，每个元素都是类型为 int 的指针

C. 定义了一个名为*p 的整型数组，该数组含有 3 个 int 型元素

D. 定义了一个可指向多维数组的指针变量 p

【练习 5-5】有以下程序段：

```
#include <stdio.h>
main( )
{
  int a=5,*pB,**ppIC;
  ppIC=&pB; pB=&a;
  ...
}
```

程序在执行 ppIC=&pB; pB=&a;后，表达式**ppIC 的值是（　　）。

A. 变量 a 的地址   B. 变量 pB 的值

C. 变量 a 的值   D. 变量 pB 的地址

【练习 5-6】上机调试下面程序，体会采用普通变量与指针变量的不同之处。

```
/*文件名:EX5_16.CPP*/
#include <stdio.h>
main( )
{
  int arr[10]={1,4,3,6,8,0,3,2,9,8},distance;
  int *pI,*pMax,*pMin;
  pI=pMax=pMin= arr;
  for(pI= arr;pI< arr+10;pI++)
  {
    if(*pI<*pMin)       pMin=pI;
    if(*pI>*pMax)       pMax=pI;
  }
  if(pMax>pMin)
    distance=pMax-pMin;
  else
    distance=pMin-pMax;
  printf("\n 最大值为%d,最小值为%d,它们相距%d 个元素 \n",
*pMax,*pMin,distance);
}
```

【练习 5-7】编写，程序输出用户通过命令行参数输入的所有字符串的长度。例如，用户输入"Monday Tuesday Wednesday Thursday"，程序输出 6 7 9 8。

【练习 5-8】编写程序，使用指针变量将二维数组转置。

5.2.5 编程规范

（1）使用指针变量访问数组元素可以提高程序的运行效率和灵活性，但是使用时要注意以下两点。

① 要注意当前指针变量的值。指针变量的值是动态值，需要根据程序的运行情况来分析。

② 要注意指针不能超出数组的存储范围。指针在移动时，如果不注意限制条件，可能会超出数组的存储范围，从而访问到程序其他的数据或指令，这是非常危险的。在软件中，有一种漏洞称为缓冲区溢出，这种漏洞就利用指针变量改写了数组以外的数据。

（2）数组名是一个地址常量，不能自增或自减，也不能在赋值语句中作为赋值运算符左边的操作数。

任务3 指针与函数

学习目标

（一）素质目标

（1）具有良好的逻辑思维能力。

（2）通过项目合作，培养良好的沟通技巧、职业道德和责任心。

（二）知识目标

（1）了解如何在函数中使用指针来传递变量并进行修改。

（2）掌握将指针变量作为函数参数的应用方法。

（三）能力目标

（1）能用运用指针相关知识解决实际问题。

（2）能运用高级语言进行程序设计。

5.3.1 案例讲解

案 例 5-10 用指针变量作为函数参数实现两个变量的值的交换

1. 问题描述

将两个整数分别放到变量 a、b 中，编写函数交换这两个变量。

2. 编程分析

如果我们直接使用普通的变量传递形式来编写如下代码：

```
void swap(int p,int q)
{
  int tmp= p;
  p = q;
  q =tmp;
  …
}
```

函数写到这里就没法写下去了，因为 C 语言的函数只能有一个返回值，返回了 p，就不能返回 q；同样，返回了 q 就不能返回 p。而如果不返回，函数执行后，p、q 的值是不会变化的。例如：

```
void swap(int p,int q)
{
  int tmp= p;
  p = q;
```

```
  q =tmp;
}
main( )
{
  int a=4,b=6;
  swap(a,b);
  printf("a =%d,b =%d",a,b);
}
```

执行后输出：

```
a =4,b =6
```

这是因为在 C 语言中，函数参数的传递是值传递，形参和实参存放在不同的存储空间,形参的变化不会影响实参的值，如图 5-25 所示。

可以看到，问题的关键在于形参和实参的存储空间不同。形参只不过是实参的一个"影子"，所以解决问题的一个方法就是使它们的数据的存储空间一致。

很自然地，我们可以想到指针变量保存的是变量的地址，如果我们将变量的地址传给形参，使形参也指向变量存储的空间，那么问题就迎刃而解了。所以我们需要定义一个使用指针变量作为参数的函数，然后将变量的地址传递给函数。

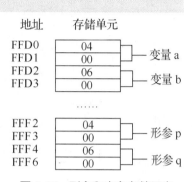

图 5-25　形参和实参存储示意

3. 编写源程序

```
/*文件名:EX5_17.CPP*/
#include "stdafx.h"
void swap(int *pIP,int *pIQ)
{
  int tmp=* pIP;
  * pIP =* pIQ;
  * pIQ =tmp;
}
main( )
{
  int a=4,b=6;
  swap(&a,&b);
  printf("a =%d,b =%d\n",a,b);
}
```

4. 运行结果

程序运行结果如图 5-26 所示。

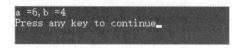

图 5-26　运行结果

5. 归纳分析

（1）程序使用 "swap(&a,&b);"，将变量 a 的地址传递给形参 pIP，使其指向变量 a,

如图 5-27（a）所示。

（2）在函数 swap 中，通过临时变量 tmp，实现 pIP 所指向的内容与 pIQ 所指向的内容互换，如图 5-27（b）所示。

（3）函数 swap 结束后，形参被释放，但是此时变量 a、b 的值已经是修改过的了，如图 5-27（c）所示。

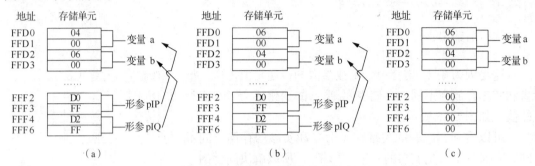

图 5-27　案例 5-10 程序执行示意

案例 5-11　用数组作为函数参数实现一维数组元素的反置

1. 问题描述

试编写函数将一维数组元素反置。

2. 编程分析

将数组作为函数参数传入，将 arr[0] 与 arr[n−1] 对换，再将 arr[1] 与 arr[n−2] 对换……直到将 arr[(n-1/2)] 与 arr[n-int((n-1)/2)] 对换为止。程序描述如下。

```
void inv(int arr[ ],int n)    /*形参 arr 是数组名*/
{
  定义指针变量 pI1 指向数组首地址
  定义指针变量 pI2 指向数组末地址
  循环执行：
    pI1、pI2 的内容互换
    pI1 下移一格
    pI2 上移一格
  直到数组长度的 1/2 为止
}
```

3. 编写源程序

```
/*文件名:EX5_18.CPP*/
#include "stdafx.h"
void inv(int arr[ ],int n)    /*形参 arr 是数组名*/
{
  int tmp,in,m=(n-1)/2;
  int * pI1= arr;
  int * pI2=& arr[n -1];
  for(in=0;in<=m;in++)
  {
```

```
    tmp=* pI1;
    * pI1++=* pI2;
    * pI2--=tmp;
  }
}
main( )
{
  int in,arrData[10]={3,7,9,11,0,6,7,5,4,2};
  printf("原始数组:\n");
  for(in=0;in<10;in++)    printf("%d,",arrData[in]);
  printf("\n");
  inv(arrData,10);
  printf("转换后数组:\n");
  for(in=0;in<10;in++)    printf("%d,",arrData[in]);
  printf("\n");
}
```

4．运行结果

程序运行结果如图 5-28 所示。

图 5-28　运行结果

5．归纳分析

（1）在调用函数时，将实参数组的首地址赋给形参数组，使得这两个数组共占一块内存空间。因此，对形参数组 arr 的访问就是对实参数组 arrData 的访问。

（2）每次做循环体的时候，指针变量 pI1、pI2 的内容互换，然后 pI1 从上往下移动、pI2 从下往上移动。因此，函数 inv 中的循环语句可以改为：

```
while(pI1< pI2)
{
  tmp=* pI1;
  * pI1++=* pI2;
  * pI2--=tmp;
}
```

🎓 案 例 5-12　用指针型函数求解某天是星期几

1．问题描述

试编写一个函数来计算 2010—2015 年某天是星期几。要求函数有 3 个参数（年、月、日），计算后返回表示星期几的英文单词。

2．编程分析

事先定义一个指针数组存放表示星期几的英文单词字符串。对于 2010—2015 年的星期数可以通过表 5-2 给出的星期因子计算而得。通过得到的星期数到指针数组中查询英文单词，返回。程序描述如下：

C 语言程序设计任务式教程（微课版）

```
getWeekDay 函数（年,月,日）
{
  定义指针数组存放表示星期几的英文单词字符串
  定义二维数组存放 2010—2015 年的星期因子
  计算星期数
  返回指针数组中对应的字符串
}
```

3．编写源程序

```
/*文件名:EX5_19.CPP*/
#include "stdafx.h"
char * getWeekDay(int year,int m,int d)
{
  char
*charDayName[7]={"Sunday","Monday","Tuesday","Wednesday","Thursday","Friday",
"Saturday"};
  int mSet[6][12]={{4,0,0,3,5,1,3,6,2,4,0,2},/*2010 年星期因子*/
                    {5,1,1,4,6,2,4,0,3,5,1,3},/*2011 年星期因子*/
                    {6,2,3,6,1,4,6,2,5,0,3,5},/*2012 年星期因子*/
                    {1,4,4,0,2,5,0,3,6,1,4,6},/*2013 年星期因子*/
                    {2,5,5,1,3,6,1,4,0,2,5,0},/*2014 年星期因子*/
                    {3,6,6,2,4,0,2,5,1,3,6,1}};/*2015 年星期因子*/
  int w=0;
  int *pM;
  pM= *(mSet + year -2010);
  w = (*(pM + m -1) +d ) % 7;
  return charDayName[w];
}
main( )
{
  printf("%d年%d月%d日: %s\n",2014,11,7,getWeekDay(2014,11,7));
}
```

4．运行结果

程序运行结果如图 5-29 所示。

```
2014年11月7日：Friday
Press any key to continue
```

图 5-29　运行结果

5．归纳分析

（1）本例中定义了一个指针型函数 getWeekDay，它的返回值指向一个字符串。

（2）指针型函数 getWeekDay 中定义了一个指针数组 charDayName，存放表示星期几的英文单词字符串。程序通过*(pM+m-1)获取星期因子，使用公式 w=(星期因子+d)%7 计算出星期数，根据星期数取出 charDayName 中的字符串，返回。

案 例 5-13 求两个数中的较大值和较小值

1. 问题描述

客户希望编写这样一个函数：函数拥有 3 个参数，参数 1 是指向函数的指针变量，参数 2、参数 3 表示要调用的函数。请编写示例程序。

2. 编程分析

函数在内存中也是连续存储的，函数名就是它的首地址。因此，可以使用指针变量来指向某个函数。这样，我们编写的示例函数可以设定 3 个参数：指向函数的指针变量、操作数 1、操作数 2。然后在程序中，将要执行的函数和数据传递给示例函数。程序描述如下。

```
示例函数(指向函数的指针变量,操作数1,操作数2)
{
  执行指针变量指向的函数(操作数1,操作数2)
}
main( )
{
  定义指向函数的指针变量pMax、pMin
  使pMax指向现有函数fmax
  使pMin指向现有函数fmin
  调用示例函数(pMax,操作数1,操作数2)
  调用示例函数(pMin,操作数1,操作数2)
}
```

3. 编写源程序

```
/*文件名:EX5_20.CPP*/
#include "stdafx.h"
int fmax(int a,int b)                    /*返回两个数中的较大值*/
{
  if(a > b)  return a;
  return b;
}
int fmin(int a,int b)                    /*返回两个数中的较小值*/
{
  if(a < b)  return a;
  return b;
}
int f( int (*pF)(int,int),int a,int b)   /*示例函数*/
{
  return   (*pF)( a,b);                   /*执行指针变量指向的函数*/
}
main( )
{
  int(*pMax)(int,int);                    /*定义指向函数的指针变量*/
  int(*pMin)(int,int);
  int x=4,y=9;
  pMax=fmax;                              /*指向函数*/
```

```
pMin=fmin;
printf("较大的数是:%d\n",f(pMax,x,y));
printf("较小的数是:%d\n",f(pMin,x,y));
}
```

4. 运行结果

程序运行结果如图 5-30 所示。

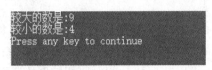

图 5-30　运行结果

5. 归纳分析

（1）定义指向函数的指针变量的一般形式如下。

类型说明符　(*指针变量名) (形参表) ;

其中，"类型说明符"表示被指函数的返回值的类型。"(形参表)"表示指针变量所指的是一个函数。例如，程序中"int(*pMax)(int,int);"语句表示定义一个指向函数的指针变量 pMax，它指向一个带两个 int 型形参的函数，其返回值类型为 int。

（2）语句"pMax=fmax;"表示将函数 fmax 的入口地址赋予函数指针变量 pMax。

（3）"f(pMax,x,y)"表示将指向函数的指针变量 pMax、整型变量 x 和 y 作为参数调用函数 f。函数 f 的声明为"int f(int (*pF)(int,int),int a,int b)"，表示第一个参数是指向函数的指针变量，后两个参数是整型变量。

（4）语句"(*pF)(a,b);"表示以 a、b 为参数，执行指针变量指向的函数。

5.3.2　基础理论

1. 指针变量作为函数参数

函数的参数不仅可以是整型、实型、字符型等数据，还可以是指针变量。指针类型参数的作用是将一个变量的地址传送到函数中。这样，形参的指针变量也指向变量的存储空间，对形参内容的改动就是对原变量的改动。当函数体执行完毕后，函数中的形参和局部变量被释放，但形参所指向的原变量的值是不会恢复的。

指针变量作为函数参数的情况还可以用来处理字符串。例如，下面程序中的函数用来计算字符串的长度。

```
/*文件名:EX5_21.CPP*/
#include "stdafx.h"
int getStrLength(char * str)
{
  char *pCh=str;
  int n=0;
  while(*pCh++!='\0')    n++;
  return n;
}
main( )
{
```

```
char *pCh="asdfghj";
printf("%d\n",getStrLength(pCh));
}
```

程序运行结果如图 5-31 所示。

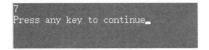

图 5-31　运行结果

2. 数组作为函数参数

在调用函数时，将实参数组的首地址赋给形参数组，使得这两个数组共占一块内存空间。这样，形参数组中的元素值发生变化将会使实参数组的元素值也发生变化。

由于数组名也是地址，所以在函数中地址的传递也可以不用数组名，而使用指向数组元素的指针变量来实现。表 5-3 给出了数组作为函数参数时实参和形参可以使用的对应类型。

表 5-3　数组作为函数参数时实参和形参可以使用的对应类型

函数参数	参数类型			
实参	数组名	数组名	指针变量	指针变量
形参	数组名	指针变量	数组名	指针变量

案例 5-11 中的 void inv(int arr[ ],int n)函数可以改写为如下代码。

```
void inv(int *pA,int n)      /*形参pA是指针变量*/
{
 int tmp,in,m=( n-1)/2;
 int *pI1= pA;
 int *pI2= pA + n -1;
 for(in=0;in<=m;in++)
 {
   tmp=*pI1;
   *pI1++=*pI2;
   *pI2--=tmp;
 }
}
```

当数组作为函数参数时，为了控制数组范围，一般要加上表示数组大小的参数。

3. 指针型函数

前面我们介绍过，函数的类型是指函数返回值的类型。在 C 语言中，允许函数的返回值是指针（即地址），这种返回指针的函数称为指针型函数。定义指针型函数的一般形式如下。

```
类型说明符 *函数名(形参表)
{
 …                          /*函数体*/
}
```

其中，函数名之前加了"*"表明这是一个指针型函数，即返回值是一个指针。类型说明符表示返回的指针所指向的数据类型。例如：

```
int *ap(int x,int y)
{
...                          /*函数体*/
}
```

表示 ap 是一个返回值为指针的指针型函数，它返回的指针指向整型变量。

4. 指向函数的指针变量

在 C 语言中，一个函数总是占用一段连续的内存区，而函数名就是该函数所占内存区的首地址。我们可以把函数的首地址（或称入口地址）赋予一个指针变量，使该指针变量指向该函数。然后通过指针变量就可以找到并调用这个函数。这种指向函数的指针变量称为"函数指针变量"。定义函数指针变量的一般形式如下。

```
类型说明符  (*函数指针变量名)(形参表);
```

其中，"类型说明符"表示被指函数的返回值的类型。"(形参表)"表示指针变量所指的是一个函数。例如：

```
int (*pF)(int,int);
```

表示 pF 是一个指向函数的指针变量，该函数的返回值是整型。

通过函数指针变量调用函数的步骤如下。

（1）先定义函数指针变量，如"int (*pMax)(int，int);"定义 pMax 为函数指针变量。

（2）把被调函数的入口地址（函数名）赋予该函数指针变量，如"pMax= fMax"。

（3）用函数指针变量形式调用函数，调用函数的一般形式如下。

```
(*函数指针变量名) (实参表)
```

例如"return (*pF)(a,b);"。

使用函数指针变量还应注意以下两点。

（1）函数指针变量不能参与算术运算，这是与数组指针变量不同的。数组指针变量加、减一个整数可使指针移向指向后面或前面的数组元素，而函数指针变量的移动是毫无意义的。

（2）函数调用中，"(*指针变量名)"的两边的括号不可少，其中的"*"不应该理解为求值运算，在此处它只是一种表示符号。

应该注意函数指针变量和指针型函数两者在写法和意义上的区别。例如，int (*pF)和 int *pF 是两个完全不同的量。int (*pF)是一个变量声明，声明 pF 是一个指向函数入口的指针变量，该函数的返回值是整型，(*pF)的两边的括号不能少。int *pF 则不是变量声明，而是函数声明，声明 pF 是一个指针型函数，其返回值是一个指向整型量的指针，*pF 两边没有括号。作为函数声明，在括号内最好写入形参，以便于与变量声明区别。对于指针型函数定义，int *pF 只是函数首部，一般还应该有函数体部分。

5.3.3 技能训练

【实验 5-5】运行下面程序，画出内存示意图，给出运行结果。

```
/*文件名:EX5_22.CPP*/
#include <stdio.h>
void sub(int x,int y,int *z)
```

```
{
  *z=y-x;
}
main( )
{
  int a=0,b=0,c=0;
  sub(10,5,&a);
  sub(7,a,&b);
  sub(a,b,&c);
  printf("%4d,%4d,%4d\n",a,b,c);
}
```

指 导

执行 "int a=0,b=0,c=0;" 后，系统为 a、b、c 分配内存空间，如图 5-32（a）所示；执行 "sub(10,5,&a);" 时，系统首先为形参 x、y、z 分配内存空间，如图 5-32（b）所示，然后计算 *z=y-x（即 5-10），将 y-x 的结果（-5）存入 z 所指向的内存空间，如图 5-32（c）所示。函数执行完成后，形参 x、y、z 所占的内存空间被释放，如图 5-32（d）所示。执行 "sub(7,a,&b);" 时，系统首先为形参 x、y、z 分配内存空间并计算 *z=y-x（即 -5-7），将 y-x 的结果（-12）存入 z 所指向的内存空间，如图 5-32（e）所示。函数执行完成后，形参 x、y、z 所占的内存空间被释放。执行 "sub(a,b, &c);" 时，系统首先为形参 x、y、z 分配内存空间，并计算 "*z=y-x（即 -12-(-5)），将 y-x 的结果（-7）存入 z 所指向的内存空间，如图 5-32（f）所示。函数执行完成后，形参 x、y、z 所占的内存空间被释放。

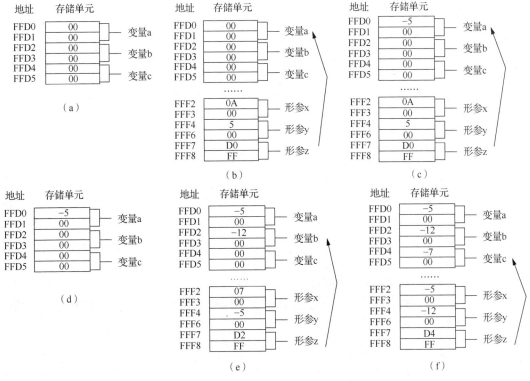

图 5-32　内存示意图

运行结果如图 5-33 所示。

```
-5, -12, -7
Press any key to continue
```

图 5-33　运行结果

【实验 5-6】编写函数 delgcd，消去两个整型参数的最大公约数。

指导

问题一：如何求两个整数的最大公约数。

欧几里得算法又称辗转相除法，用于计算两个整数 a、b 的最大公约数。欧几里得算法的思想是：对于给定的两个正整数，用较大的数除以较小的数，若余数不为零，则将余数和较小的数构成新的一对数，继续上面的除法，直到大数被小数除尽，则这时较小的数就是原来两个数的最大公约数。

第一步：输入两个正整数 a、b（a>b）。

第二步：求出 a 除以 b 的余数 r。

第三步：令 a=b、b=r，若 r≠0，循环执行第二步，否则执行第四步。

第四步：输出最大公约数 a。

欧几里得算法的程序如下：

```c
int gcd(int m,int n)
{
 int a,b,r;
 if(abs(m)>=abs(n))
 {
  a=abs(m);
  b=abs(n);
 }
 else
 {
  a=abs(n);
  b=abs(m);
 }
 do
 {
  r=a%b;
  a = b;
  b = r;
 }while(r!=0);
 return a;
}
```

问题二：如何同时保存两个参数的值

我们可以使用将指针变量作为函数参数的方法来解决这个问题。程序如下：

```c
/*文件名:EX5_23.CPP*/
#include <stdio.h>
#include <math.h>
void delgcd(int *pM,int *pN)
{
 int a,b,r;
```

```
  if(abs(*pM)>=abs(*pN))
  {
    a =abs(*pM);
    b =abs(*pN);
  }
  else
  {
    a =abs(*pN);
    b =abs(*pM);
  }
  do
  {
    r = a % b;
    a = b;
    b = r;
  }while(r!=0);
  * pM =* pM / a;
  * pN =* pN / a;
}
main( )
{
  int a =45,b =36;
  delgcd(&a,& b);
  printf("%d %d\n",a,b);
}
```

运行结果如图 5-34 所示。

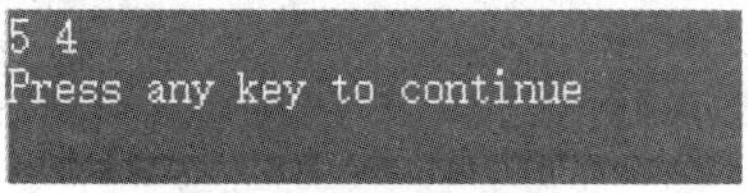

```
5 4
Press any key to continue
```

图 5-34　运行结果

【实验 5-7】以下程序的作用是通过函数 fun 求出数组 a 中最大元素所在位置的索引,并存放在变量 k 所指的存储单元中。程序部分语句如下, 请先仔细阅读程序及注释, 然后在此基础上完成函数 fun。

```
#include <stdio.h>
int fun(int *pA,int x,int *pK)
{
  …
}
main( )
{
  int arr[10]={876,675,890,101,301,405,980,432,456,787},k;
                                          /*数组初始化*/
  fun(arr,10,&k);                 /*调用函数*/
  printf("%d,%d\n",k,arr[k]);
}
```

指　导

根据程序中函数的调用形式 fun(arr,10,&k)可以看出, 函数 fun 的第一个参数指向数组,

C 语言程序设计任务式教程（微课版）

第二个参数表示数组长度，第三个参数是一个指针变量，用来存放最大值的索引。

　　求数组最大值的索引可以从索引 0 开始逐个比较，如果 pA[*pK]<a[i]，将 i 赋给*pK，直到数组结束。程序如下：

```
/*文件名:EX5_24.CPP*/
#include <stdio.h>
int fun(int *pA,int x,int *pK)
{
  int in;
  *pK =0;
  for(in=0;in< x;in++)
  {
    if(pA [in]> pA[*pK])
    *pK =in;
  }
  return *pK;
}
main( )
{
  /*定义变量，数组初始化*/
int arr[10]={876,675,890,101,301,405,980,432,456,787},k;
  fun(arr,10,&k);                    /*调用函数*/
  printf("%d,%d\n",k,arr[k]);
}
```

　　运行结果如图 5-35 所示。

```
6,980
Press any key to continue
```

图 5-35　运行结果

5.3.4　拓展与练习

【练习 5-9】已定义以下函数。

```
fun( char *pCh2 ,char *pCh1 )
{
  while(( *pCh2 = *pCh1 ) != '\0' )
  {
    pCh1++;
    pCh2++;
  }
}
```

　　函数的功能是（　　　）。

　　A. 将 pCh1 所指字符串复制到 pCh2 所指的内存空间

　　B. 将 pCh1 所指字符串的地址赋给 pCh2

　　C. 对 pCh1 和 pCh2 两个指针变量所指字符串进行比较

　　D. 检查 pCh1 和 pCh2 两个指针变量所指字符串是否有'\0'

【练习 5-10】设函数 findbig 已定义为求 3 个数中的最大值，以下程序将利用函数指针变量调用函数 findbig，请填空。

```
main( )
{
 int (*pIf)(int,int,int);
 int x,y,intZ,big;
 pIf =findbig;
 scanf("%d,%d,%d",& x,& y,& intZ);
 big=_____;
 printf("big=%d\n",big);
}
```

【练习 5-11】编写程序实现以下功能。

（1）编写 sum 函数，对实型数组中所有元素求和。

（2）编写 average 函数，计算实型数组中所有元素的平均值。

（3）编写 consign 函数，该函数拥有 3 个参数：函数指针变量 pI、指向数组元素的指针变量 arr，表示数组长度的整型变量 intLength。函数 consign 以 arr、intLength 为参数调用 pI 所指向的函数。

（4）编写主函数测试程序。

5.3.5　编程规范

指针赋予了 C 语言极大的灵活性，是 C 语言的精华所在。然而，精华并不意味着完美，指针在带来足够的灵活性的同时，也给了程序员很多犯错误的机会。所以，有必要关注指针的实现细节，从而保障程序的安全性。注意，这些规范并不是语法要求。

1.　指针的类型转换

指针的类型转换是个高风险的操作，所以应该尽量避免进行这个操作。

2.　指针的运算规范

ISO 的 C 标准中，对指向数组成员的指针运算（包括算术运算、比较等）做了规范定义，除此以外的指针运算属于未定义（undefined）范围，具体实现有赖于具体编译器，其安全性无法得到保障，MISRA-C 中对指针运算的合法范围做了如下限定。

规则 1：只有指向数组的指针才允许参与算术运算。

规则 2：只有指向同一个数组的两个指针才允许相减。

规则 3：只有指向同一个数组的两个指针才允许用>、>=、<、<=等关系运算符进行比较。

为了尽最大可能减小直接进行指针运算带来的隐患，尤其是程序动态运行时可能发生的数组越界等问题，MISRA-C 对指针运算做了更为严格的规定。

规则 4：只允许用数组索引做指针运算。

如按如下方式定义数组和指针：

```
int a[10];
int *pI;
```

则*(pI+5)=0 是不允许的，而 pI[5]=0 是允许的，尽管就这段程序而言，二者等价。

5.3.6　贯通案例——之六：增加、删除学生成绩

1.　问题描述

实现增加学生成绩、删除学生成绩的功能。

2. 编写程序

```c
/*文件名: EX5_25.CPP*/
#include <stdio.h>
#include <stdlib.h>
#define N 5
#define M 3
void AppendScore(int intScores[][3],int* pN)
{
    int i,j,m;
    printf("input Append number: ");
    scanf("%d",& m);
    m +=* pN;
    for(i=* pN;i< m;i++)                     /*输入 N 个学生的成绩*/
    {   printf("input No.%d\'s score: ",i+1);
        for(j=0;j<3;j++)
        scanf("%d",&intScores[i][j]);
    }
    (*pN)= m;
}
int DeleteScore(int intScores[][3],int n)
{
    int i,num ;
    printf("Please input the number to Delete:" ) ;
    scanf("%d",&num ) ;
    if (num <=0|| num > n )
    {
        printf("Number not found\n") ;
        return n ;
    }
    for( i=num-1; i< n -1; i++)
    {
            intScores[i][0] = intScores[i+1][0];
            intScores[i][1] = intScores[i+1][1];
            intScores[i][2] = intScores[i+1][2];
    }
    n -- ;
    return n;
}
void PrintScore(int intScores[][3],int n)
{
    int i,j;
    for (i=0; i< n; i++)                     /*输出排序后的结果*/
    {   printf("\nNo.%d\'s score: ",i+1);
        for(j=0;j<3;j++)
            printf("%3d ",intScores[i][j]);
    }
    printf("\n");
}
void Prmenu()
{
printf("#================================================#\n");
```

```c
    printf("#                  学生成绩管理系统                      #\n");
    printf("#-------------------------------------------------#\n");
    printf("#=================================================#\n");
    printf("#              1.加载文件                           #\n");
    printf("#              2.增加学生成绩                         #\n");
    printf("#              3.显示学生成绩                         #\n");
    printf("#              4.删除学生成绩                         #\n");
    printf("#              5.修改学生成绩                         #\n");
    printf("#              6.查询学生成绩                         #\n");
    printf("#             7.学生成绩排序                         #\n");
    printf("#             8.保存文件                             #\n");
    printf("#             0.退出系统                             #\n");
    printf("#=================================================#\n");
    printf("请按 0-8 选择菜单项:");
}
main()
{
    char charCh;
    int intScores[N][M];
    int intSize=0;
    while(1)
    {
    Prmenu();
    scanf(" %c",& charCh);    /*在%c前面加一个空格，将存于缓冲区中的回车符读入*/

    switch (charCh)
    {
        case '1': printf("进入加载文件模块.本模块正在建设中……\n");
            break;
        case '2': printf("进入增加学生成绩模块.\n");
            AppendScore(intScores,& intSize);
            break;
        case '3': printf("进入显示学生成绩模块.\n");
            PrintScore(intScores,intSize);
            break;
        case '4': printf("进入删除学生成绩模块.\n");
            intSize =DeleteScore(intScores,intSize);
            break;
        case '5': printf("进入修改学生成绩模块.本模块正在建设中……\n");
            break;
        case '6': printf("进入查询学生成绩模块.本模块正在建设中……\n");
            break;
        case '7': printf("进入学生成绩排序模块.\n");
            break;
        case '8': printf("进入保存文件模块.本模块正在建设中……\n");
            break;
```

```
        case '0': printf("退出系统.\n"); exit(0);
        default: printf("输入错误!");
    }

}
}
```

3. 运行结果

增加学生成绩的运行结果如图 5-36 所示，删除学生成绩的运行结果如图 5-37 所示。

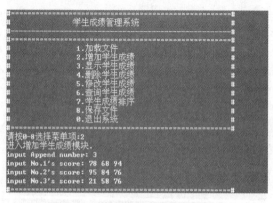

图 5-36 增加学生成绩的运行结果

图 5-37 删除学生成绩的运行结果

模块小结

本模块主要介绍了指针与地址的概念、赋值与引用，还介绍了指向数组的指针、指向字符串的指针，最后介绍了指针数组、指针与函数的应用。

指针就是内存的地址，C 语言允许用变量来存放指针，这种变量称为指针变量。指针变量可以存放基本类型数据的地址，也可以存放数组、函数以及其他指针变量的地址。

如何区分指针和指针变量：指针是地址值，指针变量是存储指针的变量，通过指针变量可以很方便地操作存储于内存单元中的变量。

在用指针变量处理数组时，可以通过指针的移动来访问数组的每一个元素。在用指针变量处理字符串时，可直接把字符串地址赋给指针变量。

指针数组就是储存一定数量指针的数组，一般用来处理多个字符串或多个地址。

自测题

一、选择题

1. 下列程序段的输出结果为（　　　）。

```
int arr[ ]={6,7,8,9,10}; int *pI;
pI=arr;    *(pI+2)+=2;
printf ("%d,%d\n",*pI,*(pI+2));
```

    A. 8,10   B. 6,8   C. 7,9   D. 6,10

2. 设 pI1 和 pI2 是指向同一个 int 型一维数组的指针变量，k 为 int 型变量，则不能正确执行的语句是（　　　）。

    A. k=*pI1+*pI2;   B. pI2=k;   C. pI1=pI2;   D. k=*pI1*(*pI2);

3. 执行以下程序段后，m 的值为（　　　）。

```
int arr[2][3]={ {1,2,3},{4,5,6} };
int m,*pI; pI=&arr[0][0];
m=(*pI)*(*(pI+2))*(*(pI+4));
```

    A. 15   B. 14   C. 13   D. 12

4. 若有以下定义：

```
int arr[ ]={1,2,3,4,5,6,7,8,9,10},*pI= arr;
```

    则值为 3 的表达式是（　　　）。

    A. pI+=2; *(pI++);   B. pI+=2;*++pI;   C. pI+=3; *pI++;   D. pI+=2;++*pI;

5. 设有定义 char chA[ ]={'1', '2', '3'},*pCh= chA;，下列不能计算出一个 char 型数据所占字节数的表达式是（　　　）。

    A. sizeof(chA)   B. sizeof(char)   C. sizeof(*pCh)   D. sizeof(chA [0])

6. 若有以下定义和语句：

```
int arr[10]={1,2,3,4,5,6,7,8,9,10},*pI= arr;
```

    则不能表示 arr 数组元素的表达式是（　　　）。

    A. *pI   B. arr [10]   C. * arr   D. arr [pI-arr]

7. 以下程序的运行结果是（　　　）。

```
#include <stdio.h>
main( )
{  int arr[ ]={1,2,3,4},a,*pI=&arr[3];
   pI; a=*pI; printf("a=%d\n",a);
}
```

    A. a=0   B. a=1   C. a=2   D. a=3

8. 设有定义 double dA[10], *pD= dA;，以下能给数组 dA 索引为 6 的元素读入数据的语句是（　　）。

    A. scanf("%f",& dA [6]);
    B. scanf("%lf",*(dA +6));
    C. scanf("%lf",pD+6);
    D. scanf("%lf",pD[6]);

9. 以下程序的运行结果是（　　）。

```
main ( )
{   char *pCh="abcde";
    pCh+=2;
    printf ( "%ld\n",pCh );
}
```

    A. cde
    B. 字符 c 的 ASCII 值
    C. 字符 c 的地址
    D. 出错

10. 以下程序的运行结果是（　　）。

```
void fun(int *pA,int *pB)
{  int * pI;
   pI=pA; pA=pB; pB=pI;
}
main( )
{   int a=3,b=6,*pX=&a,*pY=&b;
    fun(pX,pY);
    printf("%d %d",a,b);
}
```

    A. 6 3   B. 3 6   C. 编译出错   D. 0 0

11. 以下程序的运行结果是（　　）。

```
#include <stdio.h>
void intSum(int arr[ ])
{  arr[0]=arr[-1]+arr[1];
}
main( )
{  int arr[10]={1,2,3,4,5,6,7,8,9,10};
   intSum(&arr[2]);
   printf("%d\n",arr[2]);
}
```

    A. 6   B. 7   C. 5   D. 9

二、填空题

1. 下面函数用来求两个整数之和，并通过形参传回两数相加，请填空。

```
int add(int x,int y,_____ )
{  _____ =x+y; }
```

2. 若有定义 char strArr[20]="programming",*pCh=strArr;，则*(pCh+3)的值是_____。

3. 程序在计算机运行的时候，所有数据都存放在内存中，而内存以_____为存储单元存放数据。

4. 计算机系统为每个内存单元进行编号，内存单元的编号也叫作_____。

5. 通过变量名访问数据时，系统自动完成变量名与存储地址的转换，这种访问形式称为_____。

6. C 语言有一种称为_____的形式，它将变量的存储地址存入另一个变量中，这个变量称为_____变量，然后通过它去访问先前的变量。

7. 引用一个数组元素可以用_____和_____。

8. 变量名其实是给变量数据存储区域所取的名字，计算机内存的每个存储位置都对应唯一的_____。

9. pI 为一个指针变量，试写出表达式实现取 pI 所指向单元的数据作为表达式的值，然后使 pI 指向后一个单元：_____。

10. 设有定义 int arr[ ]={1,2,3,4,5,6},*pI=arr+2，表达式*(pI+2)的值是_____。

三、程序填空题

1. 以下程序的功能是借助指针变量找出数组元素中最大值所在的位置，并输出该最大值。请填空。

```
main( )
{
    int arr[10],*pI1,*pI2;
    for(pI1= arr;pI1- arr <10;pI1++)
        scanf("%d",_____);
    for(pI1= arr,pI2= arr;pI1- arr <10;pI1++)
        if(*pI1>*pI2)_____;
    printf("max=%d\n",_____);
}
```

2. 以下程序的功能是使用指针变量指向元素的方法，输出数组的元素。请填空。

```
main( )
{
    int arr[10],in;
    int *pI;
    _____;
    for(in=0;in<10;in++)
        *pI++=in;
    _____;
    for(in=0;in<10;in++)
        printf("arr[%d]=%d\n",in,_____);
}
```

3. 以下程序的功能是计算字符串的长度。请填空。

```
int getStrLength(char *strArr)
{
    char *pCh=strArr;
    int in=0;
    while(*pCh++!='_____')
        _____;
        return in;
}
main( )
{
    char * chS="asdfghj";
```

```
    printf("%d\n",getStrLength(_____));
}
```

4. 以下函数的功能是把 strB 字符串连接到 strA 字符串的后面，并返回 strA 中新字符串的长度。请填空。

```
strcen(char strA[ ],char strB[ ])
{
    int num=0,n=0;
    while(*(strA+num)!= _____)
        num++;
    while(strB[n])
    {
        *(strA+num)= strB[n];
        num++;
        _____;}
    return(_____);
}
```

四、阅读程序题

1. 以下程序的运行结果是_____。

```
int fun(int x,int y,int *pI1,int *pI2)
{ *pI1=x+y; *pI2=x-y; }
main( )
{
    int a,b,c,d;
    a=30; b=50;
    fun(a,b,&c,&d);
    printf("%d,%d\n",c,d);
}
```

2. 以下程序的运行结果是_____。

```
main( )
{
char *pCh1="abcdefgh",*pCh2;
long *pL;
    pL=(long*)pCh1;
    pL++;
    pCh2=(char*)pL;
    printf("%s\n",pCh2);
}
```

3. 以下程序的运行结果是_____。

```
void f( int y,int *pX)
{  y=y+*pX;  *pX=*pX+y;}
main( )
{ int x=2,y=4;
    f(y,&x);
    printf("%d,%d\n",x,y);
}
```

4. 以下程序的运行结果是_____。

```
void fun(char *pCh,int n)
{  *pCh=*pCh+1; n=n+1;
```

```
    printf("%c,%c,",*pCh,n);
}
main( )
{ char ch='A',chB='a';
    fun(&chB,ch); printf("%c,%c\n",ch,chB);
}
```

5. 以下程序的运行结果是_____。

```
#include <stdio.h>
int num=2;
int fun(int *pI)
{
    num=*pI+num;
    return(num);
}

main( )
{ int arr[10]={1,2,3,4,5,6,7,8},in;
    for(in=2;in<4;in++)
    {
        num=fun(&arr[in])+num;
         printf("%d ",num);
    }
    printf("\n");
}
```

五、编程题

1. 编写程序，从键盘输入 a、b 和 c 三个整数，按从小到大的顺序输出 a、b 和 c
编程要求：使用指针变量输出结果，输出格式为 "a <= b <= c"。

2. 编写程序，使用指针变量将一个字符串进行反转。

编程要求：（1）从标准输入中读取一个字符串；（2）使用指针将字符串进行反转；
（3）输出反转后的字符串。

3. 编写程序，使用指针变量统计一个字符串中元音字母的个数。

编程要求：

（1）从标准输入中读取一个字符串；

（2）使用指针变量统计字符串中元音字母（即 a、e、i、o、u）的个数；

（3）输出元音字母的个数。

4. 编写程序，将整型数组元素按照从大到小的顺序排序，编写函数使用指针变量访问数组元素。

编程要求：函数原型为 void sort(int *arr, int len)，在主函数中将一维整型数组名和数组长度传递给函数 sort 的形参，调用函数 sort 实现将数组元素按照从大到小的顺序排序，并在主函数中输出排序结果。

模块 6 组合数据类型

C 语言提供了一种构造数据类型——结构体，它可将不同类型的数据存放在一起。本模块通过学生成绩管理系统的案例讲解，介绍结构体类型的定义、结构体变量的声明及初始化方法、结构体变量成员的引用，共用体类型的定义、共用体变量的声明、共用体变量成员的引用，以及枚举变量的声明、typedef 的作用。

 结构体

学习目标

（一）素质目标

（1）培养学生用程序处理实际问题的能力。

（2）养成良好的程序编写习惯、认真做事的态度。

（二）知识目标

了解结构体类型的定义，掌握结构体变量的声明和使用方法。

（三）能力目标

（1）会用结构体处理日常工作中遇到的问题。

（2）会用结构体处理信息。

6.1.1 案例讲解

 案 例 6-1 学生信息的描述

1. 问题描述

假定一个学生的信息包括学号、姓名、性别、成绩，在数据处理中，我们通常把一个学生的信息作为整体，编程构造一个学生类型，并实现学生信息的输入、输出。

2. 编程分析

（1）C 语言中的结构体类型可以将不同类型的信息组织成一个整体，构造出一种新的类型，这里我们可以构造学生类型，学生是我们处理信息的基本单位。

（2）新构造的类型没有对应的输入、输出格式控制符，需要把学生类型包含的各个成员分别输出，可以定义函数来实现学生信息的输入和输出。

3. 编写源程序

```
#include <stdio.h>
struct student
```

```
{
    int Number;
    char Name[10];
    float Score;
};
void printStu(struct student *pA);
struct student inputStu( );
main( )
{
    struct student A;
    printf("请输入一个学生的信息（学号 姓名　成绩）\n");
    A=inputStu( );
    printf("结构体变量中的内容是:\n");
    printStu(&A);
}

void printStu(struct student *pA)
{
 printf("%d %s %f\n",pA->Number,pA->Name,pA-> Score);
}
struct student inputStu( )
{
    struct student A;
    scanf("%d%s%f",&A.Number,A.Name,&A.Score);
    return A;
}
```

4．运行结果

程序运行结果如图 6-1 所示。

请输入一个学生的信息（学号 姓名　成绩）
1 tommy 89.5
结构体变量中的内容是:
1 tommy 89.500000
Press any key to continue

图 6-1　案例 6-1 运行结果

5．归纳分析

（1）结构体类型定义在函数外面，它的使用范围是全局，所有的函数都可以使用。

（2）A 是结构体变量，它的类型是 struct student，A 包含 3 个成员：学号、姓名、成绩。变量占用的存储空间大小 sizeof(A)= sizeof(Number) +sizeof(Name) +sizeof(Score)，若要表示这个学生的成绩是 90 分，可以写成 A.Score=90，"."在这里的"."是一个运算符。

（3）程序中还用到了结构体指针 struct student *pStudentA，并且这个指针为函数的参数，根据参数的传递，pStudentA =&A。使用指针操作结构体变量中的成员有两种写法：pStudentA->Score 和(*pStudentA).Score。它们的值与 A.Score 相等。

🎓 案 例 6-2　职工信息的查询

1．问题描述

有 6 个职工的信息，其中每个职工信息包括编号、姓名、工资，请找到工资最高的职

C 语言程序设计任务式教程（微课版）

工并输出其信息。

2．编程分析

（1）把编号、姓名、工资组合成一个整体，作为新的数据类型，用这个类型定义长度为 6 的数组，再利用数组中查找最大值的算法来解决问题。

（2）伪代码如下。

```
定义结构体：职工
main( )
{
    定义结构体数组用于保存 6 个职工信息
    定义变量 i 用于控制循环次数
    定义变量 k 记录工资最高的职工
    循环输入 6 个职工的信息
    设 k 的初值为 0（从第 0 个职工开始找）
    循环变量 i=1
    循环比较大小
    { 如果第 i 个职工的工资大于第 k 个职工的工资
            k=i;
    }
    输出第 k 个（即工资最高的）职工的信息
}
```

3．编写源程序

```c
#include <stdio.h>
struct worker
{
  int Number;
  char Name[20];
  float Pay;
};
main( )
{
  struct worker S[6];
  int I,K;
  printf("输入 6 个职工信息\n");
  printf("编号 姓名 工资\n");
  for(I=0;I<6;I++)
  {
    scanf("%d%s%f",&S[I].Number,S[I].Name,&S [I].Pay);
  }
  K=0;
  I=1;
  while(I<6)
  {
    if(S[I].Pay>S[K].Pay)  K=I;
    I++;
  }
```

210

```
printf("工资最高的职工信息是: \n");
printf("%d\t%s\t%f\n" ,S[K].Number,S[K].Name, S[K].Pay);
}
```

4. 运行结果

程序运行结果如图 6-2 所示。

图 6-2　案例 6-2 运行结果

5. 归纳分析

（1）结构体类型的名称是 struct worker，用结构体类型来定义结构体变量或结构体数组。

S 是长度为 6 的数组，存放 6 个职工的信息，那么第 1 个职工就是 S[0]，第 6 个职工就是 S[5]，第 1 个职工的工资表示为 S[0].Pay，第 1 个职工的姓名是 S[0].Name。

（2）输入或输出第 I 个职工的信息时，不能对 S[I]整体进行操作，用格式控制符%d 对应 S[I].Number、%s 对应 S[I].Name、%f 对应 S[I].Pay，因为 Number 是 int 型，Name 是字符串，Pay 是 float 型。

（3）查找最大值时，第 K 个职工就是工资最高的职工，如果有人的工资比第 K 个职工的还高，那么更新最高纪录 K，使 K 始终是工资最高的职工的索引。

6.1.2　基础理论

前文介绍的各种数据类型（包括数组在内），都只能存放同类型的数据。而在日常的数据处理中，我们经常需要将若干不同类型的数据组合起来，作为一个整体进行处理。例如，一个学生的数据信息有学号、姓名、性别、成绩、家庭住址等，这些信息中有整型、字符型、实型等不同的类型。C 语言提供的结构体（也称为结构类型），就可将这些不同类型的信息组织成一个整体。结构体是由若干成员（数据信息）组成的一种构造类型。每一个成员可以是一个基本数据类型或者又是一个构造类型，结构体就是一种构造而成的数据类型。

1. 结构体类型的定义

结构体类型定义的一般形式如下。

```
struct <结构体名>
{
<成员列表>
};
```

其中，struct 是定义结构体类型的关键字，<结构体名>由用户根据标识符的命名规则进行命名，成员列表由结构体中各个成员组成。例如：

```
struct student
{   long Num;          /*学生的学号*/
    char Name[20];     /*学生的名字*/
    char Sex;          /*性别*/
    float Score;       /*成绩*/
};
```

在这个结构体定义中，结构体名为 student。该结构体由 4 个成员组成。第 1 个成员 Num 为整型变量；第 2 个成员 Name 为字符数组；第 3 个成员 Sex 为字符变量；第 4 个成员 Score 为实型变量。这 4 个成员组成的成员列表就是结构体 struct student 的成员信息。

定义结构体时的注意事项如下。

（1）结构体名应符合标识符的命名规则，尽量取有实际意义的名称。

（2）注意花括号外的分号不能少。

（3）结构体成员可以是任何的基本数据类型变量，也可以是数组、指针类型的变量，还可以是其他类型的结构体变量。例如：

```
struct data
{   int Year;                  /*年*/
    int Month;                 /*月*/
    int Day;                   /*日*/
};
struct student
{   long Num;                  /*学生的学号*/
    char Name[20];             /*学生的名字*/
    char Sex;                  /*性别*/
    struct data Birthday;
    float Score;               /*成绩*/
};
```

在 struct student 这个结构体中又包含了 Birthday 这个结构体变量，形成了结构体的嵌套定义形式。

2. 结构体变量的声明

和其他类型的变量一样，结构体类型的变量也必须先说明。结构体变量的说明有 4 种方法。

（1）先定义结构体类型，再说明结构体变量。其一般形式如下。

```
struct 结构体名   变量名列表;
```

例如：

```
struct student                              /*定义结构体类型*/
{   long Num;
    char Name[20];
    char Sex;
    float Score;
};
struct student  t1,t2;  /*说明结构体变量*/
```

在本例中说明了两个 struct student 类型的结构体变量 t1、t2。变量名之间用逗号隔开。注意在定义结构体时，系统没有为其分配内存空间，只有在进行具体的变量说明时才为变量分配内存空间。在本例中，系统不为结构体 struct student 分配内存空间，只为变量 t1 和 t2 分配内存空间，如图 6-3 所示。

t1:	2003001	LiPing	M	91.5
t2:	2003002	ZhaoQiang	F	89.0

图 6-3　结构体变量

（2）在定义结构体的同时说明结构体变量。其一般形式如下。

```
struct 结构体名
{
    成员列表
}变量名列表;
```

例如：

```
struct student
{ long Num;
  char Name[20];
  char Sex;
  float Score;
}t1,t2;
```

（3）利用无名结构体说明结构体变量。其一般形式如下。

```
struct
{
    成员列表;
}变量名列表;
```

例如：

```
struct
{ long Num;
  char Name[20];
  char Sex;
  float Score;
}t1,t2;
```

这种方法同样说明了两个结构体变量 t1 和 t2，但在程序的其他地方（如在函数内部）不可以使用这种结构体来说明其他的变量，因此这种方法使用得比较少。

（4）利用重命名类型（typedef）说明结构体。在 C 语言中，允许用户自己定义类型说明符，即利用类型定义符 typedef 为数据类型取"别名"。其一般形式如下。

```
typedef 已定义的类型标识符 新标识符;
```

其作用是利用新标识符代替原来已定义的类型标识符。

例如：

```
typedef int INTEGER;
typedef float REAL;
```

分别用 INTEGER 和 REAL 代替系统中已存在的 int 和 float 类型标识符，然后就可以利用新标识符说明新的变量。例如：

```
INTEGER A,B;
REAL C,D;
```

下面介绍利用 typedef 说明结构体变量。例如，先定义新类型名：

```
typedef struct
{
    long Num;
    char Name[20];
    char Sex;
    float Score;
}stud;
```

说明新的结构体变量：

```
stud A,B;
```

关于 typedef 需要注意的是，它不是创建新的类型，只是为标识符取一个别名，使以后标识符的使用更加灵活、方便。

3. 结构体变量的引用与初始化

结构体变量被说明后就可以在程序中被引用，对结构体变量的引用是通过对其成员的引用来实现的。引用结构体变量的常用方式是利用 "."（成员分量）运算符，一般形式如下。

```
<结构体变量名>.<成员名>
```

例如下列语句：

```
t1.Num=2003001;
strcpy(t1.Name,"LiPing ");  /*不能用 t1.Name="LiPing";*/
t1.Sex='M';
t1.Score=91.5;
```

通过成员的引用，完成了对结构体变量 t1 的赋值。

如果结构体成员又是一个结构体，需要利用若干个 "."，一级一级地找到最低一级的成员，对其进行操作。例如：

```
t1.Birthday.Year=2003;
```

结构体变量和其他变量一样，可以在定义的时候给它赋初值，即初始化。和前面 4 种形式对应它们的初始化情况如下。

第 1 种形式的初始化：

```
struct student
{
    long Num;
    char Name[20];
    char Sex;
    float Score;
};
struct student  t1={2003001,"LiPing",'M',91.5};
```

第 2 种形式的初始化：

```
struct student
{
long Num;
    char Name[20];
    char Sex;
    float Score;
}t1={2003001," LiPing",'M',91.5};
```

第 3 种形式的初始化：

```
struct
{
long Num;
    char Name[20];
    char Sex;
    float Score;
}t1={2003001,"LiPing",'M',91.5};
```

第 4 种形式的初始化：

```
typedef struct
{
long Num;
    char Name[20];
    char Sex;
    float Score;
}STUD;
STUD  t1={2003001,"LiPing",'M',91.5};
```

4. 结构体数组

相同的数据类型可以存放在一个数组中，同样，多个属于同一类型结构体的数据信息也可以存放在同一个数组中，构成结构体数组。例如，利用以前定义的结构体类型说明结构体数组：

```
struct student S[3];
```

在本例中定义了一个数组 S，由 3 个 struct student 类型的数组元素组成。对于结构体数组的初始化，和以前的结构体及数组的初始化的方法类似，结构体数组初始化的基本形式如下。

```
定义的结构体数组={初值列表};
```

例如：

```
struct student S[3]={  {2003001,"Liguohua",'M',89.5},
{2003002,"Zhangpiang",'F',90},
{2003003,"Liujun",'M',87}};
```

当对全部元素进行初始化赋值时，也可不给出数组长度。

5. 结构体指针

前文介绍过不同用途的指针，如指向数组的指针、指向指针数组的指针和指向函数的指针等。结构体数据同样也可以使用指针，这种指向结构体的指针称为结构体指针。结构体指针和前文介绍过的指针在特性上很像，也可以指向结构体数组。结构体指针变量的值是结构体变量的起始地址。

指向结构体变量的指针的一般形式如下。

```
<结构体类型名>  *<指针变量名>;
```

6. 动态空间管理

C 语言为用户提供了一些内存管理函数，这些内存管理函数可以按需要动态地分配内存空间，也可把不再使用的内存空间回收待用，为有效地利用内存资源提供了手段。常用的内存管理函数有以下两个。

（1）分配内存空间函数 malloc

函数原型：

```
void * malloc(unsigned int Size);
```

作用：在内存的动态存储区中分配一块长度为 Size 字节的连续区域。函数的返回值为该区域的起始地址的指针。若分配不成功，返回 NULL。

调用形式如下。

```
(<类型说明符>*) malloc (Size)
```

<类型说明符>表示把该区域用于存放何种类型的数据，(<类型说明符>*)表示把返回值强制转换为该类型的指针。

例如：

```
#define LEN sizeof(struct student)
    struct student *p;
p=(struct student *)malloc(LEN);
```

表示分配 29 字节（struct student 类型的大小）的内存空间，并把函数的返回值强制转换为 struct student 类型的指针后赋予指针变量 p。

（2）释放内存空间函数 free

函数原型：

```
void free(void *block);
```

作用：释放 block 所指向的一块内存空间，block 是一个任意类型的指针变量，它指向被释放区域的首地址。被释放区域应是由 malloc 函数所分配的区域。

调用形式如下。

```
free(p);              /* p 是指向被释放区域的指针*/
```

注意，使用这两个函数需要引用两个头文件 "stdio.h" 和 "alloc.h"。

6.1.3 技能训练

【实验 6-1】有一个结构体变量 student，包含学号和 3 门课程的成绩。要求编写一个输入函数进行赋值，并编写一个输出函数进行输出操作。

指导

1. 编程分析

（1）结构体中的 3 门成绩可以定义成数组。

（2）整个程序需要 3 个函数：输入函数、输出函数、主函数。

（3）注意函数的参数是结构体变量。

2. 编写源程序

```
#include <stdio.h>
typedef struct student
{   int Num;
    float Score[3];
}STUDENT;
STUDENT indata( )
{   STUDENT A;
    scanf("%d",&A.Num);
```

```
scanf("%f%f%f",&A.Score[0],&A.Score[1],&A.Score[2]);
    return(A);
}
void print(STUDENT A)
{   printf("学号=%d\n",A.Num);
    printf("成绩 1=%f\n",A.Score[0]);
    printf("成绩 2=%f\n",A.Score[1]);
    printf("成绩 3=%f\n",A.Score[2]);
}
main( )
{   STUDENT A;
    printf("请输入学号和 3 门成绩\n");
    A=indata( );
    printf("这个学生的信息是:\n");
    print(A);
}
```

3. 运行结果

程序的运行结果如图 6-4 所示。

图 6-4　实验 6-1 运行结果

在此例中，使用了结构体函数和结构体变量在函数间传递数据。在主函数中说明了结构体变量 A 并通过调用结构体函数 indata 进行赋值，将 A 作为函数实参调用 print 函数输出数据。

【实验 6-2】根据学生的学号查找学生的信息（要求利用函数实现）。

指导

1. 编程分析

（1）定义结构体数组，初始化 N 个学生的信息。

（2）输入学生的学号，输出查找到的结果，在主函数中实现。

（3）需定义查找函数，函数的参数是学号和数组，函数的返回值是找到的学生信息的地址。

2. 编写源程序

```
#include <stdio.h>
struct student
{
long Num;
    char Name[20];
    char Sex;
    float Score;
```

```
};
struct student S[]={{2003101,"Wangling",'M',94},{2003102,"Liping", 'F',87},
{2003103,"Zhengjiujuan",'F',93},{0,"\0",'\0',0}};
struct student * find(struct student *p,long Number);
main( )
{   struct student * p;
    long Number;
    char Ch;
    do
{
      printf("请输入学号: ");
      scanf("%ld",&Number);
      p=find(S,Number);
        if(p!=0)
         {
            printf("学号     姓名         性别     成绩:\n");
            printf("%-10ld%-16s%c%8.1f\n",p->Num,p->Name, p->Sex,p->Score);
         }
         else printf("没有找到\n");
         printf("\n 请输入'Y' or 'y' 继续查找 printf("\n 请输入 y 继续查找或输入 n
结束查找:");;:");
           Ch=getchar( );
      }while(Ch=='Y'||Ch=='y');
 }
struct student * find(struct student *p,long Number)
{
   while(p->Num!= Number&&p->Num!=0)
     p++;
   if(p->Num!=0)
     return p;
   else return 0;
}
```

3. 运行结果

程序的运行结果如图 6-5 所示。

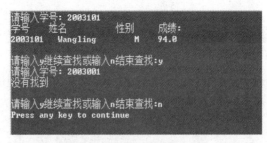

图 6-5　实验 6-2 运行结果

在此程序中，利用结构体类型的指针 p 指向 struct student 类型数组 S[]的首地址，在调用 find 函数时，必须使用结构体数组 S[]的起始地址 S 作为实参，传给形参 p，p 指向 S。在 find 函数中，利用 p 对其进行操作，查找到后返回 p。

🔧【实验 6-3】计算学生的平均成绩和不及格的人数。

💡 指 导

1. 编程分析

（1）定义学生类型的结构体，并定义结构体数组用于保存学生的成绩信息。

（2）假定数组的长度为 N，则用 for 语句循环 N 次，累加出学生的总成绩，最后除以 N 得到平均成绩。

（3）累加的同时判断相应成绩是否小于 60，是则不及格人数加一。

2. 伪代码

```
定义结构体 struct student
定义结构体数组并初始化数据
main( )
{
  定义变量，用于保存循环控制变量、不及格人数、总成绩、平均成绩
  循环：
{ 累加求和
    if（成绩<60）不及格人数++
}
输出结果
}
```

3. 编写源程序

```
#include <stdio.h>
struct student
{
    long longNum;
    char charName[20];
    char charSex;
    float floatScore;
}S[5]={
        {2003101,"Liping",'M',45},
        {2003102,"Zhangping",'M',62.5},
        {2003103,"Hefang",'F',92.5},
        {2003104,"Cheng ling",'F',87},
        {2003105,"Wang ming",'M',58},
      };
main( )
{   int I, C=0;
    float Ave, Sum=0;
    for(I=0; I<5; I++)
    {
      Sum+=S [I]. Score;
      if(S [I]. Score<60) C+=1;
    }
  Ave=Sum/5;
  printf("平均成绩=%f\n 不及格人数=%d\n",Ave, C);
}
```

本例程序中，定义了一个外部结构体数组 S，共有 5 个元素，并进行了初始化赋值。在 main 函数中用 for 语句逐个累加各元素的 Score，将总和存于 Sum 之中，如 Score 的值小于 60（不及格）则计数器 C 加 1，循环完毕后计算平均成绩，并输出平均成绩及不及格人数。

4. 运行结果

运行结果如图 6-6 所示。

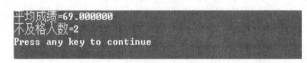

图 6-6　实验 6-3 运行结果

6.1.4　拓展与练习

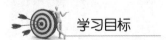【练习 6-1】定义一个结构体类型，成员包括姓名、电子邮箱和 QQ 号码。编写函数 input 输入 5 个成员的信息，并编写一个函数 print 输出这些数据。

【练习 6-2】编写程序，由键盘输入某商场各商品的名称、价格、销售量，计算各商品的销售额，并输出销售额前 10 的商品信息。

【练习 6-3】A 和 B 是按学号升序排列的结构体数组，结构体类型包括学号和成绩两个成员，把这两个数组合并成一个按学号升序排列的数组 C。

6.1.5　常见错误

（1）不能将结构变量作为一个整体进行输入和输出。

例如：

```
printf("Number=%ld\nName=%s\nSex=%c\nScore=%.2f\n",student);
```

是错误的，应该是：

```
printf("Number=%ld\nName=%s\nSex=%c\nScore=%.2f\n",student.Number,student.
Name,student.Sex,student.Score);
```

（2）成员可以是任意类型，如果成员本身又属于一个结构体类型，要一级一级地找到最低一级的成员。例如，对于结构体变量 t1，访问学生的生日应使用 t1. Birthday. Month，不能使用 t1. Birthday，因为 Birthday 本身也是一个结构体。

（3）结构体是一个类型，而不是变量，定义变量时关键字 struct 不能省略。如定义一个学生 struct student t1，通常用 typedef struct student STU。这时可以用 STU 来定义变量，如 STU t1。

任务 2　共用体

学习目标

（一）素质目标

（1）培养用程序处理实际问题的能力。

（2）养成良好的程序编写习惯、认真做事的态度。

（二）知识目标

（1）掌握共用体类型的定义、共用体变量的声明。

（2）掌握共用体变量的引用方法。

（三）能力目标

（1）会用共用体处理日常工作中遇到的问题。

（2）会用共用体处理信息。

6.2.1 案例讲解

案 例 6-3 共用体类型应用

1. 问题描述

有一个 unsigned long 型整数，分别将前 2 字节和后 2 字节以 unsigned int 型输出。

2. 编程分析

unsigned long 型占用 4 字节，取其中的 2 字节需要定义 unsigned int 型变量。

方法一：定义 unsigned int 型指针 p，则*p 和*(p+1)分别为前 2 字节和后 2 字节。

方法二：定义两个 unsigned short 变量，并与 unsigned long 变量使用同一个地址空间，即定义共用体。

3. 编写源程序

```
#include <stdio.h>
union data
{   unsigned long Ul;
    unsigned short Ua[2];
};
main( )
{   union data W;
    unsigned highbyte,lowbyte;
    W. Ul=0x12345678;
    highbyte=W. Ua[1]; lowbyte=W. Ua[0];
    printf("整型变量的值是 %lx\n",W. Ul);
    printf("前两个字节是 %x ,后两个字节是 %x\n ",highbyte,lowbyte);
}
```

4. 运行结果

程序的运行结果如图 6-7 所示。

图 6-7 运行结果

5. 归纳分析

（1）程序中& Ul 和 Ua 是相等的，Ul 和 Ua 共用同一块存储空间，即 sizeof(W)=4。

（2）共用体与结构体的使用形式类似，但含义不同。如果把 W 定义成 struct data，则 sizeof(W)=4+2+2=8，它可以存储一个长整型数据“和”两个整型数据；现在 W 是 union data，它可以存储一个长整型数据"或"两个整型数据，两者选一，因为它们共用一个存储空间。

（3）printf 语句中，%lx 以 16 进制输出长整型。可以看到，长整型中的高 16 位 0x1234 放在高的地址空间里，低 16 位放在低的地址空间里。

6.2.2 基础理论

1. 共用体类型的定义

有时需要使不同的数据使用共同的存储区域，在 C 语言中利用共用体类型（又称联合体）来实现。共用体也是一种构造数据类型，它的类型定义、变量说明和引用在形式上类似于结构体，二者的本质区别是存储方式不同。

定义共用体的一般形式如下。

```
union<共用体名>
{
  <成员列表>
}变量列表;
```

例如，定义把一个整型变量、一个字符型变量、一个实型变量放在同一个地址开始的内存单元的代码如下：

```
union data
{ int I;
  char Ch;
  float F;
};
```

设内存单元地址为 1200，则它们的存储示意如图 6-8 所示，三者需要的内存空间不一样，但都从 1200 单元开始分配。分配多大的空间呢？如果上例使用的是结构体，则内存为结构体分配 2+1+4=7 字节的空间。但在共用体中因为每次只使用共用体中的一个变量，所以分配的空间长度是最长的成员的长度，在本例中是 4 字节。这就是共用体和结构体的本质区别。

图 6-8　共用体存储示意

2. 共用体变量的说明和引用

和结构体的说明对应，共用体的变量说明有 4 种方式。

```
（1）union <共用体名>
     {
         <成员列表>
     }变量列表;
```

例如：

```
union data
{ int I;
```

```
  char  Ch;
   float  F;
   }A, B, C;
```
说明了 3 个共用体变量 A、B 和 C。

（2）union <共用体名>
```
     {
          <成员列表>
     };
   union 共用体名   变量列表;
```
　　例如：
```
union data
{ int  I;
   char  Ch;
    float  F;
};
union data A, B, C;
```
（3）union
```
     {
         <成员列表>
     }变量列表;
```
（4）typedef union
```
     {
          <成员列表>
     }共用体类型名;
共用体类型名   变量列表;
```
　　例如：
```
typedef  union
{ int  I;
    char  Ch;
     float  F;
}DATA;
DATA A, B, C;
```
　　共用体变量的引用和结构体、数组的引用一样，只能通过引用共用体变量的成员来实现。例如，对于前面定义的 3 个共用体变量 A、B、C，可以这样引用：
```
A.I;          /*引用共用体变量中的整型变量 I */
A.Ch;         /*引用共用体变量中的字符变量 Ch */
A.F;          /*引用共用体变量中的实型变量 F */
```
　　共用体类型数据有如下的特点。

　　（1）共用体的内存段可以存放几种类型的数据，但一次只能存放一个类型成员，且共用体变量中的值是最后一次存放的成员的值。例如：
```
A.I = 1;
A.Ch ='a';
A.F = 1.5;
```
　　完成以上 3 个赋值语句后，共用体变量的值是 1.5，而 A.I=1 和 A.Ch='a'已无意义。

（2）共用体变量不能初始化。例如：

```
union data
{ int I;
   char Ch;
   float F;
}A={1,'a',1.5};
```

（3）可以使用共用体指针，同样可以用指针形式来使用共用体成员。

例如，定义指针变量 p：

```
DATA *p;
p =&A;
```

则可以用下面的方式使用共用体的成员：

```
p->I = 1;
p ->Ch = 'a';
p->F = 1.5;
```

C 语言最初引入共用体的目的一是节省内存空间，二是可以将一种类型的数据转换为另一种类型的数据使用。

6.2.3 技能训练

【实验 6-4】设有若干个人员的数据，其中有学生和教师。学生的数据包括姓名、学号、性别、专业、班级。教师的数据包括姓名、工号、性别、职业、职务。可以看出，学生和教师所包含的数据是不同的，现要求把这些数据放在同一个表格中，如表 6-1 所示。如果"job"项为"s"（学生），则第五项为 class（班级）；如果"job"项为"t"（教师），则第五项为 position（职务）。

表 6-1 人员结构表

num	name	sex	job	class/position
101	Li	f	s	501
102	Wang	m	t	prof

指导

1. 编程分析

（1）定义一个结构体解决此问题，不同的部分（class 和 position）可以定义成共用体，即一个结构体类型中包含一个共用体成员。

（2）程序中，当 job 的值是's'时，使用共用体中的 class 成员，当 job 的值是't'时，使用 position 成员。

2. 编写源程序

```
#include <stdio.h>
struct
{
   int Num;
   char Name[10];
   char Sex;
   char Job;
```

```
    union
    {
        int Class;
        char Position[10];
    }category;
}person[2];
main( )
{
    int I;
    for(I=0; I<2; I++)
    {
        scanf("%d%s%c%c",&person[I]. Num,person[I]. Name,
        &person[I]. Sex,&person[I]. Job);
        if(person[I]. Job=='s') scanf("%d",&person[I].category. Class);
        else if(person[I]. Job=='t') scanf("%s",person[I].category. Position);
        else printf("input error!");
        printf("\n");
        printf("No.    Name    sex    job    class/position\n");
        for(I=0; I<2; I++)
            {
                if(person[I]. Job=='s')
                printf("%-6d%-10s%-3c%-3c%-6d\n",person[I]. Num,
                person[I]. Name,person[I]. ex,person[I]. Job,
                person[I].category. Class);
            else  printf("%-6d%-10s%-3c%-3c%-6s\n",person[I]. Num,
                person[I]. Name,person[I]. Sex,person[I]. Job,
                person[I].category. Position);
            }
    }
}
```

6.2.4 拓展与练习

【练习 6-4】有以下定义和语句，则 sizeof(A)的值是_____，而 sizeof(A.unionShare)的值是_____。

```
struct date
{
    int Day;
    int Month;
    int Year;
    union
    {   int Share1;
    float Share2;
    }Share;
}A;
```

【练习 6-5】长整型在内存中占 4 字节，请编写一个程序，将 4 个字符（char）拼成一个长整型（long）数据。编写一个函数将 4 字节的内容作为一个 long 型数据输出。

6.2.5 编程规范

（1）准确理解共用体的含义，某一时刻只有一个成员的数据是有效的。例如定义共用体：

```
union data
{   int I;
    char Ch;
    float F;
}A;
```

那么执行语句 A. I=500; A. Ch='a'; printf("%d",A. I);得到的结果不是 500。

（2）注意结构体与共用体的区别。假如有如下定义：

```
union data                      struct data
{  int I;                       {  int I;
   char Ch;                        char Ch;
   float F;                        float F;
} A;                            } B;
```

那么，sizeof(A)=max(sizeof(I),sizeof(Ch),sizeof(F))=4;，sizeof(B)= sizeof(sizeof(I))+sizeof(Ch) +sizeof(F)=2+1+4=7;。因为 A 中某一时刻只有一个数据，所以 4 字节足够了；而 B 中 3 个成员都占用空间，需要 7 字节。

 **枚举**

学习目标

（一）素质目标

（1）培养用程序处理实际问题的能力。

（2）养成良好的程序编写习惯、认真做事的态度。

（二）知识目标

（1）领会枚举类型的作用。

（2）掌握枚举类型变量的声明方法。

（三）能力目标

（1）会用枚举类型处理日常工作中遇到的问题。

（2）会用枚举类型处理信息。

6.3.1 案例讲解

 5 种颜色球的排列组合

1. 问题描述

一个口袋里有红、黄、蓝、白、黑共 5 种颜色的球若干个，依次从口袋中取出 3 个球，问：3 个球的颜色正好都不相同的情况有几种？输出所有可能的排列组合。

2. 编程分析

设取出的球为 I、J、K，根据题意 I、J、K 分别为 5 种颜色之一，并且 I≠J≠K，可以用穷举法——测试，哪组符合条件就输出哪组。

伪代码如下：

```
定义 5 种颜色
main( )
{
```

> 定义颜色变量 I、J、K
>
> 定义整数变量 N 累计总的次数
>
> 外循环：第一个球 I 从 red 到 black
>
> 中循环：第二个球 J 从 red 到 black
>
> 如果 I 与 J 颜色相同则不取
>
> 当 I 与 J 不相同时，进入内循环：
>
>   第三个球 K 也有 5 种可能
>
>   当 K 与 I 不同并且与 J 也不同时
>
>   {   输出次数 N
>
>   输出 3 个球的颜色
>
>   输出换行
>
>   }
>
> 最后输出方案总数 N
>
> }

3. 编写源程序

```c
#include <stdio.h>
enum color{red,yellow,blue,white,black};
void printcolor(enum color K);
main( )
{
    enum color I, J, K;
    int N;
    N=0;
    for(I=red; I<=black; I++)
    for(J=red; J<=black; J++)
    if(I!= J)
    {
        for(K=red; K<=black; K++)
        if((K!= I)&&( K!= J))
        {
            N++;
            printf("%-4d",N);
            printcolor(I);
            printcolor(J);
            printcolor(K);
            printf("\n");
        }
    }
printf("\ntotal:%5d\n",N);
}
void printcolor(enum color K)
{
    switch(K)
    {
        case red: printf("%-10s","red");break;
        case yellow: printf("%-10s","yellow");break;
        case blue: printf("%-10s","blue");break;
        case white: printf("%-10s","white");break;
```

```
        case black: printf("%-10s","black");break;
        default: break;
    }
}
```

4. 运行结果

程序运行结果如图 6-9 所示。

5. 归纳分析

（1）因为颜色一共有 5 种，可以一一列举出来，所以可以定义成枚举类型。

（2）枚举常量与整数有对应关系，red 是 0，yellow 是 1，以此类推。因此，I、J、K 可以循环地加一，也可以比较大小。

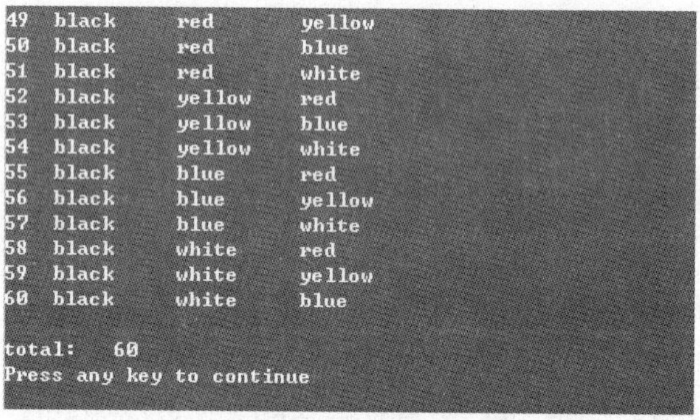

图 6-9　运行结果

（3）如果直接输出 I、J、K，则只能输出对应的整数，如 printf("%d",red)的结果是 0，因此用函数 printcolor 处理一下，I=red 则输出 printf("%-10s","red")。

6.3.2　基础理论

如果一个变量只有几种可能的值，可以将所有的值列举出来，在 C 语言中，可以把若干个有限的数据元素组成的集合定义成枚举类型。"枚举"就是将变量可能的值一一列举出来的含义。变量的值只能取列举出来的值之一。

1. 枚举类型的定义

定义枚举类型的一般形式如下。

```
enum  <枚举类型名>{ 枚举值表};
```

例如，"enum week{SUN,MON,TUES,WED,THUR,FRI,SAT};"定义了一个枚举类型 week 是枚举类型名，有 7 个数据（称为"枚举元素"或"枚举常量"），但它的值是 SUN 到 SAT 中的一个，并不是 7 个值，列出的 7 个数据是它的取值范围。

2. 枚举变量的说明与使用

枚举变量也可用不同的方式说明，即先定义后说明、同时定义说明或直接说明。说明枚举变量的 3 种方法如下。

（1）先定义枚举类型，然后说明枚举变量。例如：

```
enum colour{red,green,blue,yellow,white};
enum colour  Change, Select;
```

（2）在定义枚举类型的同时，说明枚举变量。例如：

```
enum colour{red,green,blue,yellow,white} Change, Select;
```

（3）直接定义枚举变量。例如：

```
enum{red,green,blue,yellow,white}Change, Select;
```

说明如下。

（1）枚举元素是常量。在 C 编译器中，按定义的顺序取值 0、1、2……例如：

```
Change = green;
printf("%d",Change);
```

的输出结果为 1。

（2）枚举元素是常量，不是变量，因此不能赋值。但在定义枚举类型时，可以指定枚举常量的值。例如：

```
enum colour{red=1,green=2,blue,yellow,white};
```

此时，枚举常量的值从 red 的值顺序加 1，例如 yellow=4。

（3）枚举值可以作为判断、比较的条件。例如：

```
if (Change == red)…
if (Select > green)…
```

（4）整型与枚举类型是不同的数据类型，不能直接赋值。例如：

```
enum week {sun=7,mon=1,tue,wed,thu,fri,sat}weekday;
weekday=1;
```

是不合法的。但可以通过强制类型转换赋值，如"weekday = (enum week)2;"。

6.3.3 技能训练

【实验 6-5】 设某月的第一天是星期日，请给出其他的日期是星期几。

指导

1. 编程分析

（1）用标识符 sun,mon,…,sat 表示星期几，这比用数字 1,2,…,7 表示要清晰，所以使用枚举可以提高程序的可读性。

（2）定义枚举类型表示星期（week），假定一个月是 30 天，定义数组（weekday）保存每一天是星期几，数组的长度是 31、0 号元素不用，数组的类型是 week，那么，weekday[1]=sunday，表示 1 号是星期日。

（3）枚举型与整型有对应关系，sunday +1 就是 monday，当到了周末 saturday（对应整数 6），下一天就应该是 sunday（对应整数 0）。

2. 编写源程序

```
#include <stdio.h>
main( )
  {    enum week{sun,mon,tue,wed,thu,fri,sat}weekday[31], J;
    int I;
    J=sun;
    for(I=1; I<=30; I++)
  {    weekday[I]= J;
    J++;
```

```
        if(J>sat) J=sun;
 }
for(I=1; I<=30; I++)
{      switch(weekday[I])
    {     case sun:printf("%3d Sunday",I);break;
          case mon:printf("%3d Monday",I);break;
          case tue:printf("%3d Tuesday",I);break;
          case wed:printf("%3d Wednesday",I);break;
          case thu:printf("%3d Thursday",I);break;
          case fri:printf("%3d Friday",I);break;
          case sat:printf("%3d Saturday\n",I);break;
    }
 }
  printf("\n");
}
```

6.3.4　拓展与练习

【练习 6-6】假设有如下定义。

```
enum data  {MIN,first=15,last=20,total,num=50,max=1000};
```
请指出各个枚举常量的值。

【练习 6-7】以下对枚举类型名的定义中正确的是（　　　）。

A．enum data={one,two,three};　　　　B．enum data {one=9,two=-1,three};

C．enum data={"one","two","three"};　　D．enum data {"one","two","three"};

6.3.5　编程规范

（1）枚举类型和枚举值的命名应尽量体现所描述的对象，以增加程序的可读性。

（2）只能把枚举值赋予枚举变量，不能把元素的值直接赋予枚举变量。例如，"enum week Today;Today=sun"是正确的，而"Today=0"是错误的。

（3）枚举元素不是字符常量，也不是字符串常量，使用时不要加单、双引号。

6.3.6　贯通案例——之七：使用结构体定义学生信息

1．问题描述

（1）定义学生类型的结构体数组，存放学生的学号、姓名、各科成绩、总成绩和平均成绩等信息，改写 4.4.5 小节、5.3.6 小节中的程序。

（2）实现查询学生成绩和修改学生记录。

2．编写源程序

```
#include <stdio.h>
#include <string.h>
#include <ctype.h>
#include <stdlib.h>
#define STU_NUM 40                    /* 最多的学生人数 */
#define COURSE_NUM 10                 /* 最多的考试科目 */
struct student
{
    int Number;                      /* 每个学生的学号 */
```

```
    char Name[10];                    /* 每个学生的姓名 */
    int Score[COURSE_NUM];            /* 每个学生 M 门科目的成绩 */
    int Sum;                          /* 每个学生的总成绩 */
    float Average;                    /* 每个学生的平均成绩 */
};
typedef struct student STU;
```

```
/* 函数功能：向链表的末尾添加从键盘输入的学生的学号、姓名和成绩等信息。
   函数参数：结构体指针 pHead，指向存储学生信息的结构体数组的首地址；
            整型变量 N，表示学生人数；
            整型变量 M，表示考试科目。

   函数返回值：无。
*/
int AppendScore(STU *pHead,int N,int M)
{
    int J;
    STU *p;
    char Ch ;

    for (p=pHead+N; p<pHead+STU_NUM; p++)
    {
        printf("\nInput number:");
        scanf("%d",&p->Number);
        printf("Input name:");
        scanf("%s",p->Name);
        for (J=0; J<M; J++)
        {
            printf("Input score%d:", J+1);
            scanf("%d",p->Score+J);
        }
        intN++ ;
        printf("Do you want to append a new node(Y/N)?");
        scanf(" %c",&Ch) ;
        if(Ch == 'n' || Ch == 'N' ) return N ;
    }

}
/* 函数功能：输出 n 个学生的学号、姓名和成绩等信息。
   函数参数：结构体指针 pHead，指向存储学生信息的结构体数组的首地址；
            整型变量 N，表示学生人数；
            整型变量 M，表示考试科目。

   函数返回值：无。
*/
void PrintScore(STU *pHead,int N,int M)
{
    STU *p;
    int I;
    char Str[100] = {'\0'},Temp[3];
```

```
    strcat(Str,"Number    Name ");
    for (I=1; I<= M; I++)
    {
        strcat(Str,"Score");
        itoa(I, Temp,10);
        strcat(Str, Temp);
        strcat(Str," ");
    }
    strcat(Str,"    sum  average");
    printf("%s",Str);                              /* 输出表头 */
    for (p=pHead; p<pHead+N; p++)    /* 输出 n 个学生的信息 */
    {
        printf("\nNo.%3d%8s",p->Number,p->Name);
        for (I=0; I< M; I++)
        {
            printf("%7d",p->Score[I]);
        }
        printf("%11d%9.2f\n",p->iSum,p->Average);
    }
}
/*  函数功能: 计算每个学生的 m 门科目的总成绩和平均成绩。
    函数参数: 结构体指针 pHead, 指向存储学生信息的结构体数组的首地址;
              整型变量 N, 表示学生人数;
              整型变量 M, 表示考试科目。
    函数返回值: 无。
*/
void TotalScore(STU *pHead,int N,int M)
{
    STU *p;
    int I;

    for (p=pHead; p<pHead+N; p++)
    {
        p->Sum = 0;
        for (I=0; I< M; I++)
        {
            p->Sum = p->Sum + p->Score[I];
        }
        p->Average = (float)p->Sum/M;
    }
}

/*  函数功能: 用选择法按总成绩由高到低排序。
    函数参数: 结构体指针 pHead, 指向存储学生信息的结构体数组的首地址;
              整型变量 N, 表示学生人数。
    函数返回值: 无。
*/
void SortScore(STU *pHead,int N)
{
```

```
    int I, J, K;
    STU Temp;

    for (I=0; I< N -1; I++)
    {
        K = I;
        for (J=I; J<N; J++)
        {
            if ((pHead+J)-> Sum > (pHead+K)-> Sum)
            {
                K = J;
            }
        }
        if (K!= I)
        {
            Temp = *(pHead+ K);
            *(pHead+K) = *(pHead+I);
            *(pHead+I) = Temp;
        }
    }
}
```

```
/*  函数功能：查找学生的学号。
    函数参数：结构体指针 pHead，指向存储学生信息的结构体数组的首地址；
            整型变量 Num，表示要查找的学号；
            整型变量 N，表示学生人数。
    函数返回值：如果找到学号，则返回它在结构体数组中的位置，否则返回-1。
*/
int SearchNum(STU *pHead,int Num,int N)
{
    int I;
    for (I=0; I<N; I++)
    {
        if ((pHead+I)-> Number == Num)    return I;
    }
    return -1;
}
```

```
/*  函数功能：按学号查找学生成绩并显示查找结果。
    函数参数：结构体指针 pHead，指向存储学生信息的结构体数组的首地址；
            整型变量 N，表示学生人数；
            整型变量 M，表示考试科目。
    函数返回值：无。
*/
void SearchScore(STU *pHead,int N,int M)
{
    int Number, FindNo;
    printf("Please Input the number you want to search:");
    scanf("%d",&Number);
```

```
        FindNo = SearchNum(pHead, Number, N);
        if (FindNo == -1)
        {
            printf("\nNot found!\n");
        }
        else
        {
            PrintScore(pHead+FindNo,1, M);
        }
}

/* 函数功能：显示菜单并获得用户从键盘输入的选项。
   函数参数：无。
   函数返回值：用户输入的选项。
*/
char Menu(void)
{
    char Ch;
    printf("#========================================================  #\n");
    printf("#                    学生成绩管理系统                      #\n");
    printf("#--------------------------------------------------------  #\n");
    printf("#========================================================  #\n");
    printf("#                    1.加载文件                            #\n");
    printf("#                    2.增加学生成绩                        #\n");
    printf("#                    3.显示学生成绩                        #\n");
    printf("#                    4.删除学生成绩                        #\n");
    printf("#                    5.修改学生成绩                        #\n");
    printf("#                    6.查询学生成绩                        #\n");
    printf("#                    7.学生成绩排序                        #\n");
    printf("#                    8.保存文件                            #\n");
    printf("#                    0.退出系统                            #\n");
    printf("#========================================================  #\n");
    printf("请按 0-8 选择菜单项:");
    scanf(" %c",&Ch);          /*在%c 前面加一个空格，将存于缓冲区中的回车符读入*/
    return Ch;
}
void ModifyScore(STU *pHead,int N,int M)
{
    int I, J, Num ;
    STU *p;
    printf("Please input the number to modify:\n" ) ;
    scanf("%d",&Num ) ;
    I = SearchNum( pHead, Num , M) ;
    if (I == -1 )
    {
        printf("Number not found\n") ;
        return ;
    }
```

```
    p = pHead + I ;
    printf("Number: %d\n",p->Number ) ;
    printf("Input name:");
    scanf("%s",p->Name);
    for (J=0; J<M; J++)
    {
        printf("Input score%d:", J+1);
        scanf("%d",p->Score+J);
    }
    TotalScore(pHead, N, M) ;
}
/*  函数功能：删除一个指定学号的学生的记录。
    函数参数：结构体指针 pHead，指向存储学生信息的结构体数组的首地址；
              整型变量 N，表示学生人数；
              整型变量 M，表示考试科目。
    函数返回值：学生人数 N。
*/
int DeleteScore(STU *pHead,int N,int M )
{
    int I, Num ;
    STU *p;
    printf("Please input the number to Delete:" ) ;
    scanf("%d",&Num ) ;
    I = SearchNum( pHead, Num, N ) ;
    if (I == -1 )
    {
        printf("Number not found\n") ;
        return N ;
    }
    for( p=pHead+I; p<=pHead+N; p++)
    {
        memcpy(p,p+1,sizeof( struct student) );
        memset( p+1,0,sizeof( struct student) );
    }
    N-- ;
    return N;
}

main( )
{
    char Ch;
    int M=3, N=0;
    STU Students[STU_NUM];
    while (1)
    {
        charCh = Menu( );                        /* 显示菜单，读取用户输入的内容 */
        switch (Ch)
        {
            case '1': //LoadScoreFile(Students,&N,&M );
                    break;
```

```
        case '2': N = AppendScore(Students, N, M);/* 调用增加学生成绩模块 */
               TotalScore(Students, N, M);
               break;
        case '3':PrintScore(Students, N, M);   /* 调用显示学生成绩模块 */
               break;
        case '4': N = DeleteScore(Students, N, M);  /* 调用删除学生成绩模块 */
               PrintScore(Students, N, M);
               break;
        case '5':ModifyScore(Students, N, M);     /* 调用修改学生成绩模块 */
               PrintScore(Students, N, M);
               break;
        case '6':SearchScore(Students, N, M);/* 调用查询学生成绩模块 */
               break;
        case '7':SortScore(Students, N);     /* 调用学生成绩排序模块 */
               printf("\nSorted result\n");
               PrintScore(Students, N, M);   /* 显示成绩排序结果 */
               break;
        case '8'://SaveScoreFile(Students, N, M); /* 调用保存文件模块 */
               break ;
        case '0':exit(0);                          /* 退出程序 */
               printf("End of program!");
               break;
        default:printf("Input error!");
               break;
    }
  }
}
```

3. 运行结果

运行结果如图 6-10 和图 6-11 所示。

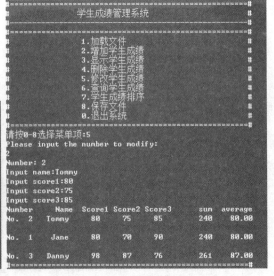

图 6-10　查询学生成绩　　　　　　　　　图 6-11　修改学生成绩

模块小结

本模块主要介绍了 3 种自定义数据类型——结构体、共用体、枚举类型，以及这 3 种类型的使用方法。

结构体是一种数据类型，它可以把几种基本的数据类型组合起来，构成一个组合数据类型，比如学生信息由学号、姓名、学分等组合而成，而结构体数组可以方便地表示结构相同的一组数据。

共用体也是一种数据类型，它在使用形式上跟结构体很像，但它们的含义有本质区别。共用体内也定义了多个数据成员，但这些数据成员共用一个存储空间，在某一个时刻，只有一个数据成员是有效的。

枚举类型是将变量的值一一列举出来，变量的值是列举出来的值中的一个。如定义星期，一星期有 7 天，7 个值就构成星期这个枚举类型；又如定义布尔类型，只有 true，false 两个值。

自测题

一、选择题

1. 有如下定义，能输出字母 M 的语句是（　　　）。

```
struct person{char Name[9]; int Age;};
strict person Class[10]={"Johu",17,"Paul",19,"Mary",18,"Adam,16};
```

  A. prinft("%c\n",　Class [3]. Name); B. pfintf("%c\n",　Class [3]. Name[1]);

  C. prinft("%c\n",　Class [2]. Name[1]); D. printf("%c\n",　Class [2]. Name[0]);

2. 设有以下说明语句，则下面叙述中正确的是（　　　）。

```
typedef struct
{  int N;
   char  Ch[8];
}PER;
```

  A. PER 是结构体变量名   B. PER 是结构体类型名

  C. typedef　struct 是结构体类型 D. struct 是结构体类型名

3. 以下程序的运行结果是（　　　）。

```
#include<stdio.h>
struct stu
{ int Num;
   char Name[10];
   int Age;
};
void fun(struct stu *p)
{ printf("%s\n",(*p).Name); }
main( )
{ struct stu D[3]={ {9801,"Zhang",20},{9802,"Wang",19},{9803,"Zhao",18}};
  fun(D+2);
}
```

  A. Zhang   B. Zhao   C. Wang   D. 18

4. 以下程序的运行结果是（　　　　）。

```
#include <stdlib.h>
struct NODE
{ int Num; struct NODE *pNext; }
main( )
{ struct NODE *p,*q,*r;
  p =(struct NODE *)malloc(sizeof(struct NODE));
  q =(struct NODE *)malloc(sizeof(struct NODE));
  r =(struct NODE *)malloc(sizeof(struct NODE));
  p->Num =10; q->Num =20; r->Num =30;
  p->next=q; q->next=r;
  printf("%d\n ",p->Num+ q->pNext->Num);
}
```

    A. 10   B. 20   C. 30   D. 40

5. 设有如下定义，下面各输入语句中错误的是（　　　　）。

```
struct student
{   char Name[10];
    int Age;
    char Sex;
} S[3],*p=S;
```

    A. scanf("%d",&(* p. Age);   B. scanf("%s",&S. Name);

    C. scanf("%c",&S[0]. Sex);   D. scanf("%c",&(p->Sex));

二、填空题

1. 设有如下定义。

```
struct person
{ int Id;char Name[12];} A;
```

  使用 scanf("%d", _____);能够为结构体变量 A 的成员 Id 正确读入数据。

2. 设有如下说明。

```
struct DATE{int Year;int Month;int Day;};
```

  请写出一条定义语句，该语句定义 D 为上述结构体类型变量，并同时为其成员 Year、Month、Day 依次赋初值 2006、10、1：_____。

3. 设 int 占 2 字节、char 占 1 字节，若有以下定义和语句，则 A 占用的字节数是_____，而 P 占用的字节数是_____。

```
struct { int Day; char Month; int Year;} A;*p;
p=&A;
```

4. C 语言提供的_____类型，可以将不同类型的信息组织成一个整体。

5. 有时需要使不同的数据使用共同的存储区域，在 C 语言中，可利用_____类型来实现。

6. 如果一种数据类型内只有一些数量有限的值，可以将所有的值一一列举出来，在 C 语言中，将这种数据类型定义为_____类型。

7. 由整型、实型、字符型这些基本数据组合而成的数据为_____数据。

8. 对结构体变量初始化时，初始化数据和结构体成员在类型、_____和_____上必须保持一致。

9. 设 student 类型的指针变量 p 已经指向结构体变量 A，则使用指针 P 的两种写法 _____ 或 _____ 等价于 A. Number。

10. 设有如下职工结构体定义。

```
struct employee
{
    int Num;                      /*工号*/
    char Name[20];                /*姓名*/
} *p={101,"wangfei"};
```

用 printf 函数输出指针 p 所指向职工姓名的语句为_____。

三、阅读程序题

1. 写出下面程序的运行结果。

```
#include <stdio.h>
#include <string.h>
typedef struct student
{
    char Name[10];
    long Sno;
    float Score;
}STU;
main( )
{   STU A ={"zhangsan",2001,95},B={"Shangxian",2002,90}, C={"Anhua", 2003,
95},D,*p=&D;
    D= A;
    if(strcmp(A. Name, B. Name)>0)   D =B;
    if(strcmp(C. Name, D. Name)>0)   D =C;
    printf("%ld%s\n",D.Sno,p->Name);
}
```

2. 写出下面程序的运行结果。

```
typedef union student
{   char Name[10];
    long Sno;
    char Sex;
    float Score[4];
}STU;
main( )
{   STU A[5];
    printf("%d\n",sizeof(A));
}
```

四、编程题

统计全班 20 人的成绩，统计项目包括姓名、学号、5 门课程成绩（语文、数学、英语、政治、物理）。求出每个人的平均分和全班的平均分。

模块 7 位运算与文件

本模块通过对文件的读写操作案例讲解，介绍 6 种位运算的运算符与格式、运算规则、文件的概念和基本操作，以及缓冲文件系统的使用方法。

任务 1 位运算

学习目标

（一）素质目标
（1）具有良好的自我学习和管理能力。
（2）具有精益求精的软件工匠精神。
（二）知识目标
（1）了解 6 种位运算的运算符与格式。
（2）熟练掌握位运算的运算规则。
（三）能力目标
（1）能运用位运算解决实际问题。
（2）能运用高级语言进行程序设计。

7.1.1 案例讲解

 案 例 7-1 实现二进制的循环移位

1. 问题描述

实现对指定整数的二进制循环移位。设待移位的数为 a，移位情况如图 7-1 所示，设系统中 2 字节存放一个整数。

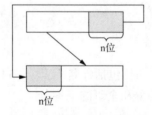

n位

n位

图 7-1 二进制的循环移位

2. 编程分析

该问题的要求，在于将待移位数 a 分成两部分，然后交换这两部分的位置。从而可知，需要增加两个变量存储变量 a 的两部分的值，而这些操作都需要求助于位运算。程序描述如下。

```
main( )
{
    定义无符号整型变量 a、b、c
    定义整型变量 n
    输入待移位数 a 和所移动位数 n
    将数 a 左移 16-n 位后的结果赋给变量 b
    将数 a 右移 n 位后的结果赋给变量 c
    对变量 b、c 做按位或运算，将计算结果赋给变量 c
    输出变量 a 和 c
}
```

3. 编写源程序

```
/* EX7_1.CPP */
#include <stdlib.h>
#include <stdio.h>
main( )
{
    unsigned short a,b,c;
    int n;
    char string[16];
    printf("请输入无符号整型变量 a 的值: ");
    scanf("%u",& a);
    printf("请输入移动位数 n 的值: ");
    scanf("%d",& n);
    b = a <<(16-n);
    c = a >> n;
    c = c | b;
    itoa(a,string,2);
    printf("%016s\n",string);
    itoa(c,string,2);
    printf("%016s\n",string);
}
```

4. 运行结果

运行结果如图 7-2 所示。

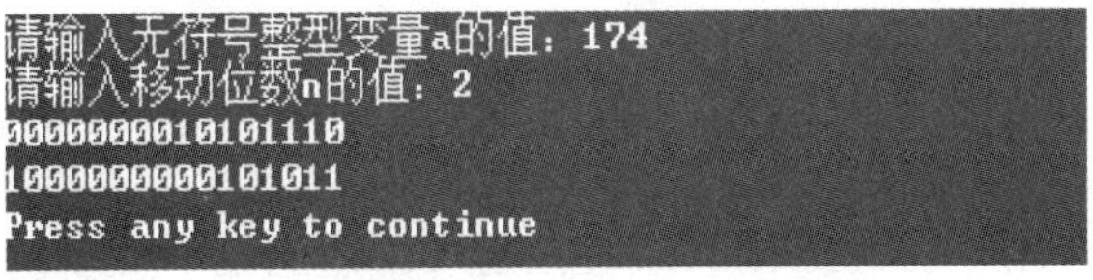

图 7-2 案例 7-1 运行结果

5. 归纳分析

本案例使用了左移位运算、右移位运算和按位或运算，实现二进制的循环移位。此外，为了能使用函数 itoa，引入了头文件 stdlib.h，该函数的原型为 char *itoa(int value,char

241

*string,int radix)，其功能为将任意类型的数字转换为字符串。原型说明：value 为欲转换的数据；string 为目标字符串的地址；radix 为转换后的进制数，可以是二进制数、八进制数、十进制数等。

该程序运行的一个实例，输入 a 的值为 174，移动位数 n 的值为 2，则运行结果如图 7-2 所示。其中，十进制数 174（即八进制数 256）的二进制数为 0000000010101110（按题设要求为 2 字节），循环移动 2 位，则循环移位后的二进制结果为 1000000000101011（即八进制数 100053）。

7.1.2 基础理论

C 语言提供给开发人员一种位的运算方法，这种位的运算方法常用在检测和控制、密码处理、图像处理等领域中，因此，C 语言具有高级语言的特点和低级语言的功能，能完成一些汇编语言所能完成的功能，给开发人员提供了一定的便利。

C 语言提供了 6 种位运算，下面分别介绍。

1. 按位与运算（&）

（1）格式：x & y。

（2）规则：按位与运算符是双目运算符。其功能是参加运算的两数各对应的二进位相与。只有对应的两个二进位均为 1，结果位才为 1，否则为 0。参加运算的数以补码方式出现。例如，9&5 可写算式如下：

```
  00001001
&00000101
  00000001
```
结果为 1。

（3）主要用途：用来对某些位清 0 或保留某些位。例如，把整数 a 的高八位清 0，保留低八位，可进行 a&255 运算（255 的二进制数为 0000000011111111）。

2. 按位或运算（|）

（1）格式：x | y。

（2）规则：按位或运算符是双目运算符。其功能是参加运算的两数各对应的二进位相或。只要对应的两个二进位有一个为 1，结果位就为 1。参加运算的两个数均以补码方式出现。例如，9|5 可写算式如下：

```
  00001001
|00000101
  00001101
```
结果为 13。

（3）主要用途：常用来将源操作数某些位置 1，其他位不变。例如，把整数 a 的低八位置 1，保留高八位，可进行 a|255 运算（255 的二进制数为 0000000011111111）。

3. 按位异或运算（^）

（1）格式：x ^y。

（2）规则：按位异或运算符是双目运算符。其功能是参加运算的两数各对应的二进位相异或，当两对应的二进位相异时，结果为 1。参加运算数仍以补码方式出现。例如，9^5 可写成算式如下：

```
  00001001
^ 00000101
  00001100
```

结果为 12。

（3）主要用途：常用来将源操作数某些特定位的值取反，其他位不变。例如，把整数 a 的低八位取反，保留高八位，可进行 a^255 运算（255 的二进制数为 0000000011111111）。

4. 求反运算（~）

（1）格式：~ x。

（2）规则：求反运算符为单目运算符，具备右结合性。其功能是对参加运算的数的各二进位按位求反。例如，~9 可写成算式如下：

```
~0000000000001001
 1111111111110110
```

结果为-10。

5. 左移运算（<<）

（1）格式：x<<位数。

（2）规则：左移运算符是双目运算符。其功能是把 "<<" 左边的运算数的各二进位全部左移若干位，"<<" 右边的数指定移动的位数。低位补 0，高位溢出。

例如：设整数 a=15，a<<2 表示把 000001111 左移为 00111100（即十进制数 60）。

6. 右移运算（>>）

（1）格式：x>>位数。

（2）规则：使操作数的各位右移，高位补 0，低位溢出。

例如：整数 a=5，a>>2 表示把 00000101 右移两位为 00000001（即十进制数 1）。

对 C 语言中位运算的一点补充（位数不同的运算数之间的运算规则）：由于位运算的对象可以是整型和字符型数据（其中整型数据可以直接转化成二进制数，字符型数据在内存中以它的 ASCII 值存放，也可以转化成二进制数），因此，当两个运算数类型不同时，位数亦会不同。如果遇到这种情况，系统将自动进行如下处理。

（1）将两个运算数右端对齐。

（2）将位数短的一个运算数往高位扩充，即对无符号数和正整数在左侧用 0 补全、对负数在左侧用 1 补全，然后对位数相等的两个运算数按位进行运算。

7.1.3 技能训练

【实验 7-1】运行下面的程序，分析运行结果。

```
/*EX7_2.CPP*/
#include <stdlib.h>
#include<stdio.h>
main( )
{
```

```
int a=0x36,b=0xc0;
char s1[16],s2[16];
itoa(a,s1,2);
printf(" a =%016s\n",s1);
itoa(b,s2,2);
printf("&b =%016s\n",s2);
a = a & b;
printf("_____\n");
itoa(a,s1,2);
printf(" a =%016s\n",s1);
}
```

该程序利用按位与运算，把变量 a 的所有位清 0。其运行结果如图 7-3 所示。

```
 a =0000000000110110
&b =0000000011000000
_____
 a =0000000000000000
Press any key to continue
```

图 7-3　程序 EX7_2.CPP 运行结果

【实验 7-2】运行下面的程序，分析运行结果。

```
/*EX7_3.CPP*/
#include <stdlib.h>
#include <stdio.h>
main( )
{
   int a,b=255,c;
   scanf("%d",& a);
   char s1[16],s2[16];
   itoa(a,s1,2);
   printf(" a =%016s\n",s1);
   itoa(b,s2,2);
   printf("&b =%016s\n",s2);
   a = a & b;
   printf("_____\n");
   itoa(a,s1,2);
   printf(" a =%016s\n",s1);
}
```

该程序利用按位与运算，把变量 a 的高八位清 0，保留低八位。假设输入变量 a 的值为 12345，其运行结果如图 7-4 所示。

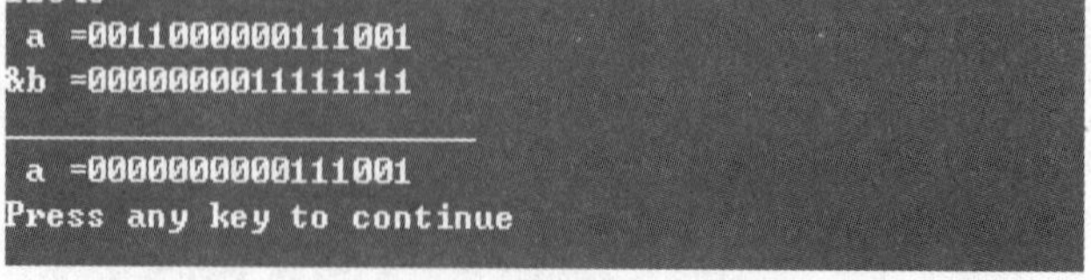

```
12345
 a =0011000000111001
&b =0000000011111111
_____
 a =0000000000111001
Press any key to continue
```

图 7-4　程序 EX7_3.CPP 运行结果

【实验 7-3】运行下面的程序，分析运行结果。

```
/*EX7_4.CPP*/
#include <stdlib.h>
```

```
#include <stdio.h>
void main( )
{
    int a =0x71,b =0xf;
    char s1[16],s2[16];
    itoa(a,s1,2);
    printf(" a =%016s\n",s1);
    itoa(b,s2,2);
    printf("^b =%016s\n",s2);
    a = a ^ b;
    printf("_____\n");
    itoa(a,s1,2);
    printf(" a =%016s\n",s1);
}
```

该程序利用按位异或运算，将变量 a 的低 4 位取反，高 4 位保留原值。其运行结果如图 7-5 所示。

图 7-5　程序 EX7_4.CPP 运行结果

🏫【实验 7-4】运行下面的程序，分析运行结果。

```
/*EX7_5.CPP*/
#include <stdio.h>
main( )
{
int a,b =1,c;
scanf("%d",&a);
c = a & b;
if(c)
    printf("%d是奇数! \n",a);
else
    printf("%d是偶数! \n",a);
}
```

该程序利用按位与运算，将变量 a 的最低位取出，如果取出 1 则为奇数，否则为偶数。其运行结果如图 7-6 所示。

图 7-6　程序 EX7_5.CPP 运行结果

🏫【实验 7-5】运行下面的程序，分析运行结果。

```
/*EX7_6.CPP*/
#include "stdio.h"
main( )
{
int a,b;
```

```
scanf("%d,%d",& a,& b);
printf("a =%d,b =%d\n",a,b);
a = a ^ b;  b = b ^ a;  a = a ^ b;
printf("a =%d,b =%d\n",a,b);
}
```

该程序利用按位异或运算，将变量 a 的值与变量 b 的值交换，不使用临时变量。假设输入变量 a 的值和变量 b 的值分别为 5 和 6，其运行结果如图 7-7 所示。

```
5,6
a =5,b =6
a =6,b =5
Press any key to continue
```

图 7-7　程序 EX7_6.CPP 运行结果

【实验 7-6】运行下面的程序，分析运行结果。

```
/*EX7_7.CPP*/
#include <stdio.h>
int add(int a,int b)
{
    int temp = 0;
    do{
        temp = a;
        a = a & b;
        b = b ^ temp;
        a = a << 1;
    }while(a != 0);
    return b;
}
main( )
{
    int a,b;
    scanf("%d %d",&a,&b);
    printf("%d + %d = %d\r\n",a,b,add(a,b));
}
```

该程序利用迭代公式 a +b= a^ b+(a & b) << 1，实现了两个整数的加法操作。程序主要功能在 add 函数内部的循环语句，每一次循环通过所执行 a = a & b，获取两个加数对应位均为 1 的结果数，然后通过 a = a << 1，实现加法中的进位操作，称为进位补偿；通过 b = b ^ temp，实现不考虑进位的加法操作。利用循环实现迭代，每迭代一次，进位补偿右边就多一位 0，因此，最多需要加数二进制位长度次迭代，进位补偿就变为 0，这时运算结束。假设输入变量 a 的值为 17，变量 b 的值为 21。其运行结果如图 7-8 所示。

```
17 21
17 + 21 = 38
Press any key to continue
```

图 7-8　程序 EX7_7.CPP 运行结果

7.1.4　拓展与练习

【练习 7-1】试编写一个函数 getbits，从一个 16 位的单元中取出某几位（即该几位保留原值，其余为 0），函数调用形式为 getbits(value,n1,n2)。其中，value 为该 16 位中的数据值，n1 为要取出的起始位，n2 为要取出的结束位。

任务 2　文件

学习目标

（一）素质目标

（1）具有良好的团队合作交流能力。

（2）通过文件的操作，培养一丝不苟的敬业精神。

（二）知识目标

（1）掌握文件的概念、分类和处理。

（2）掌握缓冲文件系统的使用方法和文件的操作。

（三）能力目标

（1）能用文件操作解决实际问题。

（2）能运用高级语言进行程序设计。

7.2.1　案例讲解

案 例 7-2　读取指定文件内容

1. 问题描述

已知一个文本文件"text.txt"的内容如下。

```
#include<stdio.h>
main( )
{
    printf("hello world");
}
```

编写程序读取该文本文件的内容，并在屏幕上显示。

2. 编程分析

程序描述如下。

```
main( )
{
    定义文件指针 * p，定义字符变量 c
    打开指定的文本文件
    判断指定的文本文件是否能打开，假如不能打开，显示提示信息并结束程序
    使用循环读取该文本文件的每个字符并依次在屏幕上输出
    关闭指定的文本文件
}
```

3. 编写源程序

```
/* EX7_8.CPP */
#include <stdio.h>
#include <conio.h>
```

```
#include <stdlib.h>
main( )
{
    FILE *p;
    char c;
    if((p =fopen("d:\\text.txt","r"))==NULL)
    {
        printf("不能打开文件，按任意键退出!");
        getch( );
        exit(1);
    }
    while ((c =fgetc(p))!=EOF)
        putchar(c);
    fclose(p);
}
```

4. 运行结果

其运行结果如图 7-9 所示。

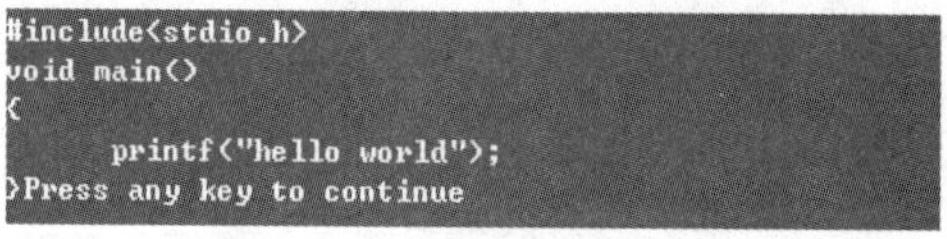

图 7-9　案例 7-2 运行结果

5. 归纳分析

本例程序的功能是从文件中逐个读取字符，在屏幕上显示这些字符（为了完成本程序的运行，首先需要在计算机 D:\下，新建一个 text.txt 文本文件，文件内容可以是任意字符）。程序定义了文件指针 p，以读文本文件方式打开文件"text.txt"，并使 p 指向该文件。如打开文件出错，则给出提示并退出程序。在 While 循环中，每次读出一个字符，只要读出的字符不是文件结束标志（每个文件末有一个结束标志 EOF），就把该字符显示在屏幕上，然后再读入下一个字符。每读一次，文件内部的位置指针向后移动一个字符。读文件结束时，该指针指向 EOF。

此外，为了能使用函数 getch，引入了头文件 conio.h。该函数的原型为"int getch(void);"，其功能是从控制台读取一个字符，但不显示在屏幕上；返回值为读取的字符。

为了能使用函数 exit，引入了头文件 stdlib.h。该函数的原型为"void exit(int status);"，其功能为关闭所有文件，终止正在执行的程序；exit(x)（x 不为 0）表示异常退出，exit(0) 表示正常退出。

7.2.2　基础理论

1. 文件的概念

文件是指存储在某种长期储存设备或临时存储设备中的一段数据流，并且归属于计算机文件系统管理之下。使用数据文件的目的有以下几种。

（1）数据文件的改动不引起程序的改动——程序与数据分离。

（2）不同程序可以访问同一个数据文件中的数据——数据共享。

（3）能长期保存程序运行产生的中间数据或结果数据。

2. 文件的分类

根据文件存储的内容的不同，文件可以分为程序文件和数据文件两种。程序文件是程序代码的集合体，而数据文件是指专门用来保存数据的文件。

根据文件存储介质的不同，文件又可以分为磁盘文件和设备文件两种。磁盘文件是指保存在磁盘或其他外部存储介质上的有序数据集，可以是 C 语言的源文件、目标文件、可执行程序，也可以是待输入处理的原始数据，或者是输出的结果。源文件、目标文件、可执行程序可以称为程序文件，输入/输出数据可称为数据文件。设备文件是指与主机相联的各种外部设备，如显示器、打印机、磁盘等。C 语言把外部设备也当作文件来进行管理，把它们的输入、输出分别等同于对磁盘文件的读和写。通常把显示器定义为标准输出文件，把键盘指定为标准的输入文件。

根据文件不同的组织形式，文件又可以分为 ASCII 文件（也称为文本文件）和二进制文件两种。ASCII 文件，每字节存放一个字符的 ASCII 值。二进制文件，数据按其在内存中的存储形式原样存放。例如 int 型数 10000，在内存中存储占用 2 字节，其中 1 的 ASCII 值为 00110001，0 的 ASCII 值为 00110000，10000 的二进制形式为 10011100010000。如果分别存储到文本文件和二进制文件中，其形式如图 7-10 所示。

内存存储形式：	00100111	00010000			
ASCII文件存储形式：	00110001	00110000	00110000	00110000	00110000
二进制文件存储形式：	00100111	00010000			

图 7-10　数据存储示意

从图 7-10 中可以看出，ASCII 文件输入与字符一一对应，便于对字符进行逐个处理，也便于字符的输出，但一般占用的存储空间较多，而且花费二进制代码和 ASCII 值之间的转换时间较长。用二进制文件则可以节省外部存储空间和转换的时间，但处理过程比较复杂。因此，ASCII 文件特点是存储量大、速度慢、便于对字符进行操作，二进制文件特点是存储量小、速度快、便于存放中间结果。

3. 文件的处理

在 C 语言中，对文件的输入和输出都是通过文件系统完成的，并不区分类型，都看成字符或者二进制流，按字节进行处理。输入/输出数据流的开始和结束只由程序控制，而不受物理符号（如换行符）的控制。因此，我们也把这种文件称作"流式文件"。

文件系统又分为缓冲文件系统和非缓冲文件系统。缓冲文件系统是高级文件系统，系统自动地在内存区为每一个正在使用的文件名开辟一个缓冲区，数据的输入/输出都是以这个缓冲区为中介的。非缓冲文件系统是低级文件系统，指系统不自动开辟确定大小的缓冲区，而由程序为每个文件设定缓冲区。图 7-11 和图 7-12 分别是缓冲文件系统和非缓冲文件系统。

C 语音只采用缓冲文件系统，也就是既用缓冲文件系统处理文本文件，也用它来处理二进制文件。在 C 语言中没有输入/输出语句，对文件的读写操作都是用标准的输入/输出库函数来实现的。

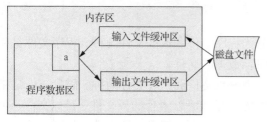

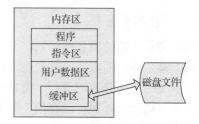

图 7-11　缓冲文件系统　　　　　　　　　　　　图 7-12　非缓冲文件系统

4. 缓冲文件系统

在缓冲文件系统中，使用最多的概念就是"文件指针"。缓冲文件系统为每个使用的文件在内存中开辟一个缓冲区，用来存放文件的相关信息，这些信息被保存在 FILE 类型的变量中。在 stdio.h 文件中有 FILE 类型的定义：

```
typedef struct
{
    short level;                    /*缓冲区空或满的程度*/
    unsigned  flags;                /*文件状态标志*/
    char fd;                        /*文件描述符*/
    unsigned char hold;             /*如无缓冲区则不读取字符*/
    short bsize;                    /*缓冲区的大小*/
    unsigned char *buffer;          /*数据缓冲区的位置*/
    unsigned ar *curp;              /*指针，当前的指向*/
    unsigned istemp;                /*临时文件*/
    short token;                    /*用于有效性检查*/
}FILE;
```

对普通用户而言，不必了解 FILE 类型的结构内容，只需知道每个文件都对应唯一的文件型指针变量，通过文件指针，我们可以对它所指的文件进行各种操作。定义文件型指针变量的一般形式如下。

```
FILE  *指针变量名;
```

例如，FILE *p;，p 是指向 FILE 类型结构体的指针变量，通过 p 即可查找存放某个文件信息的结构变量，然后按结构变量提供的信息可以访问该文件，实施对文件的操作。习惯上也笼统地把 p 称为指向文件的指针。

5. 文件的操作

对文件的基本操作有两种，一种是输入操作，另一种是输出操作。在操作文件之前，要打开文件；对文件操作结束后，还要关闭文件。因此，对文件的操作，必须遵守"先打开，再读写，后关闭"的规则，也就是说在进行读、写操作之前要先打开文件，使用完毕后要关闭文件。

（1）文件的打开函数 fopen。fopen 函数用来实现文件的打开，其调用的一般形式如下。

```
FILE  * p;
p =fopen(文件名,使用文件方式);
```

其中，"文件名"是被打开文件的文件名，包括文件的存储路径；"使用文件方式"是指文件的类型和操作要求。例如：

```
p =fopen("file1","r");
```

表示在当前目录下打开文件 file1，使用文件方式为"只读"，并使 p 指向该文件。

使用文件的方式共有 12 种，如表 7-1 所示。

表 7-1　文件使用方式

文件使用方式	含义
"r"（只读）	打开文本文件，只允许读数据
"w"（只写）	打开或建立文本文件，只允许写数据
"a"（追加）	打开文本文件，并在文件末尾增加数据
"rb"（只读）	打开二进制文件，只允许读数据
"wb"（只写）	打开或建立二进制文件，只允许写数据
"ab"（追加）	打开二进制文件，并在文件末尾写数据
"r+"（读写）	打开文本文件，允许读和写
"w+"（读写）	建立文本文件，允许读和写
"a+"（读写）	打开文本文件，允许读，或在文件末尾追加数据
"rb+"（读写）	打开二进制文件，允许读和写
"wb+"（读写）	建立二进制文件，允许读和写
"ab+"（读写）	打开二进制文件，允许读，或在文件末尾追加数据

说明如下。

① 用"r"方式打开文件，相应文件必须已经存在，且只能从该文件读出数据。

② 用"w"方式打开文件，只能向相应文件写入数据。若文件不存在，则以指定的文件名建立文件；若文件已经存在，则将该文件删去，重建一个新文件。

③ 如果想向已存在的文件末尾添加新的数据（不删除原来的数据），则应该用"a"方式打开。但此时该文件必须是存在的，否则将会出错。

④ "r+""w+""a+"方式既可以写入数据，又可以读出文件中的数据。

如果不能打开一个文件，则 fopen 函数将返回一个空指针值 NULL。在程序中，可以用这一信息来判别是否完成打开文件的工作，并进行相应的处理。因此，常用以下程序段打开文件：

```
if((p =fopen("file1","r")==NULL)
{
    printf("\n 不能打开文件 file1\n");
    exit(0);
}
```

先检查打开的操作是否有错误，即判断返回的指针是否为空，如果有错则给出提示信息"不能打开文件 file1"。exit(0)的作用是关闭所有文件，终止程序的运行。

对文本文件进行读、写操作时，要将 ASCII 值和二进制码进行转换，而对二进制文件的读写不存在这种转换。

标准输入文件（键盘）、标准输出文件（显示器）、标准出错输出文件（出错信息）这

C 语言程序设计任务式教程（微课版）

3 个文件是由系统自动打开的，我们可直接使用。

（2）文件的关闭函数 fclose。文件一旦使用完毕，应该用 fclose 函数把文件关闭，以避免文件的数据丢失等。关闭文件就是使文件指针变量不再指向该文件。调用该函数的一般形式如下。

```
fclose(文件指针);
```

例如：

```
fclose(p);
```

当顺利完成关闭文件的操作时，fclose 函数的返回值为 0，否则返回 EOF（-1）。

6. 文件的读写和建立

打开文件以后，就可以对它进行读、写操作了。

C 语言提供了多种读、写文件的函数。

字符读写函数：fgetc 和 fputc。

字符串读写函数：fgets 和 fputs。

数据块读写函数：fread 和 fwrite。

格式化读写函数：fscanf 和 fprinf。

使用以上函数都要求包含头文件 stdio.h。

（1）读字符函数 fgetc。fgetc 函数的功能是从指定的文件中读取一个字符，读取的文件必须是以读或读写方式打开的。调用的形式为：

```
c=fgetc(p);
```

p 为文件型指针变量，c 为字符变量。其意义是从打开的文件中读取一个字符并送入 c 中。读字符时遇到文件结束符，函数返回一个文件结束标志 EOF（-1）。EOF 是在 stdio.h 文件中定义的符号常量，值为-1。

（2）写字符函数 fputc。fputc 函数的功能是把一个字符写入指定的文件中。调用的形式为：

```
fputc(c,p);
```

c 是要写入的字符，它可以是字符常量或者是字符变量。p 为文件型指针变量。其意义是把字符 c 写入 p 所指向的文件中。如果写入成功，则返回写入的字符；如果写入失败，则返回 EOF（-1）。

（3）读字符串函数 fgets。fgets 函数的功能是从指定的文件中读取一个字符串到字符数组中。函数调用的形式为：

```
fgets(s,n,p);
```

n 是一个正整数，为要求得到的字符数，但从文件中读出的字符串只有 n-1 个字符，然后在最后一个字符后加上串结束标志'\0'，因此得到的字符串共有 n 个字符。把得到的字符串放在字符数组 s 里面。p 为文件型指针变量。如果在读完 n-1 个字符之前遇到换行符或 EOF，读操作即结束。函数返回值为 s 的首地址。

（4）写字符串函数 fputs。fputs 函数的功能是向指定的文件写入一个字符串。函数的调用形式为：

```
fputs(s,p)
```

s 可以是字符串常量，也可以是字符数组名或字符型指针变量。p 为文件型指针变量。

字符串末尾的'\0'不输出，若输出成功，函数返回 0；否则返回 EOF。

7. 数据块读写函数 fread 和 fwrite

有时候需要读写一组数据，如一个数组的元素、一个结构变量的值等，这时候可以使用读写数据块函数。函数调用的一般形式为：

```
fread(buffer,size,count,p);
fwrite(buffer,size,count,p);
```

其中，buffer 是一个指针，在 fread 函数中，它表示存放输入数据的首地址；在 fwrite 函数中，它表示存放输出数据的首地址。size 表示要读写的字节数。count 表示要读写的数据块块数（即 count 个 size 大的数据块）。p 为文件型指针变量。

8. 格式化读写函数 fscanf 和 fprintf

fscanf 函数、fprintf 函数与 scanf 函数和 printf 函数的功能相似，都是格式化读写函数。不同之处在于 fscanf 函数和 fprintf 函数的读写对象不是键盘和显示器，而是磁盘文件。函数的调用格式如下。

```
fscanf(文件指针,格式字符串,输入列表);
fprintf(文件指针,格式字符串,输出列表);
```

要注意的是，当在内存和磁盘频繁交换数据的情况下，最好不使用这两个函数，而使用 fread 函数和 fwrite 函数。

9. 文件的定位和检测

（1）文件的定位。前文介绍的对文件的读写方式都是顺序读写，即读写文件只能从头开始，顺序读写各个数据。但在实际问题中常要求只读写文件中某个指定的部分，也就是移动文件指针到需要读写的位置，再进行读写，这种读写称为随机读写。实现随机读写的关键是按要求移动文件指针，这称为文件的定位。

① rewind 函数。其调用形式如下。

```
rewind(文件指针);
```

它的功能是把文件指针重新移到文件的开头。此函数没有返回值。

② fseek 函数。fseek 函数用来移动文件指针，其调用形式如下。

```
fseek(文件指针,位移量,起始点);
```

其中，文件指针指向被移动的文件。位移量是指以起始点为基点，向后移动的字节数。要求位移量是 long 型数据，以避免在文件的长度大于 64K 时出现数据溢出问题。当用常量表示位移量时，直接在末尾加后缀 "L"。起始点表示从文件的什么位置开始计算位移量，规定的起始点有 3 种：文件首、当前位置和文件尾。其表示方法如表 7-2 所示。

表 7-2　文件指针的 3 种起始点

起始点	表示符号	数字表示
文件首	SEEK_SET	0
当前位置	SEEK_CUR	1
文件尾	SEEK_END	2

fseek 函数一般用于二进制文件，这是因为文本文件要进行转换，在计算位置的时候会出现错误。

（2）文件检测函数。C 语言中常用的文件检测函数有以下几个。

① 文件结束检测函数 feof。

调用格式：`feof(文件指针);`。

功能：判断文件是否处于文件结束位置，文件结束则返回值为 1，否则为 0。

② 读写文件出错检测函数 ferror。

调用格式：`ferror(文件指针);`。

功能：检查文件在用各种输入/输出函数进行读写时是否出错。返回值为 0 则表示未出错，否则表示有错。

③ 文件出错标志和文件结束标志置 0 函数 clearer。

调用格式：`clearerr(文件指针);`。

功能：用于清除出错标志和文件结束标志，使它们的值为 0。

7.2.3 技能训练

【实验 7-7】编写程序，从键盘上输入一系列字符，写到磁盘文件 file 中，以"#"作为输入的结束标志，然后把文件中的内容输出到屏幕。

指导

本实验的功能是执行两次磁盘文件操作：先用 fputc 函数把输入的字符放在指针 p 指向的文件中，然后把文件中的内容用 fgetc 函数逐个读取，在屏幕上显示。

程序定义了文件指针 p，先以写方式打开文本文件 file，并使 p 指向该文件。如打开文件出错，则给出提示并退出程序。输入字符到文件中的循环以输入"#"作为循环结束的标志。然后再以读方式打开文本文件 file，循环读取文本文件的每一个字符，并显示在屏幕上，并以 EOF 作为循环的结束标志，也就是判断是否读到文件的结尾。每次文件操作结束后，都要用 fclose 函数关闭文件。

```
/*EX7_9.CPP*/
#include <stdio.h>
#include <conio.h>
#include <stdlib.h>
main( )
{
    FILE *p;
    char c;
    if((p =fopen("file","w"))==NULL)
    {
        printf("不能打开文件 \n");
        exit(0);
    }
    printf("请输入字符:\n");
    while ((c =getchar( ))!='#') fputc(c,p);
    fclose(p);
    if ((p =fopen("file","r"))==NULL){
        printf("不能打开文件\n");
```

```
        exit(0);
    }
    printf("文件内容为:\n");
    c =fgetc(p);
    while(c!=EOF){
        putchar(c);
        c =fgetc(p);
    }
    fclose(p);
}
```

该程序首先打开当前目录中文件名为 file 的文件，然后从键盘上输入字符并存储到文件 file 中，输入完成后关闭文件 file，最后再次打开文件 file 并输出文件 file 中的字符。图 7-13 所示为该程序的一次运行实例结果。

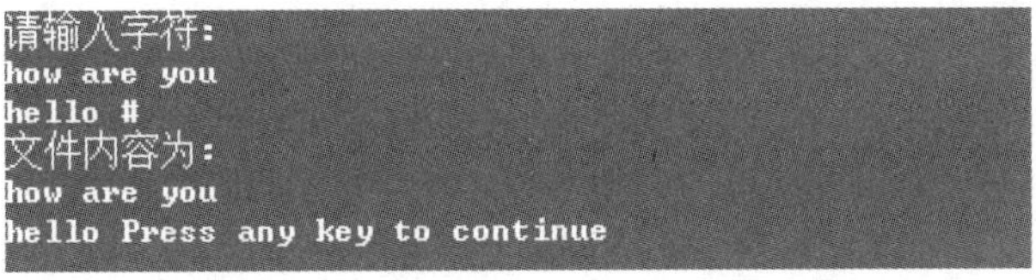

```
请输入字符:
how are you
hello #
文件内容为:
how are you
hello Press any key to continue
```

图 7-13　程序 EX7_9.CPP 运行结果

【实验 7-8】 有两个磁盘文件 file1.txt 和 file2.txt，各存放若干行字符，今要求把这两个文件中的信息按行交叉合并（即先是 file1.txt 的第一行，接着是 file2.txt 的第一行，然后是 file1.txt 的第二行，跟着是 file2.txt 的第二行……），输出到一个新文件 file3.txt 中去。

指 导

以读方式打开磁盘文件 file1.txt 和 file2.txt，然后依次读取 file1.txt 和 file2.txt 的一行，交叉存入新文件 file3.txt，因此可以通过 3 个循环语句实现。具体做法为：通过 fgets 函数分别获得文件 file1.txt 和 file2.txt 中的每一行字符，分别赋值给字符数组 a1 和 a2，然后将字符数组 a1 和 a2 中的内容依次写入文件 file3.txt。假如其中某个文件读取完成，则将另一文件剩余行写入文件 file3.txt 后部。

```
/*EX7_10.CPP*/
#include<stdio.h>
#include <conio.h>
#include <stdlib.h>
main( )
{
    FILE *p1,*p2,*p3;
    char a1[255],a2[255];
    if((p1=fopen("file1.txt","r"))==NULL)
        {printf("file file1 cannot be opened\n");exit(0);}
    if((p2=fopen("file2.txt","r"))==NULL)
        {printf("file file2 cannot be opened\n");exit(0);}
    if((p3=fopen("file3.txt","w+"))==NULL)
        {printf("file file3 cannot be opened\n");exit(0);}
    while(fgets(a1,255,p1)!=NULL&&fgets(a2,255,p2)!=NULL)
    {
        fputs(a1,p3);
```

```
        fputs(a2,p3);
    }
    while(fgets(a1,255,p1)!=NULL)
    {
        fputs(a1,p3);
    }
    while(fgets(a2,255,p2)!=NULL)
    {
        fputs(a2,p3);
    }
/*char c;    //以下注释掉的代码可用于查看文件 file1、file2、file3 的内容，以检查运行结果
    rewind(p1);
    rewind(p2);
    rewind(p3);
    printf("file1 文件内容为:\n");
    c =fgetc(p1);
    while(c!=EOF)
    {
        putchar(c);
        c =fgetc(p1);
    }
    printf("file2 文件内容为:\n");
    c =fgetc(p2);
    while(c!=EOF)
    {
        putchar(c);
        c =fgetc(p2);
    }
    printf("file3 文件内容为:\n");
    c =fgetc(p3);
    while(c!=EOF)
    {
        putchar(c);
        c =fgetc(p3);
    }*/
    fclose(p1); fclose(p2); fclose(p3);
}
```

该程序的一次运行实例如图 7-14 所示。

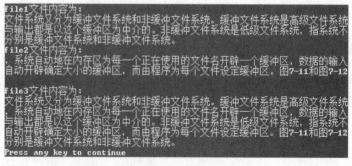

图 7-14　程序 EX7_10.CPP 运行结果

【实验 7-9】 从键盘输入两个学生的数据，写入一个文件中，再读出这两个学生的数据并显示在屏幕上。

指导

该实验需要一个数据结构来存储学生数据，因此需要定义一个学生结构体，并将输入的学生数据写入文件，再读出该文件的内容，显示在屏幕上。每个学生都包含一组数据，因此使用数据块读写函数 fread 和 fwrite 来完成对文件的读写，程序如下。

```
/*EX7_11.CPP*/
#include<stdio.h>
#include <conio.h>
#include <stdlib.h>
struct stu
{
    char name[10];
    int num;
    int age;
    char addr[20];
}stu_1[2],stu_2[2],*stuP,*stuQ;

main( )
{
    FILE *p;
    stuP= stu_1;
    stuQ= stu_2;
    int i;
    if((p=fopen("stu_list","wb+"))==NULL)
    {
        printf("Cannot open file strike any key exit!");
        exit(0);
    }
    printf("input data\n");
    for(i =0; i<2; i++,stuP++)
    scanf("%s %d %d %s",stuP->name,&stuP->num,
    &stuP ->age,stuP->addr);
    stuP= stu_1;
    fwrite(stuP,sizeof(struct stu),2,p);
    rewind(p);
    fread(stuQ,sizeof(struct stu),2,p);
    printf("NAME\tNUMBER\t  AGE\t ADDR\n");
    for(i=0;i<2;i++,stuQ++)
    printf("%s\t%5d%7d\t%s\n",stuQ->name,stuQ->num,
    stuQ->age,stuQ-> addr);
    fclose(p);
}
```

本例程序定义了一个结构体 stu，说明了两个结构体数组 stu_1 和 stu_2 及两个结构体指针变量 stuP 和 stuQ。stuP 指向 stu_1，stuQ 指向 stu_2。程序以读写方式打开二进制文件"stu_list"，输入两个学生的数据之后，写入该文件中，然后用 rewind 函数把文件内部位置指针重新移到文件首，读出两个学生的数据显示在屏幕上。该程序的一次运行实例如图 7-15 所示。

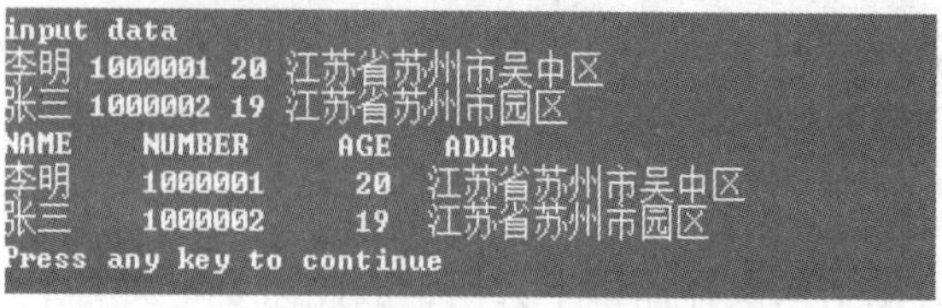

图 7-15　程序 EX7_11.CPP 运行结果

【实验 7-10】用 fscanf 和 fprintf 函数完成实验 7-9 的问题。

指 导

与函数 fread 和 fwrite 相比，fscanf 和 fprintf 函数每次只能读写一个结构体数组元素，因此应采用循环语句来读写全部结构体数组元素，程序如下。

```
/*EX7_12.CPP*/
# include<stdio.h>
#include <conio.h>
#include <stdlib.h>
struct stu
{
    char name[10];
    int num;
    int age;
    char addr[20];
}stu_1[2],stu_2[2],*stuP,*stuQ;
main( )
{
    FILE *p;
    stuP= stu_1;
    stuQ= stu_2;
    int i;
    if((p=fopen("stu_list","wb+"))==NULL)
    {
        printf("Cannot open file strike any key exit!");
        exit(0);
    }
    printf("input data\n");
    for(i =0; i <2; i++,stuP++)
    scanf("%s %d %d %s",stuP->name,&stuP->num,
    &stuP ->age,stuP->addr);
    stuP= stu_1;
    for(i=0;i<2;i++,stuP++)
    fprintf(p,"%s %5d %7d %s\n",stuP->name, stuP->num, stuP->age,stuP-> addr);
    rewind(p);
    for(i =0; i <2; i++,stuQ++)
    fscanf(p,"%s %d %d %s\n",stuQ->name,&stuQ->num,
    &stuQ ->age,stuQ->addr);
    printf("NAME\tNUMBER\t  AGE\t ADDR\n");
    stuQ= stu_2;
    for(i=0;i<2;i++,stuQ++)
printf("%s\t%5d%7d\t%s\n",stuQ->name,stuQ->num,stuQ->age,stuQ->addr);
    fclose(p);
}
```

本程序中，fscanf 和 fprintf 函数每次只能读写一个结构体数组元素，因此采用了循环语句来读写全部结构体数组元素。还要注意指针变量 stuP、stuQ，由于循环改变了它们的值，因此在程序中分别对它们重新赋予了数组的首地址。该程序的一次运行实例如图 7-16 所示。

图 7-16　程序 EX7_12.CPP 运行结果

【实验 7-11】在学生文件 stu_ list 中读取第二个学生的数据。

指导

前两个实验对文件的读取都是顺序读取，而该实验只读写文件 stu_ list 中某一指定部分的内容。因此，用函数 fseek 先将文件内部的位置指针移动到需要读写的位置，然后再使用函数 fread 读取指定数据。程序如下。

```
/*EX7_13.CPP*/
#include<stdio.h>
#include <conio.h>
#include <stdlib.h>
struct stu
{
    char name[10];
    int num;
    int age;
    char addr[20];
}student,*stuP;
main( )
{
    FILE *p;
    int i =1;
    stuP =&student;
    if((p=fopen("stu_list","rb"))==NULL)
    {
        printf("Cannot open file strike any key exit!");
        getch( );
        exit(1);
    }
    rewind(p);
    fseek(p,i*sizeof(struct stu),0);
    fread(stuP,sizeof(struct stu),1,p);
    printf("name\tnumber\t  age   addr\n");
    printf("%s\t%5d %7d %s\n",stuP->name,stuP->num, stuP->age,stuP-> addr);
}
```

本程序中，fseek 函数一般用于二进制文件，这是因为文本文件要进行转换，在计算位置的时候会出现错误。在完成本实验之前，可以使用 fwrite 函数生成二进制文件，或使用事前准备好的二进制文件。通过读取实验 7-9 所生成的文件 stu_list 里的数据，该程序的一次运行实例如图 7-17 所示。

图 7-17　程序 EX7_13.CPP 运行结果

7.2.4　拓展与练习

【练习 7-2】利用在本模块学习的知识实现简单的文件加密。

💡 指导

　　每次对原文中的一个字符进行加密，再将加密后的这个字符存储到密文，直到将原文中的每个字符做如上处理后，才结束该加密程序。具体做法为：首先通过键盘输入加密密钥，然后读取原文中的每一个字符，与加密密钥进行异或操作，得到该字符的加密密文，然后将该加密密文存入密文中，直到处理完原文中的每个字符，程序如下。

```cpp
/*EX7_14.CPP*/
#include <stdio.h>
#include <conio.h>
#include <stdlib.h>
main( )
{
    FILE *p1,*p2;
    char c;
    int cipher;
    int n;
    printf("请输入密钥 n 的值：");
    scanf("%d",&n);
    if ((p1 =fopen("test","rb"))==NULL)
    {
        printf("不能打开文件\n");
        exit(0);
    }
    if ((p2 =fopen("Ciphertext","wb"))==NULL)
    {
        printf("不能打开文件\n");
        exit(0);
    }
    c =fgetc(p1);
    while(c!=EOF)
    {
        cipher=(int)(c)^n;
        fputc((char)(cipher),p2);
    c =fgetc(p1);
    }
    printf("加密成功! \n");
    fclose(p2);
    fclose(p1);
}
```

该程序实现了较简单对称加密的一种算法。C 语言在 Visual C++环境下，一个 int 型数据占 4 字节，因此该程序可以有 4294967296 个加密密钥。现假设输入加密密钥 1234，其运行结果如图 7-18～图 7-20 所示。

图 7-18　程序 EX7_14.CPP 运行结果

图 7-19　加密前原文内容

图 7-20　加密后密文内容

此外，该实例只是为了说明通过 C 语言中的位运算与文件处理解决问题的方法。在实际中，加密算法要复杂得多，对它的处理相对也比较复杂。例如，该程序可以使用不同的加密密钥进行多次加密，或者配合使用其他位运算对原文实现非对称加密等，这些都可以增加密文的破解难度。解密为加密的逆过程，因此解密程序可以作为课后练习，由读者自己编程运行。

7.2.5　常见错误

（1）使用文件时，忘记打开文件。

（2）用只读方式打开文件，却企图向该文件输入数据。

（3）使用完文件，忘记关闭文件。

因此，在打开文件前，应做到对文件的状态进行检查。

7.2.6　贯通案例——之八：加载文件和保存文件

1.　问题描述

在 6.3.6 小节的基础上实现学生成绩管理系统的加载文件、保存文件功能。

2.　编写源程序

```
/*  函数功能：保存学生记录文件。
    函数参数：结构体指针 head，指向存储学生信息的结构体数组的首地址；
             整型变量 N，表示学生人数；
             整型变量 M，表示考试科目。
    函数返回值：无。
```

```
*/
/*EX7_15.CPP*/
void SaveScoreFile(STU *head, const int n, const int m )
{
FILE *fp ;
int i ;
STU *p = head;
if((fp=fopen("record","wb"))==NULL)
{
    printf("can not open file\n");
    exit(1);
}
printf("\nSaving file\n");
fwrite( &n, sizeof(int), 1, fp ) ;
fwrite( &m, sizeof(int), 1, fp ) ;
for (i=0; i<n; i++)
{
    fwrite( head+i , sizeof(struct student), 1, fp ) ;
}
fclose(fp) ;
return;
}
```

/* 函数功能：加载学生记录文件。
   函数参数：结构体指针 head，指向存储学生信息的结构体数组的首地址；
           整型变量 n，表示学生人数；
           整型变量 m，表示考试科目。
   函数返回值：结构体指针 head，指向存储学生信息的结构体数组的首地址。
*/

```
/*EX7_16.CPP*/
STU *LoadScoreFile(STU *head,  int *n, int *m )
{
FILE *fp ;
int i ;
if ( ( fp=fopen( "record", "rb")) == NULL )
{
    printf ( "open failure\n" ) ;
    exit(-1) ;
}
fread( n, sizeof(int), 1, fp) ;  /* 读出学生数 */
fread( m, sizeof(int), 1, fp) ;  /* 读出科目数 */
printf("M:[%d] N:[%d]\n" , *m, *n ) ;
for( i=0; i<= *n; i++)
{
    fread( head + i , sizeof( struct student), 1, fp ) ;
}
fclose ( fp) ;
return head ;
}
```

3. 运行结果

运行结果如图 7-21 和图 7-22 所示。

图 7-21 加载文件

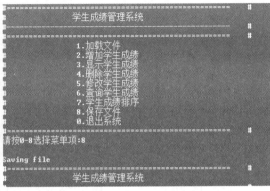

图 7-22 保存文件

模块小结

本模块主要介绍了位运算与文件处理，首先简单介绍了 C 语言的 6 种位运算，然后着重介绍了 C 语言处理文件的基本操作和对应的函数。

灵活应用 C 语言位运算符，在某些编程中能够得到很好的解决方案。例如，左移一位相当于乘 2，右移一位相当于除以 2。因此学好位运算，在程序开发中灵活应用位运算符，往往能在一些对效率和时间都要求很高的应用的开发中起到事半功倍的效果。

C 语言文件处理部分重点介绍了如何打开文件、读取和追加数据、插入和删除数据、关闭文件等。由于在程序开发中可以使用文件存储各种有用的数据，因此作为程序员必须会编写创建文件和处理文件中数据的程序。

自测题

一、选择题

1. 在 C 程序中，可把整型数据以二进制形式存放到文件中的函数是（　　）。

  A. fprintf 函数　　　　　　　　　　B. fread 函数

  C. fwrite 函数　　　　　　　　　　D. fputc 函数

2. 以下程序的输出结果是（　　）。

```
main( )
{
    char charX=040;
    printf("%o\n",charX<<1);
}
```

  A. 100   B. 80   C. 64   D. 32

3. 下面的程序运行后，文件 test 中的内容是（　　）。

```
#include <stdio.h>
#include <string.h>
#include <conio.h>
#include <stdlib.h>
```

```
void fun(char *charFileName,char *charS)
{
FILE *fileMyFile;
int i;
fileMyFile=fopen(charFileName,"w");

for(i=0;i<strlen(charS);i++)
    fputc(charS[i],fileMyFile);
 fclose(fileMyFile);
}
main()
{
fun("test","new world");
fun("test","hello,");
}
```

  A. hello,   B. new worldhello, C. new world D. hello,rld

  4. 读取二进制文件的函数调用形式为 fread(buffer,intSize,unsignedCount,p);，其中，buffer 代表的是（ ）。

    A. 一个文件指针，指向待读取的文件

    B. 一个整型变量，代表待读取的数据的字节数

    C. 一个内存块的首地址，代表读入数据存放的地址

    D. 一个内存块的字节数

  5. 下列程序运行后，文件 t1.dat 中的内容是（ ）。

```
#include <stdio.h>
void WriteStr(char *charFileName,char *charStr)
{
    FILE *p;
    p=fopen(charFileName,"w");
    fputs(charStr,p);
    fclose(p);
}
main( )
{
    WriteStr("t1.dat","start");
    WriteStr("t1.dat","end");
}
```

  A. start   B. end   C. startend D. endrt

  6. 下列叙述中错误的是（ ）。

    A. 在 C 语言中，对二进制文件的访问速度比文本文件快

    B. 在 C 语言中，二进制文件以二进制代码形式存储数据

    C. 语句 "FILE fp;" 定义了一个名为 fp 的文件指针

    D. C 语言中的文本文件以 ASCII 值形式存储数据

  7. 有以下程序，若文本文件 filea.txt 中原有内容为 hello，则运行该程序后，文件 filea.txt 的内容为（ ）。

```
#include <stdio.h>
main( )
```

```
{ FILE *p;
  p=fopen("filea.txt","w");
  fprintf(p,"abc");
  fclose(p);
}
```

   A. helloabc   B. abclo   C. abc   D. abchello

8. 下列叙述中正确的是（   ）。

  A. C 语言中的文件是流式文件，因此只能顺序存取数据

  B. 打开一个已存在的文件并进行写操作后，原有文件中的全部数据必定被覆盖

  C. 在一个程序中，当对文件进行写操作后，必须先关闭该文件然后再打开，才能读到第 1 个数据

  D. 当对文件的读（写）操作完成之后，必须将它关闭，否则可能导致数据丢失

9. 设文件指针 p 已定义，执行语句 "p=fopen("file","w");" 后，以下针对文本文件 file 操作的叙述中正确的是（   ）。

  A. 写操作结束后可以从头开始读

  B. 只能写不能读

  C. 可以在原有内容后追加写

  D. 可以随意读和写

10. 下列关于 C 语言文件的叙述中正确的是（   ）。

  A. 文件由一系列数据一次排列组成，只能构成二进制文件

  B. 文件由结构序列组成，可以构成二进制文件或文本文件

  C. 文件由数据序列组成，可以构成二进制文件或文本文件

  D. 文件由字符序列组成，只能是文本文件

11. 下列叙述中错误的是（   ）。

  A. 计算机不能直接运行用 C 语言编写的源程序

  B. C 程序经 C 编译程序编译后，生成后缀为.obj 的文件是二进制文件

  C. 后缀为.obj 的文件，经连接程序生成后缀为.exe 的文件是二进制文件

  D. 后缀为.obj 和.exe 的二进制文件都可以直接运行

12. 设 fp 为指向某二进制文件的指针，且已读到此文件末尾，则函数 feof(fp)的返回值为（   ）。

  A. EOF   B. 非 0 值   C. 0   D. NULL

13. 以下叙述中错误的是（   ）。

  A. gets 函数用于从终端读入字符串

  B. getchar 函数用于从磁盘文件读入字符

  C. fputs 函数用于把字符串输出到文件

  D. fwrite 函数用于以二进制形式输出数据到文件

14. 下列程序的功能是进行位运算，程序运行后的输出结果是（   ）。

```
main( )
{
    unsigned char charA,charB;
    charA =7^3; charB =~4 & 3;
```

C 语言程序设计任务式教程（微课版）

```
    printf("%d %d\n",charA,charB);
}
```

    A．4 3   B．7 3   C．7 0   D．4 0

    15．以下程序运行后的输出结果是（   ）。

```
main( )
{
    unsigned char c1,c2,c3;
    c1=0x3;
    c2=c1|0x8;
    c3=c2<<1;
    printf("%d%d\n",c2,c3);
}
```

    A．-11 12   B．-6 -13   C．12 24   D．11 22

二、填空题

    1．若 p 已正确定义为一个文件指针，d1.dat 为二进制文件，请填空，以便为"读"而打开此文件：p=fopen(_____)。

    2．设有定义 FILE *p;，请将以下打开文件的语句补充完整，以便可以向文本文件 readme.txt 的最后续写内容。p=fopen("readme.txt", _____)。

    3．有 int b= 2;，表达式(b<< 2)/(b>>1)的值是_____。

    4．10&6 的值是_____。

    5．有 int intA=10;，intA<<2 的值是_____。

    6．根据文件存储的内容的不同，文件可以分为_____文件和_____文件两种。

    7．根据存储介质的不同，文件可以分为_____文件和_____文件两种。

    8．按文件中数据的组织形式，文件可以分为_____文件和_____文件。

    9．对文件进行读、写操作之前，必须先执行_____文件的操作；在读、写操作结束之后，必须执行_____文件的操作。

    10．fopen 函数如果调用成功，返回相应文件的_____；否则，返回_____。

    11．在 C 程序中，文件可以用_____方式存取，也可以用_____方式存取。

    12．feof()函数用来判断文件是否结束，如果遇到文件结束，函数的返回值为_____；否则为_____。

三、程序填空题

    1．下面的程序用于统计文件中字符的个数，请填空。

```
# include <stdio.h>
main( )
{
    FILE *p;
    long longNum=0;
    if((p=fopen("file.dat","r"))==NULL)
    {
        printf("Open file error!\n");
        _____;
    }
```

```
while_____
{
    fgetc(p);
    longNum++;
}
printf("number=%d\n",longNum);
    _____;
}
```

2. 下面的程序是从一个二进制文件中读入结构体数据，并把结构体数据显示在终端屏幕上，请填空。

```
# include <stdio.h>
struct Data
{
    int   num;
    float total;
};
void print(FILE *fileP);
void main( )
{
    FILE  *p;
    p=fopen("file.dat","r");
    print(p);
        ;
}
void print(          )
{
    struct Data dataRb;
    while(!feof(fileP))
    {
        fread(&dataRb,_____,1,fileP);
        printf("%d,%f",_____,_____);
    }
}
```

四、编程题

编写程序，通过键盘输入一个文件名，然后输入一串字符（用"#"结束输入），存放到文件中形成文本文件，并将字符的个数写到文件尾部。

模块 ⑧ 综合项目实战

通过前文的学习，读者已经掌握了 C 语言的基础知识。学习编程语言的目的是将其应用到项目开发中解决实际的问题，在不断的应用中增强开发技能、锻炼编程思维。本模块将利用前文所学的知识开发一个职工信息管理系统，以加深读者对 C 语言基础知识的理解，让读者了解实际项目的开发流程。

 项目设计与实现

学习目标

（一）素质目标
（1）具有良好的团队合作交流能力。
（2）具有精益求精的软件工匠精神。
（二）知识目标
（1）了解项目的需求分析。
（2）熟悉 C 语言模块化设计开发。
（三）能力目标
（1）能运用 C 语言进行实际项目设计。
（2）能运用 C 语言进行实际的编程实现。

需求分析

职工信息管理系统可以是面向企业或事业单位的科学的、全面的、高效的进行人事管理的系统，可以根据企业或事业单位人事管理的实际情况，进行具体且实用的系统设计。

内容包括职工信息的建立和维护，职工信息的录入和输出，各种实用信息的浏览，个人信息相关信息的添加出等功能。职工信息管理系统操作简便，有一定的应用价值。

一个职工信息管理系统，满足以下需求。

- 提供一个菜单来调用各个功能，使界面尽可能美观。
- 录入职工信息功能。
- 浏览职工信息功能。
- 查询职工信息功能。
- 删除职工信息功能。
- 添加职工信息功能。

- 修改职工信息功能。
- 退出。

功能结构

职工信息管理系统功能主要有以下几个。

（1）系统以菜单方式工作：可选项（1～7）。

（2）录入职工信息功能——输入，选择 1（可录入人数 1～100）。

（3）浏览职工信息功能——输出，选择 2。

（4）查询职工信息功能——算法，选择 3。

查询方法：按职工号查询请按 1，按学历查询请按 2，按电话号码查询请按 3，返回主菜单按 4。

（5）删除职工信息功能，选择 4。

（6）添加职工信息功能，选择 5。

（7）修改职工信息功能，选择 6。

修改选项：职工号，姓名，性别，年龄，学历，工资，住址，电话号码。

（8）退出，选择 7。

职工信息管理系统的总体功能结构如图 8-1 所示。

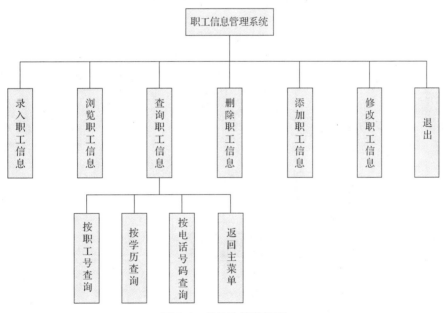

图 8-1 总体功能结构图

流程图

查询职工信息功能的流程图如图 8-2 所示，可以按职工号查询、按学历查询、按电话号码查询、返回主菜单。

修改职工信息功能的流程图如图 8-3 所示，可以根据职工姓名查询，找到对应的职工信息，再根据修改的选项进行职工信息的修改。

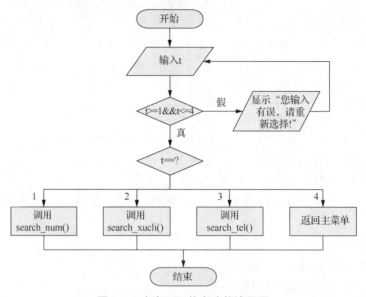

图 8-2　查询职工信息功能流程图

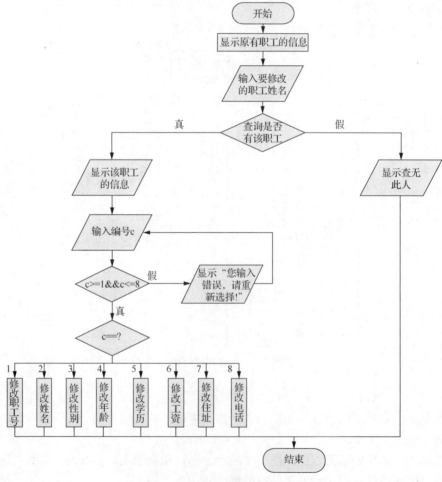

图 8-3　修改职工信息功能流程图

模块总体设计

（1）菜单模块：显示职工信息管理系统的主菜单，供用户选择所需的功能，通过自己定义的 menu 函数来实现。

（2）录入职工信息模块：录入职工号、姓名以及职工的其他相关信息，通过自定义的 input 函数来实现；将内存中职工的信息输出到磁盘文件中，可以通过自定义的 save 函数来实现。

（3）浏览职工信息模块：浏览所有职工的相关信息，通过自定义的 display 函数来实现。

（4）查询职工信息模块：可以按职工号、学历、电话号码来查询职工的相关信息，通过自定义的 search、search_num、search_xueli、search_tel 函数来实现。

（5）删除职工信息模块：删除需要删除的职工的所有信息，通过自定义的 delete 函数来实现。

（6）添加职工信息模块：输入要添加的人数，添加职工信息，通过自定义的 add 函数来实现。

（7）修改职工信息模块：可以修改需要修改的职工的相关信息，通过自定义的 modify 函数来实现。

（8）退出模块：退出职工信息管理系统，通过头文件中的 exit 函数来实现。

菜单模块

1．功能描述

从 1～7 选择数字，1 为录入职工信息，2 为浏览职工信息，3 为查询职工信息，4 为删除职工信息，5 为添加职工信息，6 为修改职工信息，7 为退出。

2．菜单模块页面

菜单模块页面如图 8-4 所示。

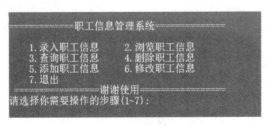

图 8-4　单模块页面

3．界面关键代码和描述

```
void menu(); /*调用菜单函数*/
int n,flag;
char a;
do
{printf("\n");
printf("\n==============职工信息管理系统==============\n\n");
printf("    1.录入职工信息      2.浏览职工信息\n");
printf("    3.查询职工信息      4.删除职工信息\n");
```

```
printf("      5.添加职工信息       6.修改职工信息\n");
printf("      7.退出\n");
printf("   =================谢谢使用=================\n");
printf("请选择你需要操作的步骤(1～7):\n");
scanf("%d",&n);
if(n>=1&&n<=7)
{
flag=1;
break;
}
else
{
flag=0;
printf("您输入有误，请重新选择!");
}
}
while(flag==0);
while(flag==1)
{
switch(n)
{
case 1:printf("  -----输入职工信息-----\n");printf("\n");input();break;
case 2:printf("  -----浏览职工信息-----\n");printf("\n");display();break;
case 3:printf("  -----按职工号查询职工信息-----\n");printf("\n");search();break;
case 4:printf("  -----删除职工信息-----\n");printf("\n");delete();break;
case 5:printf("  -----添加职工信息-----\n");printf("\n");add();break;
case 6:printf("  -----修改职工信息-----\n");printf("\n");modify();break;
case 7:exit(0);break;
default :break;
}
getchar();
printf("\n");
printf("是否继续进行(y or n):\n");
scanf("%c",&a);
if(a=='y')
{
flag=1;
system("cls");  /*清屏*/
menu();  /*调用菜单函数*/
printf("请再次选择你需要操作的步骤(1～7):\n");
scanf("%d",&n);
printf("\n");
}
else
exit(0);
}
```

录入职工信息模块

1. 功能描述

指定录入人数（1～100），录入职工的职工号（10000～10100 的随机数产生）、姓名、性别、年龄、学历、工资、住址、电话号码。

2. 模块运行功能

模块运行后如图 8-5 所示。

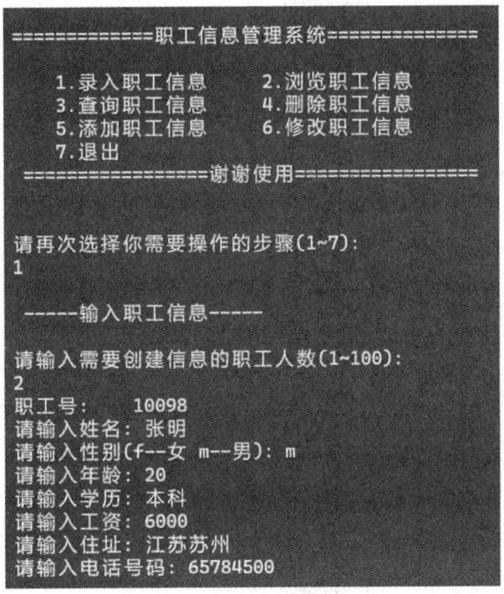

图 8-5 录入职工信息

3. 界面关键代码和描述

```c
void input() /*录入函数*/
{
int i,m;
printf("请输入需要创建信息的职工人数(1～100):\n");
scanf("%d",&m);
for (i=0;i<m;i++)
{
printf("职工号: ");
srand((int)time(0));
em[i].num=rand()%101+10000
;
if(em[i].num!=em[i-1].num)
printf("%8d ",em[i].num);
printf("\n");
printf("请输入姓名: ");
scanf("%s",em[i].name);
getchar();
printf("请输入性别(f--女 m--男): ");
scanf("%c",&em[i].sex);
printf("请输入年龄: ");
scanf("%d",&em[i].age);
```

```
printf("请输入学历: ");
scanf("%s",em[i].xueli);
printf("请输入工资: ");
scanf("%d",&em[i].wage);
printf("请输入住址: ");
scanf("%s",em[i].addr);
printf("请输入电话号码: ");
scanf("%d",&em[i].tel);
printf("\n");
}
printf("\n创建完毕!\n");
save(m);
}
void save(int m)  /*保存文件函数*/
{
int i;
FILE*fp;
if ((fp=fopen("employee_list","wb"))==NULL)  /*创建文件并判断是否能打开*/
{
printf ("cannot open file\n");
exit(0);
}
for (i=0;i<m;i++)  /*将内存中职工的信息输出到磁盘文件中去*/
if (fwrite(&em[i],sizeof(struct employee),1,fp)!=1)
printf("file write error\n");
fclose(fp);
}
int load()  /*导入函数*/
{
FILE*fp;
int i=0;
if((fp=fopen("employee_list","rb"))==NULL)
{
printf ("cannot open file\n");
exit(0);
}
else
{
do
{
fread(&em[i],sizeof(struct employee),1,fp);
i++;
}
while(feof(fp)==0);
}
fclose(fp);
return(i-1);
}
```

浏览职工信息模块

1. 功能描述

浏览已录入职工的相关信息，包括职工号、姓名、性别、年龄、学历、工资、住址、电话号码。

2. 模块运行功能

模块运行后如图 8-6 所示。

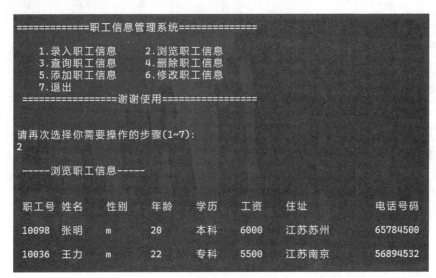

图 8-6　浏览职工信息

3. 界面关键代码和描述

```
void display() /*浏览函数*/
{
int i;
int m=load();
printf("\n 职工号\t 姓名\t 性别\t 年龄\t 学历\t 工资\t 住址\t 电话号码\n");
for(i=0;i<m;i++) /*m 为输入部分的职工人数*/
printf("\n
%d\t%s\t%c\t%d\t%s\t%d\t%s\t%ld\n",em[i].num,em[i].name,em[i].sex,em[i].age,
em[i].xueli,em[i].wage,em[i].addr,em[i].tel);
}
```

查询职工信息模块

1. 功能描述

查询职工信息。

查询方法：按职工号查询请按 1；按学历查询请按 2；按电话号码查询请按 3；返回主菜单按 4。

2. 模块运行功能

模块运行后如图 8-7 所示。

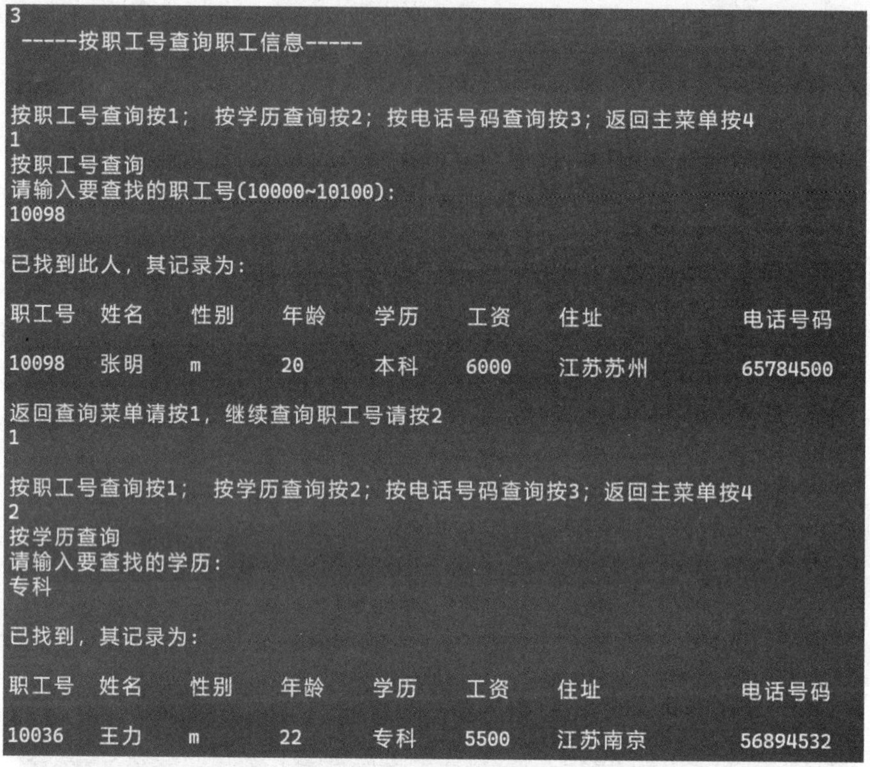

```
3

    -----按职工号查询职工信息-----

按职工号查询按1； 按学历查询按2；按电话号码查询按3；返回主菜单按4
1
按职工号查询
请输入要查找的职工号(10000~10100)：
10098

已找到此人，其记录为：

职工号   姓名      性别      年龄      学历      工资      住址                电话号码

10098   张明      m         20        本科      6000      江苏苏州            65784500

返回查询菜单请按1，继续查询职工号请按2
1

按职工号查询按1； 按学历查询按2；按电话号码查询按3；返回主菜单按4
2
按学历查询
请输入要查找的学历：
专科

已找到，其记录为：

职工号   姓名      性别      年龄      学历      工资      住址                电话号码

10036   王力      m         22        专科      5500      江苏南京            56894532
```

图 8-7　查询职工信息

3. 界面关键代码和描述

```c
void search()/*查询函数*/
{
int t,flag;
do
{
printf("\n 按职工号查询请按 1；按学历查询请按 2；按电话号码查询请按 3；返回主菜单按 4\n");
scanf("%d",&t);
if(t>=1&&t<=4)
{
flag=1;
break;
}
else
{
flag=0;
printf("您输入有误，请重新选择!");
}
}
while(flag==0);
while(flag==1)
{
switch(t)
{
```

```c
case 1:printf("按职工号查询\n");search_num();break;
case 2:printf("按学历查询\n");search_xueli();break;
case 3:printf("按电话号码查询\n");search_tel();break;
case 4:main();break;
default:break;
}
}
}
void search_num()
{
int num;
int i,t;
int m=load();
printf("请输入要查找的职工号(10000~10100):\n");
scanf("%d",&num);
for(i=0;i<m;i++)
if(num==em[i].num)
{
printf("\n已找到此人，其记录为:\n");
printf("\n职工号\t姓名\t性别\t年龄\t学历\t工资\t住址\t电话号码 \n");
printf("\n%d\t%s\t%c\t%d\t%s\t%d\t%s\t%ld\n",em[i].num,em[i].name,em[i].sex
,em[i].age,em[i].xueli,em[i].wage,em[i].addr,em[i].tel);
break;
}
if(i==m){
printf("\n对不起，查无此人\n");}
printf("\n");
printf("返回查询函数请按1,继续查询职工号请按2\n");
scanf("%d",&t);
switch(t)
{
case 1:search();break;
case 2: break;
default:break;
}
}
void search_xueli()
{
char xueli[30];
int i,t;
int m=load();
printf("请输入要查找的学历:\n");
scanf("%s",xueli);
for(i=0;i<m;i++)
if(strcmp(em[i].xueli,xueli)==0)
{
printf("\n已找到，其记录为:\n");
printf("\n职工号\t姓名\t性别\t年龄\t学历\t工资\t住址\t电话号码 \n");
printf("\n%d\t%s\t%c\t%d\t%s\t%d\t%s\t%ld\n",em[i].num,em[i].name,em[i].sex,
em[i].age,em[i].xueli,em[i].wage,em[i].addr,em[i].tel);
```

```
break;
}
if(i==m){
printf("\n 对不起，查无此人\n");}
printf("\n");
printf("返回查询函数请按 1，继续查询学历请按 2\n");
scanf("%d",&t);
switch(t)
{
case 1:search();break;
case 2:break;
default :break;
}
}
void search_tel()
{
long int tel;
int i, t;
int m=load();
printf("请输入要查找的电话号码:\n");
scanf("%ld",&tel);
for(i=0;i<m;i++)
if(tel==em[i].tel)
{
printf("\n 已找到此人，其记录为:\n");
printf("\n 职工号\t 姓名\t 性别\t 年龄\t 学历\t 工资\t 住址\t 电话号码 \n");
printf("\n%d\t%s\t%c\t%d\t%s\t%d\t%s\t%ld\n",em[i].num,em[i].name,em[i].sex,
em[i].age,em[i].xueli,em[i].wage,em[i].addr,em[i].tel);
break;
}
if(i==m){
printf("\n 对不起，查无此人\n");}
printf("\n");
printf("返回查询函数请按 1，继续查询电话号码请按 2\n");
scanf("%d",&t);
switch(t)
{
case 1:search();break;
case 2:break;
default :break;
}
```

删除职工信息模块

1. 功能描述

输入要删除职工信息的职工姓名，可以删除该职工的相关信息。

2. 模块运行功能

模块运行后如图 8-8 所示。

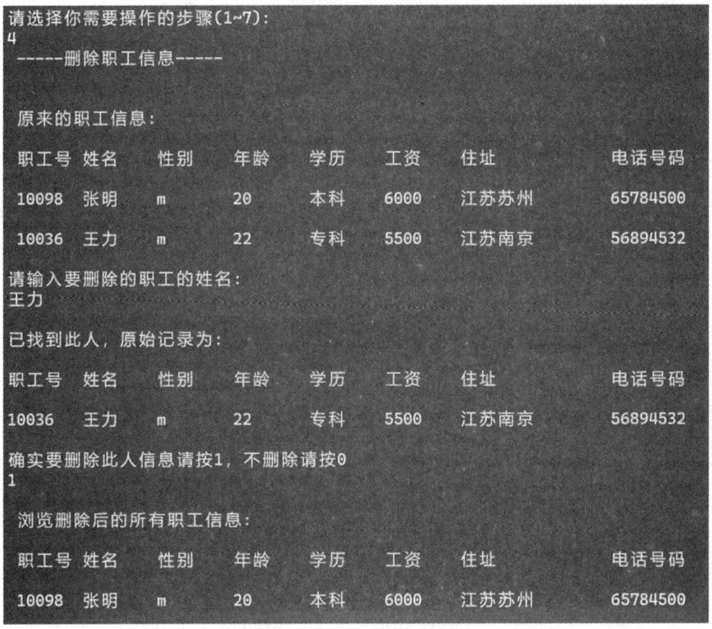

图 8-8　删除职工信息

3. 界面关键代码和描述

```
void delete()  /*删除函数*/
{
int m=load();
int i,j,n,t,flag;
char name[20];
printf("\n 原来的职工信息:\n");
display();  /* 调用浏览函数*/
printf("\n");
printf("请输入要删除的职工的姓名:\n");
scanf("%s",name);
for(flag=1,i=0;flag&&i<m;i++)
{
if(strcmp(em[i].name,name)==0)
{
printf("\n 已找到此人，原始记录为:\n");
printf("\n 职工号\t 姓名\t 性别\t 年龄\t 学历\t 工资\t 住址\t 电话号码 \n");
printf("\n%d\t%s\t%c\t%d\t%s\t%d\t%s\t%ld\n",em[i].num,em[i].name,em[i].sex,
em[i].age,em[i].xueli,em[i].wage,em[i].addr,em[i].tel);
printf("\n 确实要删除此人信息请按 1，不删除请按 0\n");
scanf("%d",&n);
if(n==1)  /*如果删除，则其他的信息都往上移一行*/
{
for(j=i;j<m-1;j++)
{
strcpy(em[j].name,em[j+1].name);
em[j].num=em[j+1].num;
em[j].sex=em[j+1].sex;
```

```
em[j].age=em[j+1].age;
strcpy(em[j].xueli,em[j+1].xueli);
em[j].wage=em[j+1].wage;
strcpy(em[j].addr,em[j+1].addr);
em[j].tel=em[j+1].tel;
}
flag=0;
}
}
}
if(!flag)
m=m-1;
else
printf("\n 对不起，查无此人!\n");
printf("\n 浏览删除后的所有职工信息:\n");
save(m);  /*调用保存函数*/
display();  /*调用浏览函数*/
printf("\n 继续删除请按 1，不再删除请按 0\n");
scanf("%d",&t);
switch(t)
{
case 1:delete();break;
case 0:break;
default :break;
}
}
```

添加职工信息模块

1．功能描述

添加职工的信息，录入职工的职工号、姓名、性别、年龄、学历、工资、住址、电话号码等信息。

2．模块运行功能

模块运行后如图 8-9 所示。

3．界面关键代码和描述

```
void add()/*添加函数*/
{
FILE*fp;
int n;
int count=0;
int i;
int m=load();
printf("\n 原来的职工信息:\n");
display();  /* 调用浏览函数*/
printf("\n");
fp=fopen("emploee_list","a");
printf("请输入想增加的职工数:\n");
```

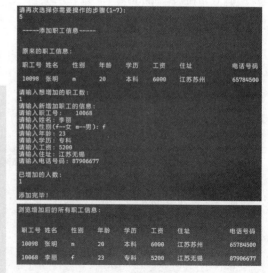

图 8-9　添加职工信息

```
scanf("%d",&n);
for (i=m;i<(m+n);i++)
{
printf("\n 请输入新增加职工的信息:\n");
printf("请输入职工号: ");
srand((int)time(0));
em[i].num=rand()%101+10000;
if(em[i].num!=em[i-1].num)
printf("%8d ",em[i].num);
printf("\n");
printf("请输入姓名: ");
scanf("%s",em[i].name);
getchar();
printf("请输入性别(f--女 m--男): ");
scanf("%c",&em[i].sex);
printf("请输入年龄: ");
scanf("%d",&em[i].age);
printf("请输入学历: ");
scanf("%s",em[i].xueli);
printf("请输入工资: ");
scanf("%d",&em[i].wage);
printf("请输入住址: ");
scanf("%s",em[i].addr);
printf("请输入电话号码: ");
scanf("%d",&em[i].tel);
printf("\n");
count=count+1;
printf("已增加的人数:\n");
printf("%d\n",count);
}
printf("\n 添加完毕!\n");
m=m+count;
printf("\n 浏览增加后的所有职工信息:\n");
printf("\n");
save(m);
display();
fclose(fp);
}
```

修改职工信息模块

1. 功能描述

修改职工的信息,选择对应的修改选项:1 为职工号,2 为姓名,3 为性别,4 为年龄,5 为学历,6 为工资,7 为住址,8 为电话号码。

2. 模块运行功能

模块运行后如图 8-10 所示。

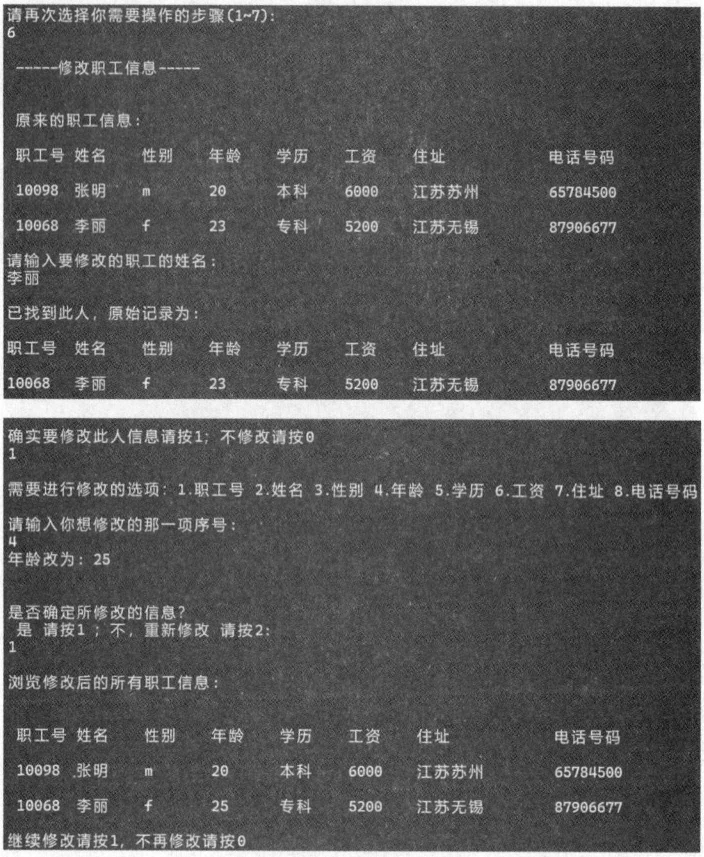

图 8-10　修改职工信息

3.　界面关键代码和描述

```
void modify()  /*修改函数*/
{
int num;
char name[10];
char sex;
int age;
char xueli[30];
int wage;
char addr[30];
long int tel;
int b,c,i,n,t,flag;
int m=load(); /*导入文件内的信息*/
printf("\n 原来的职工信息:\n");
display(); /* 调用浏览函数*/
printf("\n");
printf("请输入要修改的职工的姓名:\n");
scanf("%s",name);
for(flag=1,i=0;flag&&i<m;i++)
{
if(strcmp(em[i].name,name)==0)
```

```
{
printf("\n 已找到此人，原始记录为:\n");
printf("\n 职工号\t 姓名\t 性别\t 年龄\t 学历\t 工资\t 住址\t 电话号码 \n");
printf("\n%d\t%s\t%c\t%d\t%s\t%d\t%s\t%ld\n",em[i].num,em[i].name,em[i].sex,
em[i].age,em[i].xueli,em[i].wage,em[i].addr,em[i].tel);
printf("\n 确实要修改此人信息请按 1 ; 不修改请按 0\n");
scanf("%d",&n);
if(n==1)
{
printf("\n 需要进行修改的选项\n   \n");
printf("请输入你想修改的那一项序号:\n");
scanf("%d",&c);
if(c>8||c<1)
printf("\n 选择错误，请重新选择!\n");
}
flag=0;
}
}
if(flag==1){
printf("\n 对不起，查无此人!\n");}
do
{
switch(c)  /*因为当找到第 i 个职工时，for 语句后 i 自加了 1，所以下面应该把改后的信息赋给第
i-1 个人*/
{
case 1:printf("职工号改为: ");
scanf("%d",&num);
em[i-1].num=num;
break;
case 2:printf("姓名改为: ");
scanf("%s",name);
strcpy(em[i-1].name,name);
break;
case 3:printf("性别改为: ");
getchar();
scanf("%c",&sex);
em[i-1].sex=sex;
break;
case 4:printf("年龄改为: ");
scanf("%d",&age);
em[i-1].age=age;
break;
case 5:printf("学历改为: ");
scanf("%s",xueli);
strcpy(em[i-1].xueli,xueli);
break;
case 6:printf("工资改为: ");
scanf("%d",&wage);
em[i-1].wage=wage;
```

```
break;
case 7:printf("住址改为: ");
scanf("%s",addr);
strcpy(em[i-1].addr,addr);
break;
case 8:printf("电话号码改为: ");
scanf("%ld",&tel);
em[i-1].tel=tel;
break;
}
printf("\n");
printf("\n是否确定所修改的信息?\n 是 请按1 ; 不，重新修改 请按2: \n");
scanf("%d",&b);
}
while(b==2);
printf("\n浏览修改后的所有职工信息:\n");
printf("\n");
save(m);
display();
printf("\n继续修改请按1,不再修改请按0\n");
scanf("%d",&t);
switch(t)
{
case 1:modify();break;
case 0:break;
default :break;
}
}
```

退出模块

1. 功能描述

完成退出模块功能。

2. 模块运行功能

模块运行后如图 8-11 所示。

3. 界面关键代码和描述

```
exit(0)
```

图 8-11　退出模块

模块小结

　　本模块运用前文所讲的知识，介绍了一个综合项目——职工信息管理系统，目的是帮助读者了解如何开发一个多模块的 C 语言程序。在开发这个程序时，首先将一个项目拆分成若干个小模块，为每个模块设计功能和流程，然后分步设计和实现每个模块的功能。

　　通过学习职工信息管理系统项目的开发，读者会对 C 语言程序开发流程形成整体的认识，这对今后参与实际工作大有益处。通过实际编程操作，可学会 C 语言程序编写的基本步骤、基本方法，开发逻辑思维能力，培养分析问题、解决问题的能力。